Using Talents Acc

精準用人

掌握三大徵才關鍵，
頂尖人才不請自來

溫亞凡　柳術軍 ── 著

目錄 CONTENTS

第五章 知名企業的擇才之道

第六章 溝通成就未來，管理成就現在

第七章 知人善用，擇長避短

第八章 拿什麼吸引你的員工

前言

　　目前大多數企業領導人也深刻意識到人才對於企業發展的重要性，但是對於人才的認識大多數企業領導人仍然停留在這樣的認識基礎上 —— 為什麼我的企業用優厚的待遇，就是留不住企業需要的人才？這個問題也許是值得眾多數企業家去考慮的。所以說，選人、用人、留人不僅僅是一朝一夕的事情，而是一個關乎大局，甚至是關聯到我們產業生死存亡的大事。

　　人才是現代企業的黃金資源。現代企業之間的競爭，越來越演變為人才之間的競爭。誰能吸引最優秀的人才、誰能使用最優秀的人才、誰能留住最菁英的人才，誰就能在未來的競爭中贏得絕對的優勢。

　　一間現代企業的成功，不僅僅在於其擁有的優秀人才，更在於其出色的人才管理。專家們指出，人才管理要素也已成為企業的一種重要資源。分析家們在判斷一個企業的發展前景時，其中的一個重要指標，正是該公司的人才管理思想、人才管理制度及其湧現出來的管理活力。企業的成功與失敗，與用人關係極大。特別是當前的企業，不論其過去有過多麼輝煌的歷史，大都面臨著缺乏優秀帥才的窘境。想要盡快擺脫這種困境，欲求企業充滿生機，就得花大功夫去選才、育才、用才、留才。一個精兵強將多的企業，在商戰中能夠攻無不克、戰無不勝；如果用人不當，把工作交給不負責任或執行能力欠佳的人，勢必成事不足，敗事有餘。有了優秀的人才後，協調好人際關係，創造出榮辱與共、同舟共濟的團隊精神，尤其必要。企業一旦在人際關係上麻煩多多，必會大耗元氣，甚至耗費領導者的精力，到那時誰來肩負企業的經營大業？企業騰飛，路又在何方？

　　選才、用才和育才是企業人力資源開發與管理的重要內容，一間企業要有效利用人力資源，發揮人才的作用，很關鍵的一點就是首先要把關好選才，要科學合理選用優秀的人才，提高徵才的準確率和有效率。不少企業在人才選用上存在困惑，要嘛找不到合適的人才，要嘛缺乏有效甄選人才的手

段。工作沒少做，但是效果不大，企業為尋覓人才付出了不小的代價。然而，什麼是企業最需要的人才？如何結合群體的需要挑選最合適的人才？如何發揮人才的優勢？如何留住企業最需要的人才？如何在新的競爭環境中去發展？如何讓員工為企業創造最大的利潤？這些是現代企業人力資源管理和開發中的重點。掌握了這些制勝法則，作為企業領導者就會遊刃有餘，最終使企業從優秀到卓越，基業長青。

第一部分擇才要「精」：伯樂相馬，慧眼識英雄

企業在發展過程中都會產生新的職位，企業都要把眼光看得遠一些，我們要對將來可能會新生的職位進行分析，分析它的工作性質、職責範圍等，為徵才做好充分的準備工作。在徵才過程中，相對而言經驗能力應放在第一位。而有的企業在徵才的時候不管什麼職位什麼工作性質，最低的學歷就要求大學，這是完全沒有必要的。當然這要看是什麼職位而言，比如操作性很強的職位，學歷是次要的，主要一點就是你能勝任這份工作並把它做好就行了。對於一些管理類職位，經驗和能力是第一位的，豐富的理論知識和實際的經驗那是不同的概念。當一個大學生剛畢業時，找到一份合適的工作時學歷所占的比重可能很大，但是當有一定的工作經驗時，學歷往往就不那麼被看重了。這樣做對企業的好處就是可以節省企業的用人成本。

第一章
成功的關鍵 —— 人、人、人

奇異電氣公司首席執行官傑克‧威爾許說：「我們所能做的事就是與我們所挑選的人打賭。因此，我的全部工作就是挑準人。」

對人才的評議方法

隨著市場經濟體制的建立，現代人才測評方法得以廣泛應用。事實證明，現代人才測評方法是選用高素養人才的科學方法，它是透過一整套試卷、面試、心理測驗、實際操作檢驗、著作發明審查、業績考核等一系列方式來衡量的，評價人的思想品德、知識、能力、專業水準、身心素養的手段和方法。與傳統的人才選用方法相比有著鮮明的差異。

傳統選人方法，是計畫經濟體制的產物，重政治、重思想、重資歷、輕素養、輕能力、輕業績、輕實際。現代人才測評方法重視素養、能力和業績的考查。著重考查人的實際領導能力與管理能力，實際工作業績與經驗，心理潛能，職業傾向素養等。這些因素是反映一個人整體素養的主要指標，是鑒別人才優劣的主要方式。

現代人才測評方法，採用定性與定量相結合的方法，具體方法的操作程序、內容、技術、步驟、條件、規則等是規範化、標準化的，克服了主觀隨意性。現代人才測評方法，特別注重考查人的綜合素養、能力、實際工作經

驗、職業傾向素養。考查理解性、應用性題目多，邏輯推理題目多，注重考查運用知識、理論分析問題與解決問題的能力，重點考查其創新意識和創新能力。職業傾向素養包括職業能力傾向素養和職業個性傾向素養。透過結構化面試、演講、答辯、創造力測驗、情景模擬、無領導小組討論等方法，對其綜合管理能力傾向素養進行測評。

由以上分析對比，可知現代人才測評方法具有較高的科學性，較強的客觀性，嚴密扎實的可靠性。它是一門科學，又是一門技術，也是一種職業，已經發展為各個產業選用人才的主要方法，在西方已開發國家早已被廣泛應用。

但就目前來看，現代人才測評方法並未廣泛應用，更沒有在各個產業建立一種現代人才測評制度，僅僅靠有關專家和人才測評中心的力量是遠遠不夠的，也不可能解決根本問題。

首先，公司一定樹立現代人才觀念。選拔任用高素養人才必須運用現代人才測評方法，這是幹部與人事制度改革的關鍵性舉措，也是一項重要內容，是各個產業各個領域人事管理工作的核心，它對其人才培養和選用、人才開發、經濟振興等都具有指導作用和推動作用。要適應市場經濟體制的需要，迎接二十一世紀知識經濟的挑戰，必須轉變傳統人才觀念，採用現代人才測評的科學方法。

其次，建立人才測評中心和現代人才測評制度。在人才測評中心，組建一支以測評專家為主體的專門化人才測評團隊。要經過訓練考核，凡合格者發給人才測評資格證書。人才測評中心及測評團隊受同級組織部門或人事部門主管，但必須獨立行使具體測評的權利和義務，其權利與義務有明文規定，具有法律效應。同級組織部門和人事部門要尊重其測評結果，採納其人才測評與選用的意見。

選用各個產業各種類型的人才，要結合其產業情況及專業特點，規範必要的測評內容、技術、方法、程序等，要經過反覆研究、實踐驗證，努力做

到規範化、標準化、統一化，以形成較完善的現代人才測評制度。

再次，在建立現代人才測評制度的同時，還要建立健全實施人才測評制度的機制。我們認為，各公司在考核和選用人才前，由組織部門或人事部門組建由領導人員、專家人員（必須從人才測評中心聘請）、職工代表三結合的人才選用委員會。領導者要發揮組織、指揮與管理的作用；人才測評的內容、技術、程序由專家測評人員親自主持與操作，嚴格把關，發揮專家人員的主導作用，以保證測評結果的客觀性、精密性；職工代表積極參與，發揮監督作用，及時回饋職工群眾的意見。最後將測評結果、業績考核、民意考查意見等全部材料交給三結合的人才選用委員會討論，作出選用決策。

高階人才評估中存在的五大誤解

誤解之一：重外在業績、經驗和大公司背景，不重內在能力素養

不少企業的老闆經常採取人才「實用主義」，還有些老闆會特別青睞有海外或跨國公司工作背景的應聘人才，希望以此來彌補內部人員的不足。實際上這是相當不符合邏輯的。此外，因為專業管理人才頭上的耀眼光環，企業老闆往往在最初忽視其內在管理能力上的局限性。例如有一家企業在快速擴張的過程中，引進了一位具有多年跨國公司管理經驗的高階管理人員，而且她的英語水準更是該公司尋求跨國發展所急需的特長。一切似乎都匹配，但是結果是她的原有能力，比較適合於有良好品牌開拓市場的成熟公司，而不太適應制定新產品策略的需要，結果兩年時間不到就提前結束了任期。

的確，引進有相關管理經驗的人容易上手，通常也能帶來成熟公司多年來行之有效的管理方法和經驗。此外，高管人員的變更也可以給一些公司提供免費的廣告宣傳。然而，同樣無可否認的是，這樣的人也容易存在慣性思

維、而且比較傲慢，不容易與新公司的文化和其他團隊成員系統的融合。事實上，許多著名的跨國公司包括世界四大會計師事務所和寶鹼公司，在招收新員工時，一般更歡迎應屆畢業生。

誤解之二：重挑選，不重使用

很多企業似乎始終面臨著這樣的尷尬：一直招人但又一直缺人。這些企業經常肯花大力氣去尋找高素養應聘者，甚至不惜拋出重金挖角。這些被眾多企業角逐的「高階人才」，往往是外在業績明顯、在業界有相當知名度的所謂「績優股」，他們大多已經在多家獵頭公司掛上號，待價而沽。正因為手上有許多選擇，他們很容易在工作不順遂時考慮離開。事實上，在許多公司人才流動速度最快的正是這一類人，這一現象也導致一些企業對所謂的「專業管理人才」敬而遠之、不敢引進。這裡面的原因，當然有專業管理人才自己的定位偏差，以及缺乏職業精神的緣故，但也從另一個角度反映出許多企業只注重挑選，不重視提高自身用人（培養、激勵和授權等）水準的誤解。

誤解之三：只評估應聘者，不評估公司文化和領導人的風格

在評估高階人才時，這是最經常犯的通病。不少企業尤其是創業期的中小型企業，常為人才頻繁流動的問題所困擾，員工團隊走馬燈似的換人給企業的正常運作造成了很大影響。公司老闆或者感嘆找不到合適的人，或者責怪員工不能盡心盡力工作，隱約覺得有問題，但又摸不清癥結所在，於是乎寄希望於徵才環節，甚至聘請專業評估公司提供服務。對於此類「客棧式」的公司，問題往往出在老闆身上。在創業初期，公司老闆個人的領導和管理風格基本上決定了公司的企業文化，某些老闆一味把問題歸結到外在原因，殊不知自身的某些風格或特點，如對人才不夠尊重，不善於傾聽，對員工寄於不切實際的期望，高高在上獨裁式的領導風格等等，正是導致無法留住人才的「罪魁禍首」，也形成了缺乏吸引力的企業文化。在這個時候，領導者自身

的主管水準和領導藝術需要提高。首要的是對企業老闆進行評估，幫助其了解自身在人才管理上的盲點，而不是捨本逐末把精力花在應聘者的評估上。

要想使下屬員工和重金徵才的專業管理人才發揮應有的作用，除了一個完善、科學的挑選機制外，還一定要有主管的有效支持以及有效用人機制與之配套，因此領導人的素養至關重要。諸葛亮剛加入劉備麾下並被授予兵權時，曾受到關羽、張飛等的質疑。如果沒有劉備的充分信任，那麼一百個諸葛亮也會胎死腹中。所以在某種程度上，要想引進並發揮「諸葛亮」們的作用，還要評估一下企業的老闆在多大程度上有「劉備」式的領導藝術。

誤解之四：迷信，不相信科學事實和根據

有些企業的老闆在用人上有迷信，採用諸如血型、筆跡、星座和面相等方法進行人才的甄選。例如：筆者曾接觸過的一家知名企業的老闆，為了了解幾位高管人員的特點、分析高管團隊成員的匹配程度，這位老闆考慮用筆跡評估應聘者。幸運的是經過與某公司的交流後，他終於了解到了諸如評價中心方法等一些目前人才評估的科學手段，並認識到用那些迷信方法來判斷受評人的個性和業績等是缺乏統計證據的，而最終打消了使用筆跡鑑定的方法。這類不相信科學的迷信現象，反映了不少企業對於先進的人才評估方法知之甚少的問題，這與人力資源管理乃至系統的現代企業管理實踐起步較晚不無關係。

誤解之五：內部鬥爭的需要

某些企業在面對企業高層團隊鬥爭的時候，也會想到請評估機構到公司裡，這種情況往往發生在人事更迭或引進空降兵的背景下。此時，公司最高領導人對於誰去誰留都心中有數，聘請管理顧問公司煞有介事的評估，只不過是走過場，演一齣好戲，並沒有真正重視評估的報告和推薦意見。此時，人才評估的價值僅體現在助長公司內部鬥爭。

企業要杜絕盲目引進人才

在管理界，時常都會有一些學者和專家導入、引進某種理論和管理模式，並為管理界頂禮膜拜而風靡一時。例如著名的「蝴蝶效應」、「馬太效應」、「木桶原理」等等。有時，對於有些理論我們如獲至寶、深信不疑，生硬的將這些理論應用於企業當中，結果卻發現背離了我們的初衷，與自己的終極目標南轅北轍。

當一種理論和管理模式如同海水漲潮一般洶湧，在退潮之後，喧囂過後的海灘，面對著一地狼藉，我們有沒有冷靜而理智思考過：這些理論真的對於我們有用嗎？ 如果我們只是一味生吞活剝，而不加任何鑒別就拿來用的話，理論真的就是真理嗎？ 況且我們有沒有意識到問題的根本和緣由呢？其實，實用主義並不是說隨隨便便拿來，而是應該有目的選擇、有借鑒的引用，並結合企業自身實際情況而應用。這些年來，有的企業家痴迷於追逐管理潮流，結果卻被潮流無情甩在身後，我們所交出的學費已經夠高了，於是乎企業家無奈發出了這樣的感嘆：我心本是向明月，奈何明月照溝渠。

其實，悲劇是可以避免的，這取決於我們的思想與行動。在這裡，對於一度曾被管理人推崇的「木桶原理」，筆者從人力資源管理的角度，結合企業文化進行了一番剖析，並透過幾則實際發生的故事，使企業管理者有足夠的認識和警醒。

一提到「木桶原理」，大家都會理解其基本含義：一個木桶的盛水容量的多少，取決於其最短的木板的高度。因為無論其他木板比最短的木板高出多少，其超出最短木板平面的水流都將很快或最終多餘的水就會溢出。對一個組織而言，構成組織的各個要素類似於一個木桶的若干木板，而組織的能力有如木桶的容量，取決於組織中最弱的要素。

在弄明白了「木桶原理」之後，企業界的管理者都會把焦點集中在「木桶短板」上，認為造成企業能力不足稱之為傳統木桶原理。傳統木桶原理的意義

在於，它使人認識到，組織、個人的某項能力，有如木桶中的最長木板，無論其多強多高，對整個組織的能力是不起作用的。最關鍵就是那根短板，它對企業管理者的啟發，使企業開始檢討企業的薄弱環節。企業在人力資源方面尤為明顯，企業家有針對性對於短板進行修改和淘汰。

　　某些管理者聽到這個理論後，如獲至寶，對於企業的薄弱環節開始大動手術。有的管理者恍然大悟，認為原來我們的木桶水盛的這麼少，原來就是這些「短板」在拖企業的後腿。於是，企業對於培訓加大了投入成本和力度，希望能夠將短板變為長板，而當對內培訓不能解決人才問題的時候，那麼多少員工被主管認為是「木桶」中最短的那一塊「木板」，有的人甚至被無情淘汰和拋棄，乾脆就把這些拖累企業的問題一刀切掉。於是一些員工「離職」、「失業」、「炒魷魚」，這些短期行為使得企業在一時之間獲得收益，但是從長遠來講，卻失去了人心，失去了凝聚力，從而失去了企業未來發展的動力。

　　但是，企業的木桶真的就盛滿水了嗎？不盡其然。當我們發現木桶經過重新修理之後，雖然短板換成了一副長長的木板，但是由於新換得長板上有的被蛀滿了小洞，還有的板與板之間沒有「文化」的凝合劑，結果木桶裡面的水永遠不能裝滿，反而是越來越漏得厲害，最後木桶裡面的水比以前更少了，甚至木桶裡沒有一滴水。

識別人才的幾種方法

　　任何一個組織的最大風險，是用人風險。要用人，用對人，首先必須識人。那麼，我們如何識別人才呢？下面五個方面值得我們重視。

從德與才的關係上識別人才

　　從德與才的關係上，我們可以將人才分為四類：

甲：是雙高人才，既有德又有才。這是企業的菁英，企業的核心人才。

乙：一高一低，德不錯，就是缺才。對這部分人，主要是給他機會，培養提高他的能力。

丙：一高一低，才不錯，主要是缺德。這部分人比較難辦，一般有三個特點：一是極端自私，不顧道德進行貪婪掠奪；二是拉幫結派，搞小圈子；三是對上對下兩副面孔，對同事缺乏誠實和友愛。這種人哪個公司都有。對這種人，不用，棄之可惜；用，他缺德，恐有後患。美國奇異電氣公司總裁威爾許和美國蘋果電腦公司總裁賈伯斯的共同看法是，對這種人不留。他們的理由是，因為能力強，而總不能按公司文化理念行事的人，早晚會出事。

丁：雙低人才，既無德又無才，這部分人不用，要逐漸淘汰。

一位企業家說，有德有才，信而用之；有德無才，幫而用之；無德有才，防而用之；無德無才，棄而用之。這話很是值得我們借鑒思考。

從工作能力與工作態度的關係上識別人才

從工作能力與工作態度的關係上，我們可以將人才分為四類：

甲：雙高人才，既有較強的工作能力，又有較好的工作態度。這是企業的菁英，主管對這部分人的工作就是應當放權。

乙：一高一低，工作態度好，但工作能力弱。對這部分人主要是提高他的能力，要多培訓、多訓練。

丙：一高一低，有工作能力，但工作態度差。對這部分人的訓練主要是轉變工作態度。但要轉變一個人的工作態度比較難。工作態度主要是使命感、責任感、敬業精神，包括紀律性、主動性、自律性、責任意識、熱愛鑽研精神、自我開發精神等。嚴格認真的工作態度是做好工作的基礎。由於工作態度是從小養成的，是個習慣問題，要有好的工作態度，必須有好的工作習慣。從現實生活中，我們可以看到，很多人的失敗，不是工作能力，而是工作態度問題。這部分人的轉變，可能出現兩種情況：一種是認識到工作態

度的重要性，從培養習慣入手，養成良好的工作態度；另一種仍是麻木不仁，我行我素。

丁：雙低人才，不僅工作能力差，而且工作態度也差，這部分人不能用，要逐步淘汰。人才流動，大流不行，不流也不行，要制定政策，把這部分人擠出去。

日本企業家提出 3：4：3 用人法則，即在每十名員工中，對其中三個要不惜代價留住，四個要教育，另外三個要逐步辭掉。這種用人法則很有借鑒意義，目的是在員工之間形成一種競爭向上的精神，每個人都有留的機會，又有被辭掉的危險。因此，大家都得努力做。

從智商與情商的關係上識別人才

智商，主要是指智力、知識，如觀察力、記憶力、思維能力、想像力、創造力等，是運用已有知識處理自然界中的問題，是解決做事的問題。

情商，主要是指情緒的協調，如情緒的自覺、情緒的管理、駕馭自己的情緒、了解他人的情緒，建立和諧的人際關係等，是運用已有知識處理人際關係的問題，是解決做人的問題。

做事與做人相比較，做事易而做人難。

選好人才就要從舊觀念中走出

企業招聘人才存在著很多誤解，諸如：以文憑取人、以專業取人、以經驗取人、以大企業工作經歷取人、以穿著甚至以貌取人等等。在所謂「科學人力資源測評體系」背後的是刻板、缺乏創意和傲慢無知。刻板的人才規範已經使企業陷入迂腐，越是大企業越是迂腐。

誤解：「海歸」一定勝過「本土」

不管什麼樣的文憑，都是對過去的評價，在知識爆炸的時代，它不能代表一個人對現實問題的解決能力。文憑僅僅是評價一個人的參考標準之一，但今天的企業已將它作為一個最重要的標準。沒有相對的文憑，連進門的資格都沒有。而在現實中，一個人的綜合能力往往與他是什麼學歷，以及畢業於哪個學校並無必然的聯繫。許多企業喜歡炫耀自己的公司裡有多少多少MBA，有多少多少「海歸」等等。而現實中，「海歸」的能力未必就比「本土」強。特別是歐美文憑也滿天飛的今天，「海歸」的品質也早已經大大縮水。至於有些公司動輒要求某些職位非MBA莫取的做法，更是迂腐至極。且不說今天形形色色速成的MBA品質如何，就算是貨真價實的MBA，其綜合能力也不可能單純以文憑論定。商場如戰場，商業人才不僅須不斷學習新知識，更須身經百戰。

誤解：「科班」出身決定勝任力

這是大多數企業招人時的通病。招行銷企劃人員一定要行銷企劃出身，招管理人員一定要管理系，這都是無知的做法。以行銷企劃人員徵才為例，現今真正行銷相關系所出來的人，大都不諳行銷的真諦。一個優秀的企劃人員，首先需要的是實戰，然後是跨學科的知識架構以及深厚的文字功底。目前真正的企劃高手大都是精通文史哲、又身經百戰的人物。就企劃高手的文化功底而言，很多人在哲學和社會科學的素養方面不遜於優秀的學者，在文學素養方面不遜於一流的作家。而我們大多數行銷系出身的「科班」團隊，除了一點半生不熟的行銷原理之外，其他就一無所有了。

後現代社會，企業需要的是跨學科的複合型人才，而現今的商業教育還離此甚遠。即使有一天大學真正實行複合型人才教育了。那張文憑仍然僅僅是參考。

誤解：大企業經驗一定信得過

這也是一個很大的誤解。一個人在某個產業有過多長時間的工作經驗，這固然重要，但絕不能讓經驗擋住了我們的眼睛。經驗對不同的人具有不同的意義。有些人在一個產業工作了十年，等於他一年的經驗重複了十次，也就是說他還是一年的經驗。特別是某些需要創造性的職位，在現實中，我們經常會發現具有多年經驗，而仍未進入堂奧的人。而那些經驗雖然不夠豐富，但富有創造力的人，往往能在進入一個產業不長的時間就能夠一鳴驚人！

多數企業還迷信大企業工作經歷。我們不是說這種經歷不重要，但是，要認真、辯證看待這個問題。大企業有良才，也有庸才。企業真正需要的是一個人的素養，因此，不應讓任何外在的因素影響我們對人才的正確判斷。

企業招人時的各種條條框框和偏見，是現代企業長期累積起來的人才評估「規範」，這些「規範」使企業具有「偷懶」的條件，助長了企業不動腦筋的惡習。

從後現代管理的高度來看，我們必須突破這些藩籬。否則，正如杜拉克所說的：「戈特利布‧戴姆勒也好，亨利‧福特也好，沒有工程技術文憑或MBA文憑，都沒有機會坐上第一把交椅。而且，也沒有哪家有名的金融公司會在今天聘用摩根這位從大學退學的傢伙了。於是，企業將會把它最緊缺的人才拒之門外：創作家、革新家和冒險家。」

摒棄「學歷和職稱即人才」的觀念

當前幾乎每個企業都把「以人為本」、「重視人才」、「吸引人才」等寫進企業的策略規劃，人才的價值一路飆升，人才熱急劇升溫。於是，對「人才」的內涵、「人才」標準的爭論也隨之增多。

走出人才概念的誤解

　　一個時代有一個時代的人才評價標準。「學歷和職稱即人才」之所以長期成為人才評價的重要依據，是有其產生的時代背景的。

　　以學歷論人才，從某種程度上說是社會文化教育水準低的結果。在一個文化教育水準很低，文盲、半文盲占很大比例的社會，文化教育水準的差距可能是人才素養差距最大、最重要的，學歷因此成為衡量人才最權威的標準。而隨著社會文化教育水準的逐步提高，特別是高等教育的發展，學歷的相對價值也就逐漸削減，學歷作為人才評價基本標準的權威性招致越來越多的質疑和非議。

　　文憑和職稱僅僅是一種經歷的證明，最多只能反映人的局部能力，受教育程度高並不意味著素養就高，自學成才的大有人在，高學歷低素養的也不罕見。

　　如今，不少公司在引進人才時差不多都是對博士生「敞開門」，對碩士生「開門」，對大學生「留一扇門」，對大專生「緊閉著門」，若是高中職以下，就怎麼敲也「不開門」了。不是在其作出了貢獻的時候再論功行賞，而是在其進門時就見高低。這種以學歷和職稱論人才概念，使得沒有學歷和職稱的人才空懷一身武藝，卻無用武之地。

　　以學歷和職稱論人才，實際上是鼓勵人們把精力集中到爭高學歷、高職稱上，至於對實際貢獻與成果則置若罔聞。因為「人才學歷職稱化」的人才評價標準完全是吃大鍋飯。這是一種從對人才概念認識的誤解再走入人才使用誤解的循環。

　　更有甚者，不少公司乾脆把學歷和職稱作為確定薪資高低、福利津貼發放的唯一標準，在人才使用上不是憑實績，而是唯文憑是從。此舉，讓大多數學歷職稱較低和自學成才的人心灰意冷。由於唯學歷、唯職稱的傳統觀念影響著對人才評價標準，導致了整個社會對高學歷和高職稱的片面追求。為了得到文憑和職稱這些求職和晉升的「敲門磚」，讓他人代學，請「槍手」代

考時有所聞；有些投機者放下該做的事不做，讓國家花錢讀碩士、博士，為自己升官鋪路；還有些人甚至不惜鋌而走險，偽造學歷。

毋庸置疑：「人才學歷職稱化」的評價標準，已經成為人才團隊建設中最為嚴重的缺陷。

是騾子是馬「亮」出你的本領來

一位資深的人才管理專家認為，真正的人才不應該被學歷和職稱捆綁死的。因為一個高學歷和高職位者，如果不能為企業帶來經濟效益，那麼他就不會被企業認定為高階人才，而只有能為企業帶來巨大經濟效益的，才是高階人才。即使他不具有高學歷、高職稱，但他善於透過不斷學習、充實知識來適應社會，那麼他就可能成為中高階人才。

事實上，現在不少企業在用人方面已不完全看重學歷和職稱。多年來，很多企業總結了一個關於人才的公式：成功＝（知識＋技能＋才幹）×態度。實踐中，許多高中職畢業生，他們很有才幹，而且個人心態和工作態度非常好，如果用學歷門檻來排除他們，將是公司的巨大損失。

二○○二年十月九日獲得諾貝爾化學獎的田中耕一讓世人大跌眼鏡，連日本首相小泉純一郎都稱這是「晴天霹靂般的消息」。為什麼呢？因為田中耕一這個人物實在是「太小」了。四十三歲的他，既非教授，亦非博士，甚至連碩士學位都沒有，只是島津製作所的一名普通工程師。所以有人稱田中耕一是「日本企業社會最底層的諾貝爾獎獲得者」，是「日本的阿甘」。一個名不見經傳的「小人物」，竟然獲得了諾貝爾獎，這對全世界都是一個令人振奮的消息。它再一次證明，人才並非取決於學歷和職稱。

宣導科學的人才評價標準

人為萬物之靈，「才」為人中之英。人才不同於一般人，最本質的一點就在於人能以創造性的勞動超越前人和常人，有所前進、有所發明、有所創

新。同時，一些人之所以能夠成為人才，就在於他無論是在創造物質財富方面，還是在創造精神財富方面，其成果都多於常人，對社會的貢獻比一般人都大。

以創造性勞動成果的不斷取得作為評判人才的重要標準，就可以避免以一個人過去的名氣、地位、成果和影響來評判人才的弊端。因為過去名氣大、地位高、成果多的人，在過去是人才。但是，其中一些人在取得成功後，或驕傲自滿、或不願意再從事艱苦的創造性勞動，他們的現今特質早已大大降低，他們已從人才轉變為非人才。

只有抓住人才對社會的實際貢獻這一關鍵點，才可以動態的考查人才，才可以對非人才轉變為人才，人才轉變為非人才找到客觀的評價依據。

在進行人才評價時，不能僅僅只看文憑，看他讀過什麼大學，而是看他給社會究竟作出了什麼貢獻，他們有些什麼成績和經歷，從而真正做到唯才是用。我們應該順應這種時代的要求，宣導「能力至上」的新理念，將能力和業績作為人才評價的重要依據。

對於界定人才的標準，國外的做法值得借鑒。國外的人才標準既注重學歷，又注重經歷和業績。他們對以上這幾個標準的重視程序依次為：業績在前，經歷在中，學歷在後。有人說，在英美，如果教授沒有新的成果問世，就連混碗飯吃也成問題。我們要與國際接軌，就要從觀念上進行徹底改革。事實證明，學歷和職稱中有人才，但有學歷和職稱並不一定等於有才。「人才不問出處，用人不拘一格」，一個合理的、科學的人才評價標準，既會使擁有學歷和職稱者英才輩出，也不會把自學成才者埋沒。

有關專家認為，隨著各種文憑和職稱的越來越多，高文憑、高職稱的光環將逐漸被淡化，人才評價標準將從唯學歷、唯職稱到重能力、看貢獻、重品行、看業績的方向轉變，個人的能力和貢獻才是未來競爭的關鍵。

第二章
求賢若渴，找到你需要的人才

企業在不同階段的人才引進策略選擇

　　私人企業家族經營的形成過程基本發端於企業創立階段，完成於成長階段。由於創業時期企業面臨經營資金匱乏、投資風險較大等問題，同時，也由於特定的政策環境約束，投資者有時不得不借助一些特殊做法來應對實際困難，家庭成員和家族成員之間由於血緣和親緣關係而形成的理解、信任、支持和共同利益關係在幫助企業走向市場、獲得創業成功和自我保護方面發揮了重要的作用，因而導致了家族經營模式在企業內逐漸形成。由於企業在此階段對外部人才的需要不突出，不考慮外部人才引進問題是常見現象。進入成長階段之後，受創立階段的成功經驗影響，多數經營者在企業出現人才需求變化時習慣於目光向內，依然在家族內部成員中挑選和補充人才，因而進一步穩定並強化了企業家族經營的模式。以至進入成型階段之後，當企業對專業技術人才和管理人才的需求大幅度增加、對較高層級人才需求迫切、僅依靠家族成員難以完全滿足經營需求時，多數經營者已經難以擺脫家族經營的思維慣性，家族成員更利用已經占據的關鍵職位，形成強大的以血緣和親緣為紐帶的內部勢力，使外來人才無法與內部人員形成有效磨合。在這種

情況下，企業經營者引進外部高階管理人才的成功率必然不高。事實上，在成長期及時引入較低層級外部人才，隨以後不同發展階段狀態變化和策略目標要求逐步調整引進比例、結構和層級為好。具體策略選擇可分階段考慮：

成長階段的嘗試引進與磨合策略

由於企業在成長階段具有營業額增加，利潤額增加、企業資產增值等特點，專業技術人員和部門管理人員需要從量上加以補充。同時，內部分工的專業化程度提高、使企業對新增員工素養方面的要求提高，以適應企業向更高發展階段過渡。但此時，企業內的家族成員不但不會考慮從企業退出，還會在經營者的支援下進一步搶占關鍵部門的其他負責位置。外部人才的引進在企業內部不僅表現得並不迫切，且容易遭受到家族成員的抵制。經營者在此階段往往不願引進外部人才，主要是擔心影響家族成員的情緒，進而影響企業的效益，另一方面也還未充分認識到引進外部人才的必要性和迫切性。實際上此階段引入外部人才的最佳時機，且效果較好，既可能產生新的經營或管理成效，又有提示家族成員面臨人才競爭壓力，促進其加快提升自身素養水準的作用。同時，此時吸納的外部人才往往在組織內層級位置較低，尚不能構成對家族成員的權力制衡，即使在工作中與家族成員發生矛盾或衝突，對企業正常運營造成的不良影響也比較小，有利於家族成員和外部人才彼此逐步在思想上相互容納和在工作行為中磨合，為企業發展壯大後的管理體制科學化早做準備。在具體引進時應注意：

1. 低層面選擇。企業主要應從滿足基本工作層面需要的角度引進外部人才，立足於執行層人員的引進。
2. 職位安排側重一線。將引進人才主要安置於設備使用、維護與管理職位和生產、銷售、行政方面的基層職位，提高一線工作人員的實力水準。
3. 承擔基礎工作職能。主要作為基本技術、具體業務的操作者，從事具體業務和一般行政性事務工作，落實完成企業安排的各種基礎性日

常工作。

4. 選擇條件適當。應該選擇年紀較輕、具有一定的知識水準、工作經歷和經驗，有基本的工作適應能力的人員，要求基本素養略高於企業內部家族成員、能夠作為一般工作人員接受並完成企業交付的工作任務。

5. 選擇目標清楚。側重於選擇那些職位工作目標清楚，對自身能力認識清楚，需求滿足程度清楚的人才，個人追求與企業要求一致的人才。

成型階段的配套引進與分配策略

企業度過成長階段之後將進入成型階段。這一階段由於企業規模的成長，對管理人才的需求趨於明顯。又由於這一階段策略目標的要求，技術和產品研發、市場行銷、財務管理方面人才的需求也開始迫切起來，配套引進人才、形成人才組合效應成為此階段重要工作之一。部分家族成員經過企業成長階段與外部人才的磨合，開始具備相當甚至優於一般外部人才的能力，敢於接受外部人才引進的挑戰，部分不能適應挑戰的家族成員則或被淘汰出局，或接受現實、同意在部門主管（含）以下的位置繼續工作，使企業首先在中層經營菁英層面形成內、外部人力資源的整合。人才之間的競爭由內、外部陣營之爭轉化為能力和效率的競爭，由此產生的良性制約效應開始顯現，資源融合開始替代前一階段的觀念衝突和工作磨合，有助於企業經營績效提升和整體經營實力的提高。此時要求主要經營者注意分辨和考查引進人才的能力和潛力。在引進策略方面則要注意：

1. 提高引進層面。儘管多數引進的人員仍屬於執行層，但要注意改變主要引進基層人員的側重，以努力引進和選拔中層管理者為主要方向。

2. 側重選擇專業職位人員。注意招收生產作業、產品或業務研發、行銷、行政辦公室、基礎財務等方面專業人才，安排為業務主管或部門經理，並且注意引進人員的專業結構側重。

3. 要求承擔具體職責。對引進人才給予一定授權並要求實際承擔相應責任。包括能夠具體執行企業經營方案，落實經營指標，協調部門內工作行為，具體完成企業計畫中的專項任務等。

4. 專業性要求突出。引進的人員應該具有專業意識強、專業特長突出等專業型人才特點，既具備相關知識、技能與經驗，又有一定專業或管理層級的職務經歷和出眾的技術能力。

5. 重視有職業發展意識者。側重選用專業發展目標清楚，對本人與他人的能力層次清楚，個人現階段需求滿足側重清楚，明顯有職業發展意識的人才進入企業。

成熟階段的高層引進與團隊策略

進入成熟階段之後的企業，策略目標的要求使企業對一般執行層次的人力資源數量需求相對弱化，對能夠參與決策的高層次資源需求力度明顯增強。經營者開始感覺到缺乏高階專業人才和管理人才對企業發展的遲滯作用，受家族成員中人才資源局限和企業內部一時無法選拔出足夠數量高管人員的影響，經營者希望適時在外部市場上找到符合企業需要的、有實踐經驗的高階專業人才，隨時引進這類人才，以成為能夠輔佐主要經營者的優秀經營管理者或經營管理者群體，加強企業中、高層經營組織團隊。而目前此類人才作為稀缺資源往往供不應求，多為少數經營規模較大、相對待遇較高、工作氛圍較好的企業吸納。私人企業經營者一方面要注意提高自身的鑒別能力，盡量從企業內部選拔，另一方面也要注意調整、完善企業薪資和激勵制度，形成對內外部人才的引力。對企業發展切實需要的人才，必須在合理選擇、果斷引進、充分授權、有效激勵方面採用有針對性的辦法。特別要注意防止人才招不來，或是招來之後留不住的現象出現。在引進策略選擇方面建議具體注意：

1. 主要引進中、高層級人才。引進的外部人才通常進入企業中、高管理層，促進企業形成管理團隊。受人才素養和企業業務側重應用方面的影響，在人才中階與高階的層級區分方面相對模糊，大部分人才隨企業某方面特定需要參與特定決策工作，少部分引進人員仍屬於執行層。

2. 安排到分管局部業務或市場的負責職位。職位安排側重選擇分管幾個

分公司、部門工作的企業副總經理、分公司經理、生產作業部、產品或業務研發部、市場行銷部、行政辦公室、財務部的部門經理。

3. 要求承擔經營管理職能。這些人才可以參與政策、制度與經營方案制訂，負責完成某方面的任務指標，部署並指揮、協調相關部門的工作，協助主要經營負責人完成企業特定階段的總體指標，同時也要求他們承擔相應的責任。

4. 選擇專業能力突出者。這個階段要盡可能吸納管理意識強、專業能力或特點突出，具備較高的知識層面與技能、經驗水準的人；他們應該擁有高級專業或管理層級的職務經歷，具備較強的實戰能力。

5. 強調職業方向認同。要側重選擇那些對企業發展目標清楚，業務結構和資源構成清楚，未來需求滿足趨勢清楚和個人職業定位清楚的人才。被引進者應該具有明確的職業發展方向感。

拓展階段的夥伴引進與合作發展策略

企業進入此階段時已經具備了一定的業內競爭優勢。開始考慮跨產業發展或主業轉移問題。因此，出現了對跨產業高階專業人才和具有大局觀的優秀管理人才的需求。需要的是能夠獨立完成企業日常經營決策和協助投資人完成企業長期發展規劃的人才。鑑於此類人才對事業追求或職業目標要求比較高，應適當選擇將其作為資金合作、權益合作、市場合作、管理合作的夥伴引入，形成主要投資者與日常經營者在企業未來長期發展方面共同謀劃、共求發展、利益共用、責任共擔的合作機制，才能順利引入並留住他們。在引進策略選擇方面要注意：

1. 主要引進高階、稀缺人才。引進的是進入企業決策層面的高階人才，他們將構成高層管理團隊或成為企業主要經營者。

2. 安排在重要職位。為實現企業目標並滿足個人事業和價值追求，需要安排在大市場區域、主要事業部的經理位置以及公司總經理的職位（包括董事會執行董事、監事會監事等）。

3. 承擔推動或促進企業發展的職責。要求他們參與或負責企業總體方案

設計與政策制定，負責責任區域的具體政策、制度與經營方案制訂，負責完成責任區域或企業總體任務指標；部署、指揮、協調企業業務主項或市場區域的整體運作，完成企業特定階段的總體指標或分解指標。在要求他們充分發揮自身的才能的同時，要求他們承擔與其職位要求和行使權利所對應的責任。

4. 是否具有良好的管理意識和總體發展意識是主要選擇側重。應該明確，這個階段要吸納的是強人，他們當然應該具備較高的知識層面與技能、經驗水準，有高級專業或管理層級的職務經歷，但更加重要的是選擇實際工作能力強的人。選擇具有大局觀和駕馭企業的整體能力的人。

5. 具有企業與個人都明確的企業發展目標要求和個人角色追求。個人角色追求和企業目標要求一致是此階段外部人才進入企業的重要條件，企業據以在那些組織目標與個人目標的結合點清楚、各方優勢與不足清楚、共同發展的趨勢清楚、對事業方向和職業方向選擇的區別比較清楚的人才中選擇以優秀的職業管理者為其追求目標的人。

明確你需要什麼樣的人才

明確用人需求，制定現實可行的徵才標準，做好人力資源的長期規劃，是企業招到合適人才的前提。

很多企業都明白，但是很少企業做得到。因為只有在人力資源與相關部門的默契配合和高度協同下才能實現。我們見到的更普遍的情況是這樣：企業招不到合適的人，人力資源和相關部門都急得跳腳，互相埋怨。

「相關部門天天逼著我們招人，給他們提供了那麼多應聘者，他們都不要。」—人力資源部委屈。
「這麼久了，人力資源部也找不到合適的人，雖然給了不少人選，但根本挑不出來。」—相關部門抱怨。

矛盾的背後是雙方對用人需求模糊不清的概念、對人才適合與否的理解上的差異，以及對人才「挑剔」、不願花力氣培養的心態。

始終不清楚要招什麼樣的人

「好多次了，儘管我們要求相關部門及早告訴我們用人需求，但他們總是『突襲』，弄得我們手足無措。」人資主管為此很是氣惱。很多企業都缺乏人力資源的長遠規劃，通常是相關部門覺得不夠人用了，才臨時通知會人力資源去做徵才，並且要求人員在短期內必須上班。

「很麻煩，他們（相關部門）自己根本不清楚要招什麼樣的人，我們也只能按照他們含糊的『標準』去找應聘者，結果找來找去他們都不滿意。」這可是令人資主管們非常頭疼的問題。「有時候到了面試環節，見到某些比較好的應聘者他們才會有點感覺，覺得我們需要的可能就是這樣的人。更糟糕的卻是面試完了還不能明確自己的需求。」

這是對職位需求和勝任素養「說不清」的，還有一種是「變來變去、搖擺不定」的。

「今天跟我們說要這樣的，做這些工作的，明天又說要那樣的，還要能做那些工作的。我們就只好整天跟著他們變。」

形成以上種種矛盾可能的原因有三：

首先，工作內容本身劃分不清，這恐怕是企業總體管理結構和水準的問題。人力資源張總監就是此觀點的持有者。「如果都不能確定這一年或半年的工作內容是什麼，徵才時難度就會很大，不確定性也很大。」職位需求變化多的問題隨之產生。

其次，相關部門主管對職位需求的理解和思考不深刻不到位。

第三，徵才標準本身難以操作。「相關部門提出的職位需求和徵才標準太空泛，太隨意，喜歡用很多形容詞。我們在執行時難以把握，因為每個人的理解都不同。比如他們會要求機靈的容易上手的，可這些並不好衡量。」人資

主管們紛紛感嘆。

用人需求太過「求全責備」

企業徵才時，常常要求求職者符合他們徵才標準所有的條件，缺一不可。可是，又有幾個人才是為特定的職位「應運而生」的呢？

「企業提出的條件過高、過細，特別是對產業經驗、專業技能、年齡、性別等。其實，真正的人才可能不符合你提出的全部條件，但未必做不出你要的業績。」人力資源的會員指出。

「正如求職者不可對企業太苛刻一樣，企業也不能對求職者太求全責備。」人力資源張總監強調。

「之所以求全責備，是因為企業完全寄希望於徵才，不願意花時間和金錢培訓。」一位人力資源人士直言不諱。

事實上，由於面臨巨大的市場競爭壓力，對於很多中小企業和面臨高度競爭的企業來說，人才培養的成本確實太高。「每一個公司都想招來的人直接就能用，不想再進行培訓。」從事獵頭的嚴宇就有這樣的感觸。「多數企業的職前培訓都是非常簡單的，只限於基本的介紹，包括業務流程和職責等。雖然大多數 IT 公司都有本公司內部的培訓課程，但都需要在公司服務滿一定時間以後，才可能申請一定級別的課程。」

許多人力資源從業人員自己也承認，現在的企業過於看重業績，注重短期的回報，總是希望找到特別切合的人才，招來就能用，立刻就能出成績，否則就認為這個人「不合適」。一位從事人才仲介的人力資源會員這樣說：「很多企業既不重視員工的培養，也不關注員工個人發展的前途。而由此形成的一個整體的氛圍，使應徵者越來越對徵才公司失去信任，總怕自己一旦失去了利用價值就被掃地出門，也就直接導致了『非大公司不去』等這樣的觀念。因此，如果不是一個龐大事業或者知名外商，是很難收到合適的履歷的。」

對此，且聽聽業內人士的建議，或許能給我們一些啟示：

「了解企業缺乏什麼樣的人才後，首先必須判斷所缺的這些人才是否可以透過企業內部培養或優秀員工晉升來彌補，如果不行再去外部人才市場尋找。」

「我們會先讓相關部門列出徵才職位所需具備的全部能力，然後對這些能力進行排序，最核心的能力排在最前面。之後大家一起分析，根據企業目前的狀況，如果要招到完全符合要求的人，可能會花很長的時間和很高的費用，而且實際上他們要求的這些能力只是期望能力，最核心的那兩、三項才是職位的必備能力。所以我們需要迅速招到有必備能力的員工，之後通過相關培訓就能上班上任了。」

某知名日用化妝品製造企業的人力資源經理黃先生的經驗很有借鑒意義。

「不要設想徵才進來的員工馬上能與企業產生默契，員工與企業之間的磨合需要一段時間，這也是人力資源部門的重要工作。新員工能否認同你的企業理念，適應新的氛圍，能否在感情上融入新的團隊，這些都是需要在培訓中解決的。」

也許，在抱怨「找不到合適的人」的時候，我們就該想想是不是我們對徵才的期望太高了。

資訊在由相關部門向人力資源傳遞中發生偏差甚至丟失

獵頭公司人員舉了這樣一個例子：

「某公司欲招一名管道經理，他們的人力資源跟我們說，要找個做過管道管理的，有這方面豐富的相關經驗的。我們就按照他們的要求提供了不少應聘者給他們，結果都沒看上。後來我們又與相關部門直接溝通，發現相關部門原來是想招個將來要做這些事的人，並非以前一定做過，例如 DELL 公司裡面向中小企業的工作人員，其實也符合他們的要求。」

人力資源希望有條條框框以便於執行，而相關部門往往只能提供一種思路，「資訊由相關部門傳遞到人力資源時，誤差就出現了。」從事專業獵頭工

作的嚴宇對此深有感觸，所以他們時常扮演任相關部門和人力資源之間橋梁的角色，「在分別與他們的交談中，你會發現，相關部門的期望與人力資源的領會是那麼的不同。」

確實，在資訊的傳遞中發生偏差或丟失的現象屢見不鮮。

一位人力資源人士在人力資源的會員俱樂部裡的發言如下：「在徵才人員之前，相關部門主管已經對未來的下屬有了一個預想，但是這個預想，卻未必是人力資源招募人員的理想框架，所以人力資源人員與相關部門之間的感覺差距也會造成招到的人不合適的感覺。」

或者是相關部門表達不清，或者是人力資源理解有誤，或者是人的感覺總不可能完全吻合，所以二者對合適與否的評定常常會出現不一致的問題。這也是為什麼求職者發現，企業公布的徵才標準是一回事，實際的徵才標準又是另外一回事。除了是企業故意而為之的可能，更多的情況是：「實際的徵才標準在相關部門的心裡，只有他們自己才知道；公布的徵才標準通常是人力資源根據自己對相關部門意圖的理解制定出來的。」而徵才標準的不一致無疑會大大降低徵才的品質。

怎麼辦？ —— 溝通、溝通、再溝通，主動、主動、再主動

人力資源會擔心，相關部門已經提出了職位需求，自己如果不停與對方溝通、確認，是否會被認為缺乏工作能力。

相關部門會擔心，我們總是追著人力資源反覆討論徵才的事，對方是否會很反感。雙方都有顧慮，不願意主動與對方交流，或者是礙於面子，或者是嫌麻煩。所以，多是跟著自己的感覺走，覺得對方應該領會自己的意思了。但是，事實往往不是這樣。之所以資訊在傳遞中常發生誤差，就是因為人力資源與相關部門缺乏溝通或溝通不暢。

「我要用人了，人力資源部門就讓我填張『用人申請單』，人力資源的知識我不大懂，我只能按照我的理解提出用人要求，至於標不標準，符不符合

要求，他們也沒說。過了一段時間他們突然告訴我招不到符合我要求的人。這叫我怎麼辦？難道我的專案不用做了？」S科技發展公司研發部的梁經理抱怨。

在整個徵才的過程——特別是前期關於職位需求的分析和徵才標準的制定——無論是人力資源，還是相關部門，增強雙方的主動性，加強彼此的溝通都非常之必要，以免將來做大量無用功。

誠然，迅速招到適合企業的員工是人力資源的責任所在。「徵才是人力資源策略的『第一關』。」亞洲人力資源曹總監強調。人力資源的重要職責是推薦符合的應聘者，並做好整個徵才過程的輔導者和推動者。「扮演起專業顧問的角色。」

「在徵才中，人力資源一定要採取主動，不能對業務、技術一無所知，要看到人才『需求背後的需求』，必須有追根究柢的習慣。相關部門提出要徵才做檢測的人才，我們就要問清楚，檢測什麼？怎麼檢測？用什麼工具檢測？檢測到什麼程度……」某電子有限公司的人力資源經理強調，「不要怕繁瑣，要不斷與相關部門溝通和確認。」

是的，為了明確所徵才職位的任職資格，就需要人力資源主動出擊，透過溝通最終使得相關部門與人力資源雙方對職位需求和任職資格十分清楚且認識一致。

當然，不要忘記了，大多數的情況下徵才的決策權仍在於相關部門主管。

正如曹總監所說：「所有的部門主管都是部門內部的人力資源主管。」所以，給相關部門主管做徵才方面的培訓（如結構化面試的培訓等），提高相關部門主管的徵才專業素養，也是目前一些比較成熟的企業正在嘗試的。

「一般我們在徵才之前，會對相關部門主管進行培訓，教他們如何確定所徵才職位的任職資格。由於我們公司以前做有員工『勝任素養模型』，所以我們會說明相關部門根據職位的實際情況，參照素養模型確定徵才職位的任職資格。通常我們會給相關部門一份樣表進行參考，他們填好後再和他們確

認，以證實我們已完全明白他們的要求。」曹總監介紹道。

總之，為了減少理解和操作上的誤差，進一步明確用人需求，人力資源與相關部門雙方唯有溝通、溝通、再溝通，主動、主動、再主動。

企業徵才前的自我測試

眼下，正值企業徵才高峰，大大小小的徵才廣告充斥著各類媒體，五花八門的徵才活動也絡繹不絕，各類人才履歷透過郵局、網路、人力銀行等管道堆積在人資主管的桌上。瀏覽了大量履歷，頭昏腦脹，但想要的人，卻仍舊是「猶抱琵琶半遮面」；也有那麼一見鍾情的，人資主管如獲至寶，可是錄取進來之後，卻發現毛病多多，唯唯諾諾讓人感覺不佳。相關部門有意見，員工有委屈，人資主管承受著雙重的壓力。

「尋尋覓覓、冷冷清清、鬱悶透著心急。」「為什麼我們總是找不到想找的人？」主管們感慨之餘，大多將著眼點放到了測評環節。的確，要提高徵才效果，測評是重要的一步；但真正高效的徵才，應該在徵才以前就開始了。與企業的其他管理一樣，企業的徵才組織與管理工作也是系統的工程，要取得好的效果，必須從人力資源管理的基礎上下工夫，並且，企業徵才效果好壞，遠非人資主管一個人的能力所決定的，與企業的其他管理乃至文化密切相關。筆者在諮詢中，針對徵才管理中的常見誤解，為企業設計了一組自測題，順著該題目檢視，凡是不能直接判定為「是」的，就需要企業補足功夫了。在此，將這組題目與各位一起分享：

企業徵才前自我測試題

第一部分：企業是否真正需要徵才人員？

1. 我們的企業是否有明確的策略目標？

2. 我們是否根據企業的策略進行過人力資源規劃？

3. 我們是否能清楚一～三年後公司人員的大致數量、結構和品質要求？

4. 我們是否了解本產業的人力資源供需狀況？

5. 我們是否了解至少一年內公司的人員需求狀況？

6. 我們是否了解本企業在人力資源方面，與主要競爭對手相比的優勢或者不足？

7. 我們是否幫助員工進行了職業生涯規劃？

8. 我們是否有規範的人員培訓與開發計畫？

9. 我們是否對員工績效結果詳細記錄？

10. 我們是否進行過員工離職原因分析？

11. 我們是否了解本企業員工的滿意度如何？

12. 我們是否與相關部門保持密切的關係，隨時掌握人員的動向？

13. 我們是否清楚不同職缺徵才所需要的大致週期？

14. 通常情況下，我們是否都有較充足的時間來徵才？

需要人時才想到招人是許多企業容易犯的通病；要解決這個問題，必須做好人力資源規劃，另外，及時把握員工動向也是有效決策的關鍵。

第二部分：企業需要徵才什麼樣的人？

1. 對於徵才職位，我們是否有了詳細的工作說明書？

2. 我們對該職位的了解是否並不局限於工作說明書所規定的內容？

3. 我們是否清楚本企業的核心競爭力是什麼？

4. 我們是否清楚企業通常都鼓勵什麼樣的行為？

5. 我們是否清楚本企業最優秀的員工通常具有的素養？

6. 我們是否清楚徵才職位的幾項關鍵勝任特徵？

7. 對關鍵職位，我們是否已經有了職位素養模型？

8. 我們能否用一句話概括出我們最需要的員工的素養特徵？

9. 我們是否已經明確企業的徵才策略？

10. 我們是否清楚對徵才職位所付的薪資在市場中所處的位置？

不同的企業有不同的用人理念，知道什麼樣的人適合企業，有效徵才就有了堅實基礎。

第三部分：企業透過何種管道進行徵才？

1. 我們是否清楚我們的應聘者通常會來自哪些領域？
2. 我們是否有意識的控制某種徵才管道以使人員來源比例得到合理調劑？
3. 對駐外機構的新員工我們是否有明確的地域規定？
4. 我們是否清楚我們的潛在應聘者最常接觸的傳媒？
5. 我們是否清楚我們的潛在應聘者普遍關注的因素？
6. 我們是否隨時關注到國家關於人才的政策動向？
7. 我們是否具有在多種場合發現並獵取人才的意識？
8. 我們是否能說出適合我們企業的至少一家獵頭公司？
9. 我們是否與當地就業機構保持著密切的聯繫？
10. 我們是否了解本企業所需的核心技術專業在院校的分布情況、該專業的畢業以及招生動向？
11. 我們是否與相關大專院校保持著穩定的聯繫？
12. 我們是否清楚校園徵才的工作籌備程序？
13. 我們是否能確定企業校園徵才的最佳進場時間？
14. 決定專場徵才前，我們是否確定同類企業也已經參與？
15. 我們是否清楚競爭對手的徵才策略？
16. 我們是否有足夠的準備防止競爭對手在人才徵才上對於我們的可能衝擊？
17. 我們是否已經制定了詳細的徵才計畫？
18. 我們是否有足夠的時間來籌備徵才？
19. 決定網路徵才前，我們是否清楚如何選擇徵才網站？
20. 我們是否與當地主要媒體廣告商保持著密切的聯繫？
21. 徵才管道的開拓在於平日的累積，徵才管道的選擇在於職位的需求。
22. 第四部分：企業如何進行徵才？
23. 我們是否清楚徵才廣告設計的基本要求？
24. 我們的徵才廣告是否符合國家法律法規？
25. 我們的徵才廣告能否引起潛在應聘人員注意，並最終促使其行動？
26. 如果採用網路徵才，我們是否清楚如何設定關鍵字搜尋才能收到更好

的效果？

27. 如果進行校園徵才，我們是否已明確宣傳方式？

28. 如果進行校園徵才，我們是否已經準備好相關的就業輔導？

29. 我們是否自信我們的宣傳方式新穎並能收到實際效果？

30. 我們是否提前按清單查點宣傳物品，並確信帶齊了所有用具？

31. 我們的會場布置能否有效提升企業形象，引起求職者興趣？

32. 我們是否已經有了明確的徵才流程？

33. 我們在徵才前是否清楚不同職位採用的面試環節？

34. 對於徵才，我們相關部門與人力資源部是否有明確的分工？

35. 面試人員是否根據特點進行了合理搭配？

36. 我們是否對參與徵才的人員進行過專門培訓？

37. 面試人員是否都能清楚自己的職責與許可權？

38. 對於參與徵才人員的表現我們是否有明確的考核？

39. 面試人員是否具有良好的時間觀念和敏銳的感悟能力？

40. 面試人員是否能保證始終以良好的心態對待應聘者？

41. 面試人員是否能夠做到積極有效傾聽？

　頤指氣使的徵才人員是敗壞公司形象的不良示範。

第四部分：企業如何進行徵才？

1. 我們的《求職申請表》是否能最大限度的幫助我們得到應聘者的基本資訊？

2. 我們在履歷篩選方面是否有明確的工作流程？

3. 我們是否已經確定我們的面試方式（結構化、半結構化、非結構化)？

4. 我們是否了解常用的測評工具？

5. 我們是否能根據不同的職位來選擇不同的測評方法？

6. 我們是否能客觀對待測評工具的信度與效度？

7. 我們是否已經設計好了測評題目？

8. 我們是否已經確定了分數（結果)的計算方法？

9. 面試人員是否都清楚判斷標準？

10. 面試人員是否掌握適時採用不同方式提問的基本技能（封閉、開放、

引導、假設等）？

11. 面試人員是否了解如何打破應聘者的回答套路，深入了解實際情況？

12. 面試人員是否了解面試時應該避免提出哪些問題？

13. 我們是否關注到面試環境對面試效果的影響？

14. 面試人員是否能合理安排日常工作以確保如期參加面試？

15. 我們是否有措施保證面試的進度？

16. 我們是否能合理安排面試順序和時間，以確保不浪費應聘者的時間？

17. 我們是否確定我們基本能夠把握應聘者的工作需求？

18. 我們是否掌握了勞資談判的基本技巧？

19. 我們是否保證沒有給應聘者不切實際的承諾？

20. 一般員工的最後錄用是否由相關部門決定？

21. 我們是否設計出合理的錄取通知，使應聘者能準確了解我們的報到要求以及相關資訊？

22. 對待落選者，我們是否能夠規範且委婉通知？

23. 對於條件較好的落選者資料，我們是否輸入資料庫，繼續關注？

24. 合理選擇測評工具但又不迷信測評工具是矛盾中的統一。

25. 第五部分：如何指導新員工？

26. 我們是否了解新員工的心理特點？

27. 我們是否能盡快讓新員工了解公司的發展過程與未來目標？

28. 我們是否能盡快將公司的人事福利政策與設施告知新員工？

29. 我們是否能讓新員工盡快了解公司的組織和方針制度？

30. 我們是否安排了系統的培訓使新員工能充分掌握職位技能？

31. 我們是否定期抽查培訓結果？

32. 我們是否能適當增加工作挑戰性，激發起新員工的工作熱情？

33. 我們是否將對新員工的傳授、幫助、帶領納入對相關老員工的考核？

34. 我們是否有效的機制保證新員工的意見建議及時得到回饋？

35. 我們是否能敏銳察覺到新老員工的磨合障礙並設法側面引導？

36. 我們是否能夠履行勞資談判的諾言，兌現當初的承諾？

37. 我們是否能給予新員工足夠的成長空間？

現在的新員工，不是傳統意義上的學徒；適應的壓力積極的引導才能夠

順利度過磨合期。

知識經濟時代，是人才與企業雙贏的時代；只有企業自身強大了，才能夠在人才市場上有更多的「選擇」權。如上題目中，有許多是企業高層所必須考慮的問題。如果企業的徵才管理工作能夠做到有的放矢，那麼，可以肯定的是，企業的人力資源基礎管理工作也將步上新的台階。企業人資主管被當作「代罪羔羊」的年代也就一去不復返了。

成功選聘人才要具備的十大策略要點

推行市場化就業機制，人才不斷尋求自我價值實現，公司急盼符合自己需要的人才等等。這都使有利於人—事匹配優化的人才流動成了變革時代的「永恆」現象，如此勢必導致公司應時刻關注人才選聘。這不僅是為了引進人才，更是為了發現人才、儲備人才、有效使用人才，以助組織（企業、事業、政府等）可持續發展，提升組織基於優秀人才的競爭優勢。

各類組織的人力資源工作者，透過接受各種人力資源管理知識培訓及多年的實踐，就其選聘人才的理論、方法、程序、工具、專家及實踐經驗來看，與發達市場經濟國家相比，並無多大差距（假定掌握了良好的人才選聘技術）。近年許多大學生找不到工作。尤其是企業在實際經營活動過程中，卻深感人才缺乏。原因何在？不能不說是個值得深思的問題。結合廣泛的人才選聘實踐和多年的人力資源管理理論探索，認為各類組織，尤其是企業應強化人才選聘的策略思考並實踐。

關注標準 —— 人才選聘的成功效價

人才選聘成功與否的標準引導著整個人才選聘工作。系統性成功人才選聘標準 —— 成功效價的設定，應該包括經濟效價分析和非經濟效價分析。經

濟效價分析主要是指人才選聘、職位適應性培訓成本—效益分析。非經濟效價分析主要包括人才職位適應性、人才業績表現、人才流失可能性、人才對團隊影響程度、人才團隊磨合速度等的分析。只有選聘和適應培訓成本低、適應職位、業績優良、流失可能性小、很快融入團隊，並對團隊帶來良好影響的人才分配到相應的職位上，才能認為該次人才選聘是成功的。

選聘的人才不僅要適宜職位，更要有良好的業績預期

人才選聘的成功與否，應該由人才上任後的業績表現來檢驗。可選聘之時，人才還沒有被分配到擬任職的職位上，當然無法檢驗其業績表現。通常做法是採用各種科學方法，如面試、心理測評、知識考試等，評價應聘者才的素養，看是否與擬任職職位的素養要求相匹配。如匹配，便聘用；不匹配，便淘汰。這樣的做法，存在一個問題，即人匹配者，並不一定就能表現出良好的業績。因為素養是潛在的，需要具備適當的環境條件，才能顯現為業績。因此，重視人才靜態素養的職位適宜性是必要的，但關注人才素養良好表現的適宜性條件尤為重要。

尊重人才的歷史階段性價值

任何組織都有生命發展週期性，不同時期有不同的策略任務。相應的，組織在不同時期就需要聘用具備不同素養的人才，人才選聘絕非一勞永逸。因此，應該尊重人才的歷史階段性價值，根據組織不同發展時期的策略任務，聘用組織所需要的人才，或培育不適應組織特定發展階段的人才，使其適應組織需要，以確保人才對組織的長期適應性。當然，也可以淘汰組織不需要的人才。

重視人才的能力及業績，更關注人才的文化價值追求

各類組織中能力傑出、業績優秀的人才流失的現象時有發生，這不僅

會給組織造成經濟損失，更會給組織中的其他員工造成不良影響。究其流失原因，主要是人才不認可組織的文化、價值追求。因此，成功的人才選聘應該關注人才對組織文化價值追求的認同程度。比如：朗訊公司在人才選聘過程中，就非常注重考查人才對全球成長觀念、注重結果、關注客戶和競爭對手、開放和多元化的工作場所、速度（簡稱 GROWS)等文化價值觀的認同。

人才個性特點與團隊結構的相容

　　能力強、業績佳、認同組織文化的人才，並不一定就是組織擬聘任的合適人選。試想在一個觀念陳舊、員工素養普遍偏低的組織，選聘一個觀念超前、能力優異的人才，會出現什麼樣的結果？因此，選聘人才的過程中，除了關注人才個體的素養外，還應認真分析人才擬任職團隊的結構特點，如團隊成員的學歷、性別、年齡、觀念等。強調人才與其擬任職團隊的相容性，應該減少因擬聘人才的「鶴立雞群」而帶來的不必要的「孤獨感」，否則會影響人才能力的有效發揮，甚至會使人才流失。

人才選聘技術的企業適宜性

　　當前大部分組織在選聘人才的過程中，皆喜歡尋求人才選聘方法、程序、工具、專家團隊等方面「最優化」的技術性方案。技術方案最優，並不能保證人才選聘的成功。只有適合企業現實特點的人才選聘技術方案，並有合適的人才選聘專家團隊使用，才能讓合適的技術方案表現出「最優性」，確保組織找到自己所需要的人才。

確保組織目標和員工價值的共同實現

　　僅強調組織目標實現，忽視人才的價值體現，人才會缺乏成就感；僅強調人才的價值實現，忽視組織的目標達成，組織已沒有存在的必要。任何成功組織的做法是，在組織準備選聘人才之前，就應該思考確保組織目標和員

工價值共同實現的技術方案，在人才與組織之間建立共同遠景、共同價值、共同參與、共同發展、共同分享的利益共同體。

策略性、競爭性與全員性人才選聘

在當今企業奉行個體導向——尊重個體，廣泛推行全員性、競爭性、經營性、策略性人力資源管理的時代，人才選聘亦應與整個組織的發展策略保持一致，因應組織策略的不同，選聘組織所需要的人才。提煉職位任職資格標準，實踐標準化方法、程序等，體現人才選聘競爭性（與他人或與任職資格標準等比較），確保成功選聘人才。相信只有員工才最了解組織文化氛圍，發動員工為組織選聘人才，群策群力，充分體現全員性，減少組織中不必要的人才團隊磨合成本。

人才選聘與培育的系統結合

人才選聘是組織累積人力資本，提升基於人才的競爭優勢的起點，人才培育應該貫穿於包含人才選聘在內的所有人力資源管理活動之中。只有如此，才能確保人才選聘的成功，組織發展的可持續性。僅有人才選聘，沒有針對擬任職職位要求的導向性培訓，人才的能力要嘛不適應發展需要，要嘛無法表現為良好的業績。人才選聘和人才培育的結合點在於認真分析組織中成功人才的能力、個性、價值導向、知識結構等特點，並應用於人才選聘和培育中。

防範人才選聘風險

任何組織，只要期望基於人才獲取競爭優勢，確保可持續發展，就得學會防範人才選聘可能帶來的風險。確保人才選聘成功，應避免的風險主要包括：(1)源自錯誤認識人才的風險；(2)源自人才「打工心態」的風險；(3)源自組織缺乏一致性、系統化制度的人才「蛻變」的風險。防範以上風險，應採

取的相應策略是：(1)設計適合企業現實的人才選聘技術方案；(2)建立組織和員工的利益共同體；(3)實施制度化人力資源管理。

你是獵手、漁夫還是農夫

如果你是一個獵頭公司，或是一個公司的人力資源管理人員，那麼徵才從本質上講就是採集食物。我們在尋求我們需要保持公司或個人的實力、發展和生存的食物。食物採集往往分三個基本部分：狩獵、耕種和捕撈。每種採集食物的手段都不相同，當然飲食要求也不一樣，不同的需要產生不同的動機。然而，目的卻是一致的，那就是為了生存。但是，每種手段使用的工具都不相同。如果你想在花園裡工作，就暫時把船和箭放到一邊去。如果你想捕魚，就不需要肥料。如果你想打獵，還用鐵鍬做什麼？如果你要徵才，你就應該先決定你希望找什麼樣的人。因為如果你想為今天的晚餐釣魚，早上去種蘿蔔就沒什麼意義。

現在我們的主題是談徵才的最佳資源。在提及這個目標之前就有了各種問題。例如：你是否在做一個長期的策略僱用計畫，對各種具有不同經驗水準的技能有不同的要求？另一方面，你是否有需要特殊要求的職位？你是否暫停徵才工作，但想為今後的發展保留市場？你在做人事工作的過程中總會碰到「捕鼠夾」嗎？你在知道徵才對象或所給時間或該職位對公司的重要性之前，如何盡可能選擇最佳徵才方式？回答是：你不能。因此，我們首先討論三個基本徵才要素：耕種、狩獵和捕魚。

耕種是徵才的長遠策略。在商家的眼中是最具策略性的。你知道你需要用什麼來維持公司在相當一段時間內的發展壯大。也許會有變化不定和未預見到的因素。然而，由於有了過去的工作經歷和對公司情況的掌握及經驗，有合理的經營計畫和市場預測以及總體的「內行」知識，你就可以為播種季節

做好準備。

狩獵是即時徵才。你有一個要尋找的目標或要有具體的要求，而且今天就要找到。作為一個長期的獵手，你有幾種選擇，可以不拘泥於某個策略。因此，你每天都要在頭腦中明確具體的要求。如果是去獵鹿，就不要帶上會發出聲的鴨子。

捕魚是前兩種徵才方式的結合。你像農夫一樣有各種各樣的需要，但又像獵手一樣有一個即時目標。你撒下網，希望今天是個「豐收日」。

農夫會更傾向於院校式徵才。這也許需要更多的培訓投資，投入金錢和時間，但卻能使公司的選擇更注重於求職者的潛力而非眼前價值。這是低成本的後期投資雇用方式。它讓各種徵才工作考慮到現代公司的各個領域所提出的需要。農夫也更願意去參加交易會、專業組織和聯絡性的活動。即使應聘者都帶著他們的履歷，選中的可能也是微乎其微。多數洽談的結束語都是「好吧，如果你那裡有什麼情況可以隨時打電話給我們。」這樣聯絡後，最終會有相當一部分人打電話。你還需要計畫如何保持聯繫並進行追蹤。一個農夫不僅要播種，而且還必須經常到地裡去看看，等待農作物的發芽生長。耕種的主要特點是：低成本，履歷流量中等，要求廣泛和時間不太緊迫。

獵手往往是協力廠商。需要即時和具體。甚至可能所要獵取的是幾個選定的具體目標。然而，如同定做的產品或服務，相對來說，也是最貴的。如果你得為你們市場部新聘的總監支付 25% ～ 30% 的仲介費用，那可是一大筆現金。如果新總監因沒有經驗而把你們新建的兩千五百萬美元的生產線投放到錯誤的市場，那麼你必須要考慮為什麼你要在這個特殊的用人問題上省錢。一個徵才代理人將利用許多的消息、資源和手段。但是，他們根據具體的或整體的需要來確定目標，許多資料和 E-mail 被丟到廢紙簍裡，那是因為應聘者不具備今天所需要的某項或多項技術背景。現在，徵才代理人不是唯一在外的獵手。然而，過去，他們曾代表絕大多數徵才人員。好獵手的標準是他們能夠很快發現別人沒有注意到的有專長的應聘者。狩獵的主要特點是：

高成本，履歷數量少，要求具體和時間緊迫。

　　漁夫是像農夫一樣著眼於各種不同的需要。而他們也像獵手一樣有即時目標。因此，你更想透過參加徵才活動，在報紙上刊登徵才廣告，利用網站或向那些近期找工作的求職者撒網來找到要徵才的對象。不同於農夫的是，他們很少坐等「收成」。但是，他們又不同於獵手，他們還要等待並查看「網」中的收穫。漁夫的主要特點是：成本適中，履歷流量大，要求多樣和時間急緩不一。

　　上面提到這三種徵才方法「可能」會用到的具體工具，但這些工具可以互換。這是應用方式問題，有時可以用來確定獵手、農夫或漁夫是否正確使用了這些工具。徵才人員從專業組織購買專業人才資料庫，並向每個人發出E-mail，邀請他們訪問公司網站來尋找潛在的工作機會。如是耕種，你就不確定這些專業人才在當時是否在尋找工作。把它當成釣魚的話，就是你購買了一個履歷資料庫，或是查詢一個履歷資料庫，知道他們當時在找工作。要是變成一個獵手，你就會查閱這些履歷，尋找所需要的專業背景。然後你會打電話，不停的打，直到跟求職者說上話，把你們公司說得好上加好。如果你去參加徵才活動，並坐在你們公司的攤位內，請每位應聘者在遞交履歷後就走開，根據你們的長期需要，可以釣魚，也可以耕種。但是，你不是在狩獵。除非你在尋找一個高技術產業的銷售與市場行銷專業人員，而這個徵才活動是 COMDEX 的一部分。

　　一個優質的考慮周密的雇用計畫包含所有三個要素，即人員配備和全部使用或至少是多數使用有效的徵才工具。在做出未來十二個月的需求預測，並且有大筆培訓經費被擱置一邊之時，在第一季度就用代理人來填充八個初級職位，這樣做明智嗎？如果你在參加徵才活動的時候抱著你拼命想找的技術人才就在身邊「游泳」的希望，那不是最好利用了時間、金錢和工具了嗎？你為長期的希望而耕種，以減少釣魚和狩獵的需要。你釣魚是為了補償耕種計畫的不足，你打獵是為了應付急需或沒有預見到的需要。做好你的年度徵

才計畫的最佳方式就是回頭看，確定所需的獵物種類、數量及出現的頻率。然後，根據以往的那些需要，制定一個用人計畫，請選擇能夠最好的滿足需要的徵才模式和相應的工具。

因此，下次你會有興趣提出徵才的最佳方式，保證能知道晚餐需要什麼。然後決定你是該去狩獵、釣魚還是耕種。綜上所述，在人事領域，需求是嚴峻的，挑戰是現實的，食物是短缺的。

老闆出馬，網羅一流人才

微軟公司提供了網羅一流人才的祕訣：高層主管必須參與徵才流程。直到現在，比爾·蓋茲仍會親自打電話給微軟看中的大學畢業生，問對方有無興趣來工作。微軟認為，高層主管如果不參與徵才流程，其他人就會認為高層不在乎人才。如果高層主管都不在乎人才，還有誰會在乎？

蘋果電腦公司老闆史蒂夫·賈伯斯說，他花了半輩子時間才充分意識到人才的價值。他在最近一次講話中說：「我過去常常認為一位出色的人才能頂兩名平庸的員工，現在我認為能頂五十名。」由於蘋果公司需要有創意的人才，所以賈伯斯說，他大約把四分之一的時間用於招募人才上。

作為日理萬機的外商老闆，為何熱衷於徵才活動，從人力資源開發的角度，有以下幾個原因：

以實際行動重視人才。久負盛名的華頓商學院負責職業開發的安德魯·亞當斯說：「公司不能只是在口頭上說引進人才多麼重要，卻又不採取實際行動。公司的高階主管應當參與人才徵才活動。」領導人親自出馬，勢必使求職者從心理上感到一種滿意和欣慰，這對消除他們對外商老闆的心理障礙大有好處。

選擇更優秀的人才。老闆親自出馬，能在徵才活動上引起許多人的關

注，當然也能吸引更多的應聘者。如此，選擇餘地大大增加，有利於選到更優秀的人才。一些高階管理人員說，他們的徵才程序不同於專職的徵才人員。

負責人事關係的部門總是在尋找能填補某些職位空缺的人員，而老闆和高階管理人員則不同，他們總是先網羅人才，然後為他們安排合適的職位。

提高徵才效率。老闆親臨徵才現場，與求職者面對面直接交談，能從心理、外語水準、專業知識等方面對他們進行全面系統的考核。這不僅避免了過去徵才過程中的某些失誤，同時也簡化了篩選過程，節省了人力物力，特別是節省了寶貴的時間。

使員工感到親和力。老闆親自參加人才徵才，等於向求職者發出了這樣的資訊：一旦加入本公司，就更容易接觸到公司高層管理人員。如果求職者在被徵才以前就有機會和高層管理人員交談，那麼他們就會認為，當自己成為公司職員後，更容易受到關注。此外，高階管理人員往往能更有效向人才介紹本公司的遠景目標。而對於新成立的富有活力的公司來說，其創建者通常在挑選職員時十分仔細，老闆親臨徵才現場，則可使求職者以最快速度了解與適應公司的文化氛圍和環境。

第三章
選擇人才，實用是真理

如何識別和爭取公司需要的人才

　　一方面是徵才公司求賢若渴卻找不到需要的人才，另一方面是求職者踏破鐵鞋難覓一份稱心的工作。談及這種現象，某公司人力資源經理打了個形象的比喻：「現在社會上的單身男女很多，迫切想要有個家的也很多，但仍然有很多人想娶娶不著，想嫁嫁不出，為什麼呢？很大一部分原因是雙方在選擇對象時存在一定的誤解，這一點和現在求職徵才市場的形勢很類似 —— 找工作的人成千上萬，空閒的職位到處都有，但徵才方與求職者一拍即合的卻不太多。」

　　為什麼「伯樂」總與「千里馬」擦肩而過？筆者認為，原因不外乎以下幾個方面。

　　徵才者給求職者的感覺太隨意，致使徵才效果大打折扣。

職業化水準要提高！

　　徵才人員良好儀表和著裝姿態能反映一個公司、一個集體的整體水準，但現實是大多數的徵才公司都存在這樣的情況，他們缺少或根本就沒有職業化的意識，如面試官素養偏低、面試場所不整潔等等。徵才公司面試準備不足：面試官匆匆上場、面試指導表和面試評估表準備不好等都會對面試品質

有不好影響。

有求職者親歷一個人才交流會，一些徵才人員言行舉止懶散，惡習百出，令許多應聘者側目。在近三十個展台裡，只有三個展台的徵才人員佩戴著紅色的「徵才人員工作卡」。在「椰×有限公司」的展台裡，一男徵才人員悠然蹺著二郎腿，嘴裡哼著歌。某置業有限公司的兩位女徵才人員更是事務繁忙，一位女士始終低頭滑手機，回答應聘者的問題時連頭也不抬，更別看什麼履歷、證件了，旁邊的一位女士倒是在看應聘者的履歷，不過也許是太累了，她採取的姿勢竟然是趴在桌子上看。

「我覺得這樣的徵才人員缺乏最起碼的素養，以前人們總是說應聘者不注重自己的儀表，現在呢？情況卻反過來了。試想，如果以後和這樣的人共事，你會覺得坦然嗎？」說到這裡，該求職者無奈搖了搖頭。

一位求職者也深有體會：「一直說面試和就業是求職者和公司之間的雙向活動，但一看到『面試』這個詞就知道是公司在對你進行『考試』，只有公司拒你的份，沒有你回公司的理。有一次，我去一個公司面試，明明安排的時間是早上十點，誰想到我在那苦苦等到十一點三十分才見到面試我的人力資源經理，而且這位經理連一句道歉的話都沒有，就開門見山。最後，還讓我寫一份什麼產品推廣企劃書，等我提交了之後，上班的事卻猶如石沉大海。總之，那次面試給我留下的印象糟透了。」

有時，面試者會表現出對應聘者漫不經心的態度，會使應聘者感覺到自己被冷落，以至於不想積極反應。這樣，面試者就不能真正了解應聘者真正的心理和潛在能力，甚至使應聘者對企業的品質產生懷疑。林先生有過一次特別際遇：一次，他去一家外商面試，主考官是個外國人。他走進考場後，主考官就對他說：「謝謝你今天來參加面試，我一共問你十個問題，請您如實回答。」十個問題問完之後，林先生就想：終於輪到我發問了，我就問一問公司的情況吧。結果沒等他開口，那個外國主考官就對他說：「好，今天面試就到這裡，謝謝你。你出去吧！順便把第二個人給我帶進來，好不好？」林先

生出了大門就想：面試官這樣不尊重別人，是不是其他人也是這樣？ 是不是企業文化也是這樣呀？ 我不想到這樣的公司工作。

在我們的調查中發現，這樣的事情不乏其例。許多公司的面試人員素養很低，給求職者留下極壞的印象，導致「姻緣」難成。

其實，徵才是一個雙向選擇的過程，而不單單是一個對應聘人員的甄選過程，特別是對知識型員工，公司徵才他們的過程也是他們在選擇公司的過程。徵才是公司與外界交往的重要視窗，特別是經常需要招納人才的公司，尤其要注意在徵才時對公司形象的宣傳。徵才人員的素養從某種程度上決定了企業選擇人才的品質。所以，為了使徵才更為科學合理，企業應該對主考官進行職業化方面的嚴格的培訓，不要因為忽略細節而一錯再錯失「良駒」。

給求職者充分展示自己的機會，全面、客觀評價求職者。

專業評估不可少！

聘用面試幾乎是所有公司錄用員工時採取的方法，它是錄用人才的一個主要環節，也是最容易出現問題的環節，以下情況也往往是公司錯失優秀人才的原因：

輕信主觀印象，匆忙下判斷

此次人力資源的調查顯示：在對應聘者的面試過程中，面試官會經常作出一些不正確的直覺判斷。一般而言，應聘者給予面試官的第一印象會很快在面試官心目中占據主導地位，因此，在面試一開始所暴露出來的資訊比晚些時候暴露的資訊對面試結果的影響更大。在面試開始四五分鐘後，絕大多數主考官已經作出決定，而且一般不會發生變化。

有的面試主考官很容易將自己的好惡和一時的直覺作為最終衡量一個人的標準。例如：看到某求職者曾在報紙上發表過一篇文章，因此便認為他公文寫作、綜合調研方面也必定造詣非淺。反之，看到求職者某一缺點，就認

定他在別的方面也必然水準一般。這種效應容易使面試主考官在評定求職者時犯「只見樹木不見森林，以偏概全」的錯誤。如此面試，若遇到「面試高手」，主考官很快會被對方舌粲蓮花的口才迷惑，對面試者履歷上記載的學歷、資歷等照單全收，等面試者進了公司後，才知道迎進來的是個只會說話不會做事的人；若遇到不善表達的應徵者，公司則認為他不夠精明，沒有表現力，這樣很可能失去一個優秀人才！

「面試時根本不給我機會去說，我曾在某一個房產行銷企劃專案中有過非常優秀的表現、很好的創意和靈活的市場應變能力，當面試官看到我不起眼的相貌和身材時，他好像已經沒有特別的興趣再聽下去了。」曾參加過一個房產公司面試的林先生無奈說。

還有的面試者利用珍貴的面試時間拼命推銷企業的應徵職位，且不認真評估應徵者的技能。這樣，很容易因掉進片面印象的陷阱而忽視了待聘者的反應。「應該適當分配面試時間，用九十分鐘時間作詳細的傾談，其中15% 時間用來介紹公司和職位的情況就足夠了。」某軟體公司的人力資源彭總監說。

面試過於泛泛，沒有考查出求職者的水準

許多主管面試經驗不足，加上缺乏完善的準備，對將要面試的人沒有大致的了解，當遇到誇誇其談的應聘者，經常會掌握不住面試主題。最後，時間過久，匆匆憑印象決定。還有的徵才人員在提問的時候不善於引導求職者，把他想要的資訊挖掘出來，導致面試成了閒聊。

一家製造公司的徵才經理在面試時這樣問：「如果你是一個部門的主管，你會怎麼表現呢？如果給你巨大的壓力，你應該怎麼做呢？如果給你一個團隊，你會怎麼主管呢？」求職人說：「如果我遇到巨大的壓力，我會先冷靜思考，再分析利弊，再制定策略……」求職者完美答完了問題。但問的這些是不是這位應聘者要做的，這位經理沒辦法知道。因此，這是一個沒有意義的命題。許多主管面試經驗不足，加上缺乏完善的準備，面試人員只會浪費時間

和金錢。

在面試之前，主考官最好先花個幾分鐘瀏覽一遍履歷表，即使應徵人員剛在會客室寫完應徵函或個人履歷，都應先大致看過，然後才能構思問題。

企業和應聘者都要正確認識自身，在這方面，企業應制定合理的用人要求。

僱傭機制很重要！

這次人力資源調查的最終結果表明：徵才方和應聘者的期望值不一致是導致公司和求職者最終分道揚鑣的主要原因。其中，薪資、發展空間和理念，這三方面是企業與求職者之間矛盾最突出的地方。

這其中，薪資仍然是第一位的，毫無疑問，求職者和企業在這方面的矛盾也是最激烈的。某製造企業的人力資源總監如是說：「結合我們公司的實際，招不到合適人才的最主要原因還是應聘者不能正確認識自己，明明只有做基層員工的條件，卻偏偏要主管級的待遇，而且應聘者中綜合素養與要求符合的很少。」

在企業抱怨求職者將錢看得過重的同時，應聘者也有自己的一套說法：「我覺得現在的公司對員工的短期期望值偏高，都太講究實效，許多企業對招聘人才的專業性要求非常嚴格，但是開的薪水卻低得可憐。『要想馬兒跑，又要馬兒不吃草』的現象並不少見，企業總夢想用最少的代價聘到最優秀的人才，自然會使雙方的矛盾偏激化。」

「還有一方面，現在大多數企業的心態是找的是來工作的，而不是一起做事業的。聽上去好像沒什麼不同，但實際上是差之毫釐，謬之千里。公司對員工抱著一種『我是讓你來工作的，你不過是我創造利潤的一種工具，所以，你做的越多，拿的越少，我越滿意』的態度。而求職者也抱著工作做的說得過去就行，何必那麼認真，你給我付出多少，我就給你付出多少的想法。這樣就形成了惡性循環。其實，如果企業能做到像找合作夥伴一樣真誠去找

員工，關心他們的發展，切實從他們的角度考慮，才能真正吸引到人才。否則，即使是蒙到一兩個好的人才，很快也會飛去更高的高枝的。」一位從事人才仲介的人力資源會員談到。

而發展空間和機會次之。做獵頭工作的嚴宇分析道：「現在求職者個人對企業的期望不是短線的。公司的背景、產品線、發展前景甚至競爭對手是誰都是他們考慮在內的因素。例如某家公司的產品線太簡單了，將來就會越來越窄，他們會擔心這樣會使得他以後就業的路越來越窄，所以就不願考慮這樣的公司；如果公司的競爭對手太強大，他又會想，如果做不出好的業績，會影響我將來換工作。他們都希望這份工作在他們離開時有一個很好的經歷，作為將來求職的資本。除了薪水，他們需要的是一種長期的吸引。這也是許多人找名牌公司的原因 —— 為了給自己好的背景。」

至於企業文化、理念和價值觀的不一致，也是比較突出的問題，更不是一件容易解決的事。

總之，作為矛盾的對立面，企業和求職者存在分歧是必然的，關鍵是怎樣調和彼此的關係，平衡彼此的利益。企業和個人互相責怪是沒有用的，無助於解決問題，每個企業或求職者能改變的只是自己。是否也該反思一下：「我對對方提出的要求與我能為對方提供的條件相匹配嗎？」、「我對對方的期望現實嗎？」

所以，從企業方面說，如果受預算的硬約束，無法提供非常有競爭力的薪水，那麼企業也可以試著透過其他軟性的東西來彌補一些心理的差距。包括對求職者給予充分的尊重、分配在適合的職位、培育良好的企業文化等等。而求職者也應該擺正自己的心態，將眼光放長遠些，把自己的職業發展與企業的命運緊密結合在一起，努力提高自己的附加價值，使自己更加具有競爭力。如果徵才中雙方能夠平等設身處地的進行交流、溝通、理解和合作。不僅僅是各方為了實現自己單方的目的而採取單方的行為，透過合作，努力實現雙方的目標。這樣，徵才方會更容易找到合適的人，應聘方也更容

易找到合適的職位。

企業需提防鍍金人才

　　「在美國矽谷工作過五年」、「曾經在某某知名電子企業從事技術開發工作三年」⋯⋯企業經常可以看到這樣的求職履歷。這說明，如今的求職者注重展示自己服務過的知名企業，作為求職的資本。但是對於企業來說，卻要注意防範鍍金人才。

當心招到花瓶型人才

　　一位知名企業的人力資源經理說，時下徵才越來越難，風險越來越大，因為很多人都在履歷上進行包裝。有的履歷上注明有高階職稱，有的標明是「海歸」人才，有的自稱在多個名企工作過，企業很容易先入為主地將這種人當人才徵才進來。但如果僅僅根據這些表面的東西來聘人，極有可能聘到不合適的人才。

當心成為別人的跳板

　　很多人千方百計跨入知名企業，為的是接受知名企業的嚴格訓練，給履歷增添濃彩重墨的一筆，為跳槽到中小企業謀取中高職位做準備。微軟公司曾經有一百多人跳槽，就讓比爾‧蓋茲慌了手腳。為什麼名企也留不住人才呢？據 IBM 公司負責徵才的一位總監介紹，進入 IBM 需經過層層選拔，加上嚴格的培訓，使員工的能力明顯增強，這樣的人才再加上名企的招牌，自然有較高的含金量。一些企業不想花時間或金錢來培訓員工，就會用優厚的待遇來吸引知名企業的成熟人才。

一定要提防品行不良的「偷學」人才

很多「彈跳」高手談起自己的頻繁跳槽時，認為自己每次跳槽都是有計畫的，他們有目的性透過一些知名的企業來鍛鍊自己某方面的能力。這種鍍金行為，說得好聽一點，就是去進行有針對性的充電；說得難聽一點，是有明顯的偷學目的的。一些品行不良的人，偷得一技之長後，反過來挖企業的牆腳，或創辦同類企業與原企業爭市場，或投身企業的競爭對手麾下效力，不惜搞垮鍍過金的企業。

要防範鍍金人才，最好的辦法就是在進人時就樹立不唯資歷、不唯學歷思想。同時，對員工要簽訂競業避止合同。對一些重要的培訓，員工只有在企業工作滿一定年限後，這筆學費才給予報銷，以阻止部分鍍金人才。

「小廟」也可請進「大和尚」

二十一世紀最重要的是什麼？人才！對眾多經銷商來說，要突破發展瓶頸，越是廟小就越要請進大和尚。只是，小廟真的可以請進大和尚嗎？

B縣經銷商王老闆在建材產業摸爬滾打近十年，成功完成了資本的原始累積。眼看公司一天天發展壯大，家族管理弊端日益嚴重，自己又不能像年輕時那樣事必躬親，他一心想請來個能人委以重任，但物色多次，人家總是嫌他的廟小、不規範，不肯屈就。王老闆真是愁腸百結，好在「皇天不負苦心人」，後來他終於挖來了水泥廠銷售科的劉科長。

慧眼識英雄，雪中送炭

去年這個時候，王老闆聽說水泥廠瀕臨破產，立即意識到挖人才的機會來了。該水泥廠銷售科的劉科長是個人才，四十歲，有多年的銷售和管理經驗，為人誠實守信，非常敬業，在銷售職位上有過突出貢獻，在業內赫赫有

名。王老闆以前和他接觸過幾次，有意請他過來幫忙，都被他婉言謝絕了。這次水泥廠即將破產，劉科長面臨失業，而他的兒子就要讀大學等著用錢。王老闆趁機找到劉科長，有意請他來公司當副總，一人之下、眾人之上，主管銷售，實行年薪制，年薪百萬元。在劉科長最困難的時刻，這麼誘人的條件，猶如雪中送炭，劉科長感激得不知如何報答，他將此恩銘記於心。

扶上馬，送一程

由於公司起步在發展過程中難逃家族人員的參與，因此，公司不大，人數不多，但是親緣關係錯綜複雜，內親外戚都有。劉副總（即以前的劉科長）走馬上任以後，就開始整頓和規範公司的內部管理。在此過程中，必然有一部分人不適應公司新的管理方式和制度，難免產生衝突。有一次，王老闆的親弟弟因上班時間打牌耽誤了給客戶送貨，受到了劉副總的嚴厲批評，而對方依仗是王老闆的親弟弟這層關係，當著眾員工的面，無視劉副總的批評，出言不遜，破口大罵，一副地道的無賴。恰好此時王老闆從外面回來目睹這種局面，簡單的詢問了一下，得知實情後，當場批評了弟弟，並宣布扣除其當月薪資，試用至當月月底，如果表現不好，月底即開除，說到做到，請大家監督。接著，王老闆又當眾宣布，以後不論是誰，都要嚴格遵守公司的規章制度，聽從劉副總的安排，否則予以嚴懲，絕不留情。這種「殺雞儆猴」的做法，確實達到了威懾作用，很多依仗親戚關係我行我素的老員工，開始留心公司的規章制度並服從劉副總的管理。從此，公司的人員管理走向規範，劉副總的權威樹立起來了，他看到了王老闆規範公司管理的決心，做起工作來也更加放得開，更加賣力。

以情感人，以情留人，攻心為上

果然，劉副總沒有辜負王老闆的期望，短短幾個月就把公司管理得井井有條，員工的素養明顯提高，精神面貌也煥然一新。同時，公司運營成本大

大降低，開發了不少新客戶，銷售額明顯提高。這時有家競爭對手過來和劉副總接觸，想以更高的薪水聘請他，劉副總心動了。此事很快傳到王老闆那裡，他了解情況後並沒有急於找劉副總談話，而是希望用實際行動挽回劉副總的心。他聽說劉副總的母親最近得了糖尿病，正在住院，情況比較嚴重，需要花錢動手術。於是，王老闆二話沒說就聯繫醫院的熟人，給劉副總的母親找了個單人房，又找來最好的醫生，先支付了部分手術費。待老人住院後，他三天兩頭去醫院看望老人，每次去都帶些水果和補品，讓老人非常感動。後來，老人見到兒子，就不停的說王老闆的好話，說王老闆有恩於他們家，並一再叮囑劉副總努力工作，以報答王老闆的恩情。劉副總也是知恩圖報的人，看到王老闆為自己母親看病所提供的幫助，就打消了離開公司的念頭，並下定決心跟著王老闆做。不久，劉副總的兒子要考大學，他曾經答應寶貝兒子陪考，可現在公司正忙，母親又在住院，實在是走不開。一想到兒子失望的表情，他就心如刀割，但又不好意思向王老闆開口請假。幸好王老闆明察秋毫，知道劉副總的心思，爽快放了他三天假，讓他有時間陪兒子考試。王老闆的這種善解人意之舉，無疑又進一步征服了劉副總的心。

資本綁定千里馬

　　公司的發展除了人才之外，就是錢的問題。如果人才未能和資本相結合，公司就會面臨發展的瓶頸。雖然公司在多年的摸爬滾打中累積了不少資本，但是，如果將其用於擴大營業面積、另開分店，就顯得杯水車薪。為了解決資金的問題，王老闆極力說服劉副總入股，因為劉副總以前在縣水泥廠銷售科做科長的時候，和銀行的工作人員過從甚密，頗有幾個關係鐵的人，能夠給公司貸來不少錢。更重要的是，劉副總一旦入股，就會由打工者的角色轉變成股東的角色，和公司形成利益共同體，同舟共濟。劉副總抵制不了王老闆的一番誠懇邀請，很快「就範」。就這樣，王老闆不僅達到了融資的目的，還達到了長期留人的目的。

人才是經銷商發展的瓶頸，很多經銷商覺得自己是小作坊所以請不來高手，因此只好一邊繼續自己的小作坊式操作一邊歎氣。其實，在自己是小作坊的時候就請來高手，才是經銷商發展的關鍵一環。從某種意義上說，有多大的魚，才會有多大的池塘。

王老闆的經驗說明：當經銷商真正重視人才並設身處地為對方著想的時候，就不愁請不到、留不住人才，也就不愁公司沒有長足的發展。

適合的人才，才是真正的人才

在知識經濟時代，隨著經濟全球化的風起雲湧和科技的迅速發展，全球人才競爭進入了「春秋戰國」時代。與此同時，企業之間的競爭不但表現在傳統的「前線」──市場上，而且更在「後方」──人才徵才和留用上。

說到招聘人才，通常人們會想到「高薪必有高才」。其實並不盡然，一方面，奔高薪而來的，除了人才外還有不少「志大才疏」之輩，需要仔細加以鑑別，才能得到真才。

一九九〇年代初某集團在報紙上登廣告：兩百五十萬年薪徵才總經理，但是招來的「高才」並沒有達到人們的「熱切期望」，只做了一年即被解職，直到今天該集團依然是名不見經傳。

另一方面，一家企業有許多職位和員工，不可能給每個層次的員工高薪。但是一個企業要長遠成功的話，每個層次的員工都應該是「人才」，而不是只靠幾個菁英就可能達到的。因此，應從應聘者中挑選出各個層次的人才。

西方國家，特別是美國，科技的高速發展帶動經濟的繁榮，人才顯得越重要。美國奇異電氣公司的總裁約翰·威爾奇（John Welch）曾經說人才已經「成為決定一個企業長期成敗的重要因素」。一些企業、經濟學界多年來也注意到人才對於企業發展的巨大作用。西方企業，形成了比較完整的當代徵才

理論體系。這些經驗和理論對於中小企業管理和人力資源管理人士有相當的借鑒意義。

徵才員工要平等。不同的企業有不同的文化和價值觀念，形成了各自的「水土」。比如：製作電腦遊戲軟體的公司的管理風格是寬鬆自由、強調技術和思維突破，這樣員工們才能發揮想像力和創造力，製作出好玩的遊戲。

法國育碧（Ubisoft）遊戲軟體公司的徵才廣告就赫然寫到：「在育碧，工作就是樂趣」；遍布世界的肯德基速食連鎖店的管理風格則是運營程序嚴密、循規蹈矩，這樣每個店的員工才能嚴格遵守操作程序，給顧客提供清潔標準、味道、外觀統一的炸雞。只有想像力和創造力的人在這裡可能會「水土不服」，而管理顧問公司如翰威特（Hewitt）公司注重跟客戶建立良好的關係，要求員工都善於跟人打交道、樂於聽取不同意見和交流各自的想法，一個十分內向的人會覺得這裡的工作非常「煩」。

研究公司的企業文化和管理風格，就可以推斷合適的人需要具備哪些素養、特性。然後以此為指導，來考查應聘者是否能跟企業的環境很好融合。

所聘員工要勝任職位。勝任可以從硬實力和軟實力兩個方面來講：硬實力就是我們通常講的技術專長、比如工程師要掌握專業技術、財務經理要懂財務，而軟實力就是除了硬實力以外，員工所需具備的相關技術、態度、認識觀念等。如一個做客戶服務工作的工程師光懂技術還不夠，他還要具備良好的人際溝通能力和很強的客戶服務意識。如財務經理除了懂財務，還要有能力領導下屬，調動下屬工作積極性。

我們可以把這些技術、態度、認識觀念包括科研技能統稱為勝任因素（competencies）。勝任因素廣義上講，還可以包括上面所提到的應聘者要適合企業環境所要具備的素養和特性。以勝任因素作為標準來選拔人才是西方企業當前的通行做法。確認一個應聘者是否具備硬實力相對比較容易。可以透過筆試、技術考試等來考查。而確認應聘者是否具備軟實力就相對難得多。

西方的心理學家們設計了許多如問卷、情景模擬等測試應聘者的心理和

個性。這些方法非常複雜，必須經過多次試驗來證明其可行性、而且要由心理專家來操作，因此費用非常昂貴。比如全球頂尖的一家心理測驗管理顧問公司 SHL 集團，每測試一位初級管理職位的應聘人的價格是兩百美元。

通常企業考查應聘者的方式是面試。我們常見到一些企業招人時面試比較隨意，憑感覺取人，這樣做隨機性、主觀性太大。

比較可行的是以勝任因素作為標準、有計畫面試。首先，對某職位進行分析、明確該職位的勝任因素。具體的做法是徵詢該職位的上級或者該職位的績優員工，由他們確定勝任因素、哪些行為可以表現出這些勝任因素，以及哪些情景可以考查這些勝任因素。

然後，根據確定要考查的勝任因素和相關的行為表現，來設計面試問題及評估標準。比如說要考查一個大學畢業生是否具有組織能力，可以問他在大學裡或者社會上參加過什麼活動，他所扮演的角色和作用。如果應聘人僅僅說他總是積極參與，把該做的事做好，則不能說明他具備組織能力。而如果他說他召集大家進行活動，協調大家的行動，以自己的行動做出示範，鼓勵大家等等，可以說明此人具備良好的組織能力。

根據應聘者的回答，參照行為指標來評估應聘者是否具備勝任因素，根據評估結果，擇優錄用。按照這樣的方式來面試，需要注意的地方是主持面試的人必須對勝任條件和行為指標非常熟悉、而且還要有良好的面試即提問技巧。比如：「談談你過去工作比較辛苦的經歷」，這樣的問題就比「我們這裡有的時候工作任務很重、很辛苦，你不會在乎工作辛苦吧？」更能看出應聘者是否能夠吃苦耐勞。如果應聘人回答的時候把算不上很辛苦的事說成很辛苦，就可以說明這個人吃苦能力是值得懷疑的。有的時候，必須對面試工作人員進行正規的一到兩天的培訓，這樣能盡可能的消除面試主考官的主觀認識的不利影響，對於應聘者來說也更加客觀和公平。

當然有人會提出疑問，沒有做過某事，並不能說明一定不會做或做不好。比如一個從沒當過「頭」的人未必不能成為一個能幹的主管。這裡涉及可

能性有多大的問題。西方現代的面試理論是「一個人過去的行為，是唯一可靠的能預示在將來他在相似情景下能表現出這種行為的依據。」比如一個公司要招一位公關人員，兩個應聘者如果都沒有做過公關工作，一位應聘者善於人際溝通，通曉社團；另一位僅讀過一些公關書籍。那麼前者做好這份工作的可能性比後者要大得多。至於一位曾做過公關的應聘者，不能僅僅因為她有經驗就想當然認為她能勝任現在的工作，還是要根據勝任因素和行為指標來考查。做過某項工作固然是個優勢，但做得好不好是更重要的事情。

由此可見，一個錯誤的聘用決定為企業帶來的損失是很大的，企業在這方面不得不慎之又慎。

第四章
教你「釣」到合適的「魚」

最優秀的人，才能為企業帶來活力

　　市場競爭說到底就是人才的競爭，人才是企業的根本，是企業最重要的資源，因此如何選拔優秀的員工，已經是企業生存與發展的決定性因素。而企業人員素養的好壞直接影響到企業的發展，選拔優秀的員工應注意以下幾個方面的問題：

　　道德品行是選拔員工的重要條件。企業員工道德素養的好壞直接影響到企業的整體素養，一名員工有能力，但道德素養不好，遲早會為企業帶來極大的損害。某企業徵才了一位區域經理並把這位區域經理派到另一城市，讓這位區域經理負責整個城市市場，四個月後，這位區域經理卻攜帶公司五十多萬的現款消失。不但給企業造成了直接的經濟損失，還給企業的聲譽帶來了一定的影響，該企業後來在該城市的市場再也沒有發展。如果我們在選拔此位區域經理時慎重一點，能發現這個人的道德素養不好，此類問題就不可能發生，所以企業人事部門在選擇員工時，應注重員工的道德品行。

　　選拔有專業能力或學習潛力的員工。市場競爭越來越激烈，要求企業每個職名員工的專業知識既專又精。專業知識是企業徵才員工時首先考慮的問題。如果企業能把教育訓練、培養人才放在企業發展策略的重要位置，那麼有學習欲望和有學習潛力的員工，就應該是徵才的重點。企業在育才時，此

類員工更能迅速領會並達到公司每一個階段發展的要求，這樣企業才算真正達到了育才的目的。市場的競爭瞬息萬變，企業如果想在市場競爭中不被淘汰，並尋求發展，就要不斷創新，保持現狀即意味著落後，所以擁有學習意願強、能夠接受創新思想的員工，公司的發展必然比較迅速。

選拔有較好敬業態度的員工。對企業忠誠和工作積極主動的人，越來越受企業的歡迎，而那些頻頻跳槽，辦事不踏實的人，則是企業越來越不歡迎的人。現在有很多年輕的員工對企業的要求越來越高，企業一旦達不到其要求時，他們就不安心工作，就想另謀他就，這類員工給企業保持員工團隊的穩定性帶來了很大的障礙。在工作中踏踏實實，遇到挫折不屈不撓堅持到底的員工，其成效必然高，這樣才會給企業創造出更大的效益。

選拔能適應環境的員工。企業在選拔人才時，一定要注重所選人員適應環境的能力，避免提拔個性極端或理想太高的人。這樣的人很難和同事和諧相處，很難融入公司的企業文化，只會給自己和別人的工作造成一定的阻力，並影響到其他員工的情緒和士氣。

選拔善於溝通的員工。隨著社會日趨開放和多元化，善於溝通已成為現代人們生活必備的能力，很多企業已經深刻意識到溝通的重要性。一個合格的部門經理要用 45% 的工作時間來做溝通，有效的組織溝通和人際溝通都會給企業的發展帶來相當的幫助。

選拔自我定位準確、了解自我的員工。成功的企業對於員工的職業生涯規劃相當重視，員工透過自我規劃，選擇合適的工作或事業，投身其中並為之奮鬥。對職業生涯進行切實可行的規劃，能使員工目標明確，即使面臨挫折，也能努力堅持，不會輕易退卻，因而能在生產或其他工作中發揮主觀能動性。

健康的身體也是重要的因素。一個身體健康的員工，做起事來精力充沛，幹勁十足，並能擔負較繁重的任務，不致因體力不支而無法完成任務，因為身體是工作的本錢。

作為企業負責人力資源方面工作的人員，應當注意以上幾方面。具體做的深度如何，要靠負責企業人力資源的工作人員，依據經驗、面試、筆試等環節，在實際工作中去領會。

明確要招的人才在哪裡

徵才活動上，求職者滿懷希望去了，徵才的企業也興致勃勃去了，卻發現他們並不是彼此要找的人或企業。

某家著名服飾公司徵才專員的話很能說明問題：「我們迫切需要的是有豐富經驗的中高層次人才，但是徵才活動上滿眼都是應屆畢業生和僅有一兩年工作經驗的。所以雖然看起來人山人海很熱鬧，但是徵才活動的效果並不太好。」

許多求職者也很沮喪，來徵才的企業那麼多，可自己在徵才活動現場轉了一圈又一圈，適合的職位少之又少，履歷勉強投了兩三份。

「需要的人／企業沒來，不需要的人／企業卻來了。」企業和求職者都很無奈。

企業發現，在他們所採用的管道中找不到合適的人才；而求職者也發現，在他們所採用的管道中找不到合適的工作。參加徵才活動如是，網路徵才等其他徵才管道亦如是。

相互適合的人才和企業似乎在往不同的方向走去，難以相遇。

徵才／求職的盲目導致管道選擇的隨意性

知道你要找的人／企業在哪裡嗎？

知道怎樣找到你要找的人／企業嗎？

無論是企業還是求職者，能夠非常明確的回答「知道」的可為數不多。

常常是這樣的：求職者大概確定自己的求職意向之後，就會買幾份徵才類的專業報紙，或是看看其他報紙雜誌電視的徵才廣告，上徵才網站搜尋相關的職位需求，找家人朋友幫忙打聽哪裡缺人、有沒有門路可以介紹，發現哪裡有徵才活動就去看看。

大多數接受採訪的求職者都承認，他們只是在腦子裡對自己尋找的工作和企業有一個概念性的描述，但是並沒有（或者沒有條件）仔細分析過，我尋找的企業有什麼特色，對徵才管道的選擇有什麼樣的偏好，經常透過哪些途徑招人，會在哪類網站哪幾份報紙雜誌發布徵才資訊，會在什麼時間到哪裡參加誰組織的徵才活動。

他們往往選擇管道的方式很隨意，自己能「抓」到什麼就用什麼，而不是主動性去迎合對方的偏好。

企業亦是如此，雖然較之求職者，企業對管道的選擇更有計畫性。但是真正能在思索「我要招的人他在用什麼樣的管道找工作」的企業似乎並不多見。他們已經習慣於手邊有什麼管道可用就用什麼管道，沒有花心思去考查這個管道裡是否有他們需要的足夠的人才。所以，現在好多企業不是為履歷太多頭疼就是為履歷太少煩惱。業內人士指出，其實很可能問題出在管道上。前者是因為管道選擇缺乏針對性，漫天撒網；後者則是因為選擇的管道沒有足夠多的應聘者，結果投履歷的人才遠遠不夠，根本沒多少挑選的餘地。而這都是因為企業與求職者缺乏了解和思考。

確實，日益增加的生存壓力壓得企業和個人都喘不過氣來，因此，企業是急著招人，個人是急著找工作，雙方都「急於求成」，所以四處出擊，「逮著什麼管道就是什麼管道」，對於他們來說，研究對方的動向並做詳細的有針對性的思考和分析是非常耗費時間的，而他們花不起這個時間。

當然，並不僅僅是企業和求職者自身的問題。不可忽視的是，職業化進程才剛開始，勞動力市場遠沒有成熟，這也是勞動力的供給和需求的資訊流不通暢的客觀原因。企業即使想多了解求職者、揣摩求職者的心思和偏好也

苦於沒有多少可利用的途徑，對求職者而言何嘗不是如此。

無法快速有效的搜尋到切合的徵才／求職資訊 —— 管道建設不完善

舉一個例子，企業是透過管道 a、b、c 徵才的，而求職者是透過管道 b、c、d 找工作的。雖然他們同樣採用了 b、c 管道，但仍然找不到對方。為什麼會失之交臂？這就是無法快速有效的識別資訊的問題，也是管道體系建設不完善所致。所謂「細節中的魔鬼」導致了兩者無法在合適的時間、地點相遇。當下，很多企業和求職者對於徵才管道的不完善頗感無奈。

以網路徵才為例：

一家雜誌社欲招一名同時做記者和編輯工作（採訪編輯）的人員，他們在網上發布的徵才職位是「採編」。

但是，求職者很可能就按「記者／編輯」的關鍵字在網上搜尋職位需求，這樣一來，即使「採編」與「記者／編輯」是一回事，可由於職位名稱的不同，這條徵才資訊就沒有被求職者搜尋到，從而使雙方喪失了可能的合作機會。

「有些網站設定的要求求職者必須填的內容很少，太簡單化，人才很容易被篩選掉。」某公司徵才培訓沈專員說。

即使是比較專業的獵頭公司也有同類的問題。

「我們自己的資料庫有兩萬多人的資料，但是這些資料並沒有得到很有效利用。資料庫中不可能把每個人每種特質都列出來。在輸入資料的時候我們會忽略掉一些我們當時認為不太重要的特質，比如說做 ISO 認證的特質。之後，一個客戶要求我們找一個在企業內部做過 ISO 認證的，我們知道資料庫中就有這樣的人才，但是就是沒法很快找到，因為當時我們沒有把 ISO 認證作為特別條件陳列出來。而現在要在兩萬多組資料裡一條一條去找顯然難上加難。所以有可能就這樣失去一個訂單。在我們自己比較有限的資源空間內都可能會錯過資訊，更何況在整個勞動力市場的大環境下。」從事獵頭工作的

嚴先生這樣說。

現如今，勞動力市場的供給和需求資訊都相當零散，管道的聚集作用似乎不太明顯，尤其是其中搜尋和篩選的機制還很不完善。

有一個求職者發出這樣的歎息：「我也上網搜尋過，也跑過不少徵才活動，也託家人朋友幫忙，但還是弄不清需要我這個專業的職位在哪裡，我更不知道透過什麼方法能快速的找到跟我的專業和經驗比較切合的職位資訊，好像所有的地方都不需要我。」這位求職者的想法固然比較偏激，因為是人才就一定有地方需要的，可能是他自己沒有利用好現有的資源，或是自身觀念存在局限，但是也必須承認，管道中的資訊不充分、不對稱的確也是制約求職者找到合適工作的重要因素。

對徵才管道的深度挖掘

即使去問問大型的外商，他們也會告訴你，除了徵才活動、網路、獵頭、報紙雜誌廣告和員工／朋友推薦等這幾種常規的徵才途徑之外，並沒有什麼特殊的管道。「管道是否有限，看你怎麼用，結合自己的人才需求把管道挖掘到什麼程度。」

一家著名的通信設備公司的方法很值得借鑒。這類通信公司需要的人才往往非常專業，勞動力市場上本來就很稀缺，在各種徵才管道中，員工／朋友推薦的方式成本比較低而且比較有效，而在社會上做大規模的徵才成效則不佳，因為針對性太差。「所以既然管道有限，那麼除了深挖管道，沒有太多更好的辦法。」

「相關部門提出職位需求以後，我們會先做溝通，在部門內尋找資訊，鼓勵員工推薦。同時會問提出需求的相關部門，這樣的人會在什麼樣的公司裡，他們一般都會知道。我們根據他們提供的線索，多方打聽，有時也上網搜尋，想盡辦法去接觸這些人。取得履歷以後，回饋給相關部門，如果有需要我們再主動去連絡。」其人資主管于小姐說。

「通常在我們徵才的時候，會收到很多不是我們當時所需要的人員資料，但我們並沒有直接拒絕，而是告訴他們，應聘資料將進入我們的人才庫，作為人才儲備，以後若有需要，可以從中挑選。這樣還可以節約徵才廣告投入，降低成本。其二，常和試用人員聊天，從他們那裡可以得到不少資訊，這些資訊是非常重要的，我們的目的就是『挖角』。」人力資源的一名人力資源會員這樣建議，「選擇管道前應該明確具體的徵才目的和要求，考查當地的人才市場是否有充足的資源，了解和分析這部分人員的集中地在哪裡，然後再選擇適當的徵才途徑，並針對需求給予優惠政策」。

多多「同理心」

對於時下「徵才難」和「找工作難」的現象原因，從宏觀上分析有以下兩種可能：其一，對於公司的某職位來說，勞動力市場上確實有適合這個需求的供給，但公司卻無法有效的識別和找到；其二，勞動力市場上符合這個需求的供給非常稀缺甚至根本不存在。

如果是後者，那麼這是整個社會的人才供求結構不匹配的問題，非企業和求職者之力所能及。而如果是前者，則是市場的有效性的問題，而且跟管道有非常直接的關係。可以說，這至少是可以改善的。

無論如何，管道的選擇和利用是整個徵才和求職的過程中至關重要的一環，一旦決策有所偏差，就很可能與適合的企業／個人失之交臂。

所以，無論是企業還是個人，不妨多多換位思考，想想你要尋找的人或企業在哪裡，在走哪條路，常問問自己：「我怎樣讓我需要的人看到我的徵才廣告並被之吸引？」「我怎樣讓我需要的企業看到我的履歷並對之有興趣？」—— 那麼，也許雙方碰面的機會就不遠了。

有效徵才的六大法則

　　很多企業年年在招人，月月在招人，週週在招人，錢也花了，時間也花了，但還是很難招到自己滿意的人才，或者徵才到的人才最後待了幾個月離職走人，結果企業的目標或者專案常常因為人才不到位無法落實。企業家和老闆們只有望才興歎，無可奈何。究其原因，就是因為沒有很好的把握人才徵才的關鍵成功因素，沒有長遠的、策略性的人才需求與供給的規劃，總是藉口業務繁忙沒有認認真真、規規矩矩的組織徵才等。本文希望透過對有效人才徵才成功因素的分析，能夠給廣大的人才徵才者們一些啟發和指導。

「定」

　　「定」即定位。做好企業的人才徵才，首先企業要明確徵才什麼樣的人才，什麼樣的人才是最適合企業發展的，基本原則是「不求最優秀，只求最適合」。這裡我們先不談企業一定要有策略性的人力資源規劃，因為企業目前還很少能做到這一點，但至少企業人才徵才前一定要首先做好人才的需求分析，一般年度人才需求分析的程序如下：

1. 分析前一年的績效業績，根據公司發展策略制定第二年的企業發展的績效目標，對績效目標進行分解，制定出部門的績效目標。
2. 公司各個部門根據績效目標分析需要分配哪些人才，哪些人才具有空缺，對空缺的人才根據公司職位說明書的要求向人力資源部提出申請。
3. 人力資源部對各部門提交的人才需求申請進行歸總，向公司決策層提交年度初步人才徵才需求。
4. 公司高層在初步人才需求的基礎上，提出修改建議並根據公司第二年的績效目標提出對特殊人才和管理人才的徵才需求。
5. 人力資源部根據高層的建議最終確定第二年的徵才需求，在此基礎上制定出第二年的人才徵才計畫。
6. 根據公司發展的實際情況對徵才需求和徵才計畫進行即時調整，每次

系統、規範組織，徵才前對徵才需求進行再次確認。

在做好人才徵才需求分析的基礎上，每次徵才前需要在此確認對各類人才的定位，即工作職責與任職資格，包括主要工作職責，對學歷、專業、能力、經驗、年齡、性別、性格、興趣愛好、心理及身體等各個方面的詳細要求等。只有這樣，我們招聘人才時才能做到「胸有成竹」。

「瞄」

「瞄」即瞄準。「定」是要明確我們要徵才什麼樣的人，「瞄」則是要確定我們要在什麼樣的目標群體中去尋找我們所需要的人才。這點也相當重要，有很多公司人才徵才時定位非常清楚，徵才的目的也十分明確，最後透過發布徵才廣告收集來的徵才履歷卻寥寥可數、少得可憐，分析其原因就是因為發布資訊時瞄得不準。如果我們徵才時瞄的不準，會讓許多公司發展真正需要的人才白白流失，同時很多不符合公司發展所需要的人才會渾水摸魚，這樣會增加甄選的工作量和難度。下面所分析的三種目標人群的特點可以供各個公司招聘人才時參考：

大學校園。如果你是把目標人群瞄準大學校園，即徵才應屆畢業生，那麼您至少要努力建立和維護您與目標大學的關係，及時獲取畢業大學生的動態，並先下手為強，以確保您徵才到的應屆畢業生素養比較高。如果公司的人才培養體系和激勵機制比較健全，應屆畢業生培養出來並留下來後對公司會非常認同，忠誠度會比較高，但前期的跳槽率一般也會比較高。瞄準畢業生時也要準確，是要哪些學業成績比較好、學習刻苦認真的，還是要哪些擔任過班幹部、成績也不錯的等都要事先分析清楚。

大學剛畢業二～三年的上班族。這個目標群最大的特點是在社會上闖蕩過兩三年，經歷過一定的「風吹浪打」和「人情世故」，有一定的工作經驗，對社會和企業的認識一般不會像剛畢業的大學生那麼感性和幼稚了，他們的職業生涯也在穩定探索中並逐漸明確。因為他們參加工作時間不長，在工作

等各個方面的可塑性比較強，易於培養。同時，這個目標群的人一般都比較穩定，不會輕易跳槽。

大學畢業五～八年的上班族。這個目標群的最大特點是工作經驗豐富，對自己所專長的領域有自己獨特的見解和觀點，應該有了自己比較穩定的職業生涯規劃，不會輕易接受別人的觀點，一旦應聘到新職位後能夠很快的勝任工作。但這個目標群最大的不足就是由於其專業、觀念、工作方法等都已經基本定型，使得他們的可塑性比較差。這種人在找工作時投機性比較強，喜歡「討價還價」、有點「斤斤計較」，一旦覺得企業不適合自己，會選擇馬上走人。

另外，企業在招聘人才時，還可以根據性別、職業、地域、性格、甚至血型等選擇自己的目標群。

「傳」

「傳」即傳遞。確定了需要徵才哪些人才，也明確了在哪些人群中去尋找所需要的人才後，下一步的工作就是透過一定的方法和途徑把徵才資訊有效的傳遞到目標群中，讓他或她知道我們公司在真誠的尋找他或她，讓他們主動投上自己的履歷。

現在資訊傳播的途徑和媒體越來越多，一般可供選擇的「傳」的途徑和媒體主要有：

◈ **報紙：**這是一個比較傳統的徵才管道，主要有專業型徵才型報紙（很多是結合網路）、大眾型報紙、雜誌期刊等，報紙徵才的費用一般比較貴，但受眾比較廣泛。

◈ **網路：**比較新的徵才資訊發布管道，隨著社會的發展，網路徵才越來越成為徵才的主力，同時網路的徵才成本也不貴。在網路徵才中，企業如果有自己的公司網站，千萬不要忘了在公司網站上插播徵才廣告，並與外部網路徵才廣告建立連結形成相互對應，這樣更能強化徵才效果。值得注意的是公司網站上的徵才廣告一定要放在首頁，並設計有吸引力的

動畫效果。

◈ **徵才活動**：這也是一個比較傳統的徵才管道，最大的特點是人才比較集中，費用也比較合理，而且還可以起到很好的企業宣傳作用。

◈ **人才服務／獵頭機構**：對於企業重要人才、核心人才和高階管理人才等一般很難在短期內透過傳統的徵才方法招到，這些人才的徵才需要借助獵頭機構，企業要與比較有影響的獵頭機構建立合作關係。

◈ **員工推薦**：即將徵才資訊發布給公司所有員工，公司員工可以將自己周圍認識的認為比較優秀的人才推薦給公司，當然員工推薦的人才也要遵循公司規範的甄選程序。成功推薦一個優秀的人才，公司一般要給予推薦者一定的獎勵。

◈ **內部徵才**：即將徵才資訊公布給公司內部員工，員工自己可以來參加應聘。現在，企業招聘人才一般採取「立體化」的資訊發布和徵才模式，即空中宣傳 —— 報紙和地面進攻 —— 網路廣告與現場徵才、員工推薦等相結合的方式。「立體化」徵才一般一次徵才的費用比較貴，但企業與其月月招、天天招，還不如把幾次不規範、不系統的徵才集中在一次組織，這樣既可以保證徵才的效果，也可以控制徵才的費用和成本（現在一般把企業人才徵才、培訓、薪資福利等看成一種投資行為，而不是簡單的成本行為）。

◈ **企業徵才**：在「傳」時要注意，「傳」一定要結合「定」準確把資訊傳遞給目標群。同時，在「定」時對所需人才一定要界定清楚，包括學歷、專業、工作經驗、性別、年齡甚至性格、血型等，「定」時的條件僅是我們在甄選人才時候的標準。但在「傳」時就不要描述那麼詳細了，否則就變為「框」人而不是「招」人了，因為「金無足赤，人無完人」，你要求太嚴格，首先就會把應聘者嚇住了，無意中就把很多本來優秀的人才拒之門外了。在「傳」時盡量把最重要的條件歸納為二～五條即可，千萬不要面面俱到。特別是，條件太多（比如「本職位只徵才女性」）可能有人才徵才中的歧視之嫌。

「吸」

「吸」即吸引。吸引也就是你發布的徵才資訊哪些可以引起目標群體的注意力，或者說是如何有效吸引他們的眼球，讓他們主動投票 —— 履歷。一般

徵才中有效吸引目標群體投票的招數有以下幾種：

公司及文化吸引好的和優秀的公司文化是吸引人才的第一要件，因此公司在徵才企劃文案中，應該花一定的筆墨來介紹和描述公司及企業文化，包括公司歷史沿革、發展規模、發展目標、價值觀、人才觀念等。

待遇吸引應聘者首先選擇的是一個好的公司（最佳雇主），其次最重要的就是一個好的待遇了。很多企業招聘人才時，在薪資承諾方面一般都比較害羞靦腆，只是承諾「本公司提供優厚的待遇」，所有的徵才廣告都這麼說時就沒有一點吸引力了。因此，建議企業在徵才時最好明示每個職位的具體薪資待遇，但最好採用月薪的方式，比如某崗職缺月薪三～十萬元。三萬代表的是所徵才進的人才基本能夠勝任職位，十萬代表所徵才的人才有非常出色的能力，並且能夠完成出色的業績。而應聘者往往看到的是十萬而不是三萬！值得注意的是，月薪最高值十萬元一般可以比目前該職位人才的年薪高出多倍，證明「山外有山，人外有人」，只要你有能力，我們就給你相應的待遇，為吸引優秀的人才留出空間。

職位及發展空間吸引一個好的職位及發展空間也是吸引優秀人才不可或缺的因素。比如有的公司承諾「本公司將提供廣闊的發展空間」，其實這種承諾與上面提到的「提供優厚的待遇」一樣都是非常處的，應聘者更願意看到實際的東西，比如職前培訓、員工職業化訓練、中高層管理人員培訓、在職教育、完善的職業發展通道和職業生涯體系、提任職業輔導等等，讓應聘者感覺到實實在在的空間。

人數吸引經常可以看到這樣的徵才廣告，某某職位徵才一位部門經理等等，當然這樣也有一定的吸引力，但是因為只徵才一位也往往會把某些真正優秀的人才擋在門外，畢竟一個太少了。因此企業在招聘人才，發布徵才資訊時可以適當把徵才人數增加，比如多增加幾位是完全可以的。特別是很多企業廣告招聘人才可能是最後實際徵才到的人才的十倍甚至一百倍，比如某某公司徵才高階軟體工程師有六百人應徵，最後真正徵才選中的可能不到六

人。徵才一方面是為了招聘人才，同時徵才也可以為企業做廣告宣傳。因為你經常招人，給應聘者的感覺是這個企業又在大規模招人，一定發展不錯。但是這一招不要經常用，一定要與企業真實招聘人才相結合起來。

一個總的原則是，徵才廣告的原則是把資訊傳遞給目標群體，同時把真正優秀的人才吸引過來。

「選」

「選」即甄選。不管你前面的工作做得如何精緻和準確無誤，都不可避免你所收到的履歷中有「魚目混珠」和「濫竽充數」的現象存在。因此，精心設計招聘人才的甄選程序，提高人才甄選的信度和效度，把真正優秀的人才「揀」出來是每次人才徵才的關鍵。當然對於企業徵才不同的人才，比如普通人才、高階管理人才、核心技術人才、菁英銷售人才等都要適用不同的人才甄選方法，這裡僅就一般的人才甄選程序進行簡單的歸納。履歷篩選。履歷分析和篩選是人才甄選的第一步，在履歷篩選時一定要注意以最重要的指標對人才進行初步評選，把人才分為 A 類 —— 明顯合格、B 類 —— 基本不合格和 C 類 —— 明顯不合格三類。每一個職位一個資料包，如果最終 A 類人才已經充分，則可以不考慮 B 類人才，如果 A 類人才不夠，可以考慮在 B 類人才中挑選優秀的人才。A 類和 B 類可以根據徵才的具體進度進行即時調整。

初試建議採取筆試的方式，重要的人才可以輔以心理測驗等其他方式。初試試卷設計時一定要考慮到基礎測試（智力、基本能力、素養等）和業務測試相結合的方式。

複試一般採取面試的方式。現在面試的種類有很多，比如自由面試、結構化面試、半結構化面試、壓力面試、行為事件訪談法 BEI、情景 STAR 面試法、二次面試、三次面試等等。企業在面試時可以根據不同人才特點選擇最適合的面試方法。

一般，企業履歷篩選、初試、複試和最終要徵才的人才的數量比例是

10：5：2：1，但具體可以根據企業所收集的徵才履歷的數量進行調整。

在企業甄選人才時，有時也可以採用更加複雜的評選方法，比如無領導小組討論、心理測試、評價中心等等，這些方法的選擇和應用都要根據具體的徵才情況來確定。

「留」

「留」即留住。往往徵才時，很多企業老闆覺得這個人非常優秀，那個人也非常不錯，這次終於招到幾個好的了。卻不知當最後給他發放錄取通知並通知他來公司報到上班時他卻不來了，結果只有空歡喜一場。因此，徵才是一次雙向選擇的行為，絕不是一廂情願，徵才中公司可以選擇自己中意的對象，應聘者也更有權選擇自己中意的公司。所以，企業在整個徵才過程中，如何有效的留住人才也非常重要。留住人才涉及整個徵才的各個環節，只要有一個環節或者一個細節讓應聘者（特別是優秀的應聘者），感覺到這個公司與自己的期望，或者原來對這家公司美好的印象相比相差甚遠，就會讓優秀的應聘者放棄到這家公司工作的想法。所以徵才中的每個環節，每一句話（比如打電話通知面試時要規範用語，充分體現公司的文化），每一個行動，每一個宣傳，每一個標示等等都要非常嚴謹、規範，徵才期間所有員工都要表現出高水準的職業素養。也就是，凡是應聘者能看到的、能聽到的、能摸到的、能聞到的甚至能想到的，我們都要讓他們感覺良好，留下美好而深刻的印象，不管怎麼樣，首先把優秀的人才徵才進來再說。

在留住人才時還要注意的就是除特殊徵才以外，每次徵才的週期最好控制在一個月以內，最好二十天左右，時間長了應聘者也不會久等，而是早就去另謀高就了。

因此，企業人才徵才確實不是一件簡單的事，而是一項非常複雜的系統工程，只有認真的抓好上面六個字，才能有效保證企業每次人才徵才的成功。

學習四種特殊的徵才模式

　　美國軍隊先發制人的徵才策略值得商業公司學習。籌資者、體育星探和獵頭公司提供了另外三種徵才模式。

　　多數公司是這樣徵才的：當出現空缺之後，部門經理與人力資源部聯繫，希望有人能立刻填補空缺。人力資源部的徵才人員致電當地報紙刊登廣告。應聘者的履歷被詳細審查，召集合格者面試。一切順利的話，新人可以在一段時間後上班。這一時間可能長至數月之久，因為大多數人有他職在身，並不能夠立刻走馬上任。

　　公司經理們應該學一學美國軍隊快速、主動的徵才模式。

美軍模式：先發制人

　　在美國幾乎每一個城鎮都有軍隊徵募官員辦公，在上班時間招募人員總是在位恭候，想參軍報國的人可以隨時登門。如果一個潛在的應徵者打電話來，絕對會有一個真人應答，而不是一個語音信箱。

　　公司在徵才方面能從美國軍隊學到很多，美國軍隊採取的是積極主動的、持續進行的徵才策略。例如：海軍就總是在「尋找一些優秀的人員」。長期以來，美國軍隊十分重視建立應徵人員檔案，並在新一輪徵兵中利用這些資訊。

　　美國軍隊是創造徵才廣告廣告詞的領先者，例如那條膾炙人口的「盡你所能」（Beall that you can be）。許多這樣的口號今天在許多成功的公司裡成為時尚，效果依然驚人。不過，美國軍隊可是用了幾十年了。美國軍隊應用高科技徵才技術也是一馬當先，它使用的個性化的網站是許多公司望塵莫及的。

　　公司能從其中汲取哪些經驗呢？首先是要認識到公司在哪些方面出了錯誤，而美國軍隊又在哪些方面採取了正確的做法。美國軍隊邀請經過精心挑選的少量應聘者參加面試，並最終確定最佳的人選。對於第二、三、四名應

聘者，他們採取了一種比較特別的做法：他們會與這些應聘者保持一段時間的聯繫。儘管每一個徵才人員的風格不盡相同，但是大多數徵才人員會這樣做：決定哪些工作或利益是申請者最感興趣的，在三個月的聯繫之後，大多數徵才人員會給面試者寄一份有針對性的後續記錄或是適合的手冊或最新資訊。只有當應聘者明確給出否定的答覆，這種通信才會終止。

包括陸、海、空軍和海岸自衛隊在內的美軍各軍種，其徵才流程都是長期連續和積極主動的。他們有時不能達到徵才目標而受到攻擊時，也絕不放棄這種特點。他們的策略是回過頭來重新評估問題出在哪裡，然後進行徹底的自我改造以適應徵才市場。他們非常有效，常常能爭取到那些本來打算進軍商業領域的人士。

美國軍隊並不是先發制人徵才模式的唯一範例。籌資者、體育星探和獵頭公司同樣提供了公司能夠採用或適應的徵才菁英職員的指導方針。

籌資者模式：發現黃金

籌資者可以被看作是最終雇主。他們必須特別擅長於說服人們掏錢資助某一特定的事業。我們可以認為，資助者就是他們的徵才對象。很多情況下，他們招募的資助人會被別人連珠炮似的加以遊說，力勸他們資助另一家而不是這家公司。確保獲得資助人的資助往往要花費數月甚至數年之久，但是一個明智的籌資人對其鎖定的目標會保持足夠的耐心。

那麼，籌資者的座右銘是什麼？ 是發現並說服潛在資助人。籌資者認為，他們的工作就是獲悉誰擁有時間、興趣和資金，有助於成就他們的事業。籌資人 —— 這些聰明的人際網路工作者知道，只要保持耐心和持之以恆，艱苦的耕耘終將獲得豐厚的回報。因此，他們不斷使用各種方法招募資助人，比如舉辦籌資活動和精心設計的公關活動。

好的籌資者全面研究潛在的資助人，他們可能要很關心資助人的個性、朋友以及他們曾經資助的事業。

把那些不太主動的潛在資助人列成一個清單，對籌資者來說可能是一個行之有效的方法。作為籌資人，你需要問問自己，哪些潛在資助人是你有意引入你的公司的？他們的職業和個性如何？你可以使用哪些方法讓他們知曉，他們是如何很好的和你的公司相匹配？

徵才者必須像籌資者尋找潛在資助人那樣，發掘潛在的員工。公司需要發掘哪些人？答案是：那些最近在報紙和產業雜誌上頻頻露臉的人物；被豐厚條件吸引而離開公司的舊員工；公司上輪徵才中的第二、第三應聘者；那些拒絕了公司提供的工作機會的應聘者；公司員工推薦的人選；先前已經參加了徵才活動或者曾經申請過職位的人。

體育星探模式：善待「明星」

人才競爭日漸升溫。很多員工不會留駐於最高薪水，而寧願選擇那些為其量身訂制的薪資、福利、工作靈活性和補貼等組成的薪資包。薪資包解決了他們最關心的問題，這就是「我從中得到什麼」。

一家科技公司給工程師的起薪為八萬美元，外加一份十萬美元的簽約獎金。然而這還不是報酬的全部，其餘還有股票期權、安家費和其他津貼也包括在達成的協議之中。

「這看起來都很好，」你可能這樣想，「但是我們公司不會與任何人簽訂百萬美元的合同。那會帶來什麼後果？顏面盡失？」

答案是徹底否定的。然而，把員工當明星般對待，可以做到非常節省成本。例如：

徵才伊始，就要讓應聘者感覺自己像是國王或王后。要確保前台接待員、人力資源部門和徵才經理辦公室裡負責接待應聘者的員工，其態度誠懇、舒適和友好。而相反，大多的應聘者都曾遭遇過許多公司「別打電話給我們，我們會和你聯絡」的態度。

可以考慮向應聘者贈送糖果、鮮花、氣球、音樂會或戲劇表演的門票。

你可能從未聽說過有人這樣做，然而這樣做的理由十分充足，它能夠向應聘者表示他們與眾不同，你的公司也因此與眾不同。有什麼公司曾經如此周到對待他們？又有什麼公司曾經採取過行動，對自己中意的應聘者表示過的確喜歡他們？

獵頭公司模式：建立網路

獵頭公司獲取經理人資訊的方法之一，就是參加專業性組織以及社會、商業和社區活動。他們甚至可以資助這些活動，從而在特定人才市場上提高他們的曝光率，並由此可以收集參加活動的各種人士的商業名片。和恰當的人建立起人際關係網，是獵頭公司的一項核心工作。

以下是一些可以從獵頭公司學到的一些徵才技巧：

每月為徵才經理和徵才人員撥出預算，用以培養同潛在應聘者的關係。可以考慮將這些人帶到美妙的餐廳或運動場所小聚的傳統方法。

定期對市場進行調查，弄清楚哪些公司留有傑出人才，他們為什麼留在那裡。然後考慮應該採取哪些行動，誘使他們踏入你們公司的大門。

保持以下內容的資料庫適時更新：以往的模範員工；學員和實習生；在網上或親臨求職的個人；應聘某一職位的第二或第三位應聘者。

獵頭公司和籌資者建立複雜的資料庫，利用每次活動培植和吸引目標人員，然後保持資料庫的及時更新。一個有用的訣竅是，每季度或隔月進行電子或信函直郵行銷。透過這種方法，不斷更新應聘者資料，使他們不會跑出你的控制範圍。

在徵才方面，美國軍隊、籌資者、體育星探和獵頭公司與商業性公司面臨的問題大同小異。為緊隨時代的步伐，而不是僅為填補空缺而疲於奔命，公司應該不斷進行自我改造，更新他們的徵才策略。

十分鐘面試招到核心員工

為什麼挑不出人才

任何一個公司都希望找到優秀的人才，然而當公司透過系列的徵才、履歷篩選、初試、複試，錄用後往往發現找到的人並不理想。這是什麼原因呢？一般的面試就是問幾個常識性的基礎問題，然後就憑感覺了。有規模的企業則多幾道複試，一波又一波把應聘者折騰了幾回也拿不定主意。審犯人一般的面試，用來徵才基層員工還勉強可以，而對於菁英核心員工，就很難奏效了。

而現實情況是，審犯人式的面試隨處可見。沒有經驗的或那些責任心一般的面試官，只是把面試當成程序化問幾個問題，應聘者再機械回答問題，回答完後面試官就結束面試，氣氛真的和審犯人差不多。這種單刀直入的問，不僅氣氛尷尬，一般情況下也根本問不出實質內容來，應聘者要嘛提前準備好了台詞，要嘛自我保護性回答問題，而不會主動開放性回答問題。結果是作為面試官，對應聘者除了外表外幾乎沒有什麼感覺，至於重要的內在思想和基本能力則一概模糊。之所以這樣，問題不在應聘者，而是面試官自己用機械的面試程序把自己給框住了，應聘者只能削足適履，看起來也就很少有「個性差異」了。最後只能憑面試官自己的好惡抓鬮式任意挑選一位，於是面試也就失去了意義。

如何面試核心員工

一般的面試程序是：人力資源部門的初步面試 —— 把握應聘者基本素養關，專業能力由專業的部門經理把握，重要的職位以及經理級人選一般再加一道或兩道面試程序，由高層主管面試。這些身為主管的面試官，該如何面試應聘者呢？我的經驗是：一聊，二講，三問，四答。

一聊：誰聊？ 聊什麼？ 聊多久？

面試官聊，聊與徵才職位相關的內容，聊三分鐘。

主管作為面試官時，應把公司的大致情況以及公司的發展前景三言兩語做一簡要描述，因為公司的發展變化需要增添新的人才，這樣順理成章把要徵才人的原因及重要意義敘述出來。進而可以具體敘述徵才的新人需要做什麼，做到什麼程度，甚至可以說出做到什麼程度會有什麼待遇等等。總之，作為一名主管級的面試官，應在最短的時間內把企業現狀及發展前景和徵才職位的相關要素非常連貫告訴應聘者，整個敘述過程大概也就兩三分鐘時間。透過這樣的聊，雖然不用發問，應聘者會立即產生共鳴，圍繞面試官所聊的主題，展開下一步的闡述，這樣才能最大限度的節省面試時間。不然上來就問，或問的問題很大，應聘者經常不知道該講什麼，於是只能是根據自己的理解漫無目的講，結果是講了很多，面試官想聽的沒有聽到，無關緊要的聽了一大籮筐，浪費雙方的時間。

為什麼面試官要採用聊的形式呢？ 聊，不同於講。聊是兩個人或少數幾個人之間的非正式談話交流；聊是在小範圍內輕鬆民主的氣氛中進行，顯得非常自然輕鬆愉快，讓應聘者放鬆後易於發揮出真實水準。否則過於一本正經，應聘者會感覺你特別假，官僚，甚至反感。

二講：誰講？ 講什麼？ 講多久？

當然是應聘者講，講自己與所應聘職位有關的內容，講三分鐘。

儘管面試官什麼要求也不提，什麼問題也沒問，當應聘者聽完面試官的簡短話語之後，會立即在自己的腦海裡搜尋與面試官所聊的內容相關聯的東西，並把自己最適合徵才職位的、關聯度最高的內容有選擇性、用自認為最恰當的方式表述出來。

為什麼應聘者是講，而不是聊或者其他表述方式呢？ 這是由應聘者和面試官的心理狀態不對等以及資訊不對稱造成的，應聘者一般都急於展示自己

與應聘職位相襯的才能與特質，處於表現自己的心理狀態，因而不可能平靜聊。如果應聘者能夠和面試官輕鬆聊，則說明應聘者的心理特質特別好，或者心理優勢特別明顯，這一般是久經職場的高階經理人。

應聘者的這段演講是應聘過程中最關鍵的部分，因為面試官據此可以看出應聘者的基本內涵、從業經驗和資源背景，更重要的是了解到應聘者的知識總量、思維寬度、速度、深度、精度、語言組織能力、邏輯能力、概括總結能力、化繁為簡能力、應變能力等等，而這些是在履歷、筆試和測試中很難體現出來的。即使經驗、資歷和背景在前期翻閱履歷時面試官都看過了，但看他寫的和聽他講是兩個完全不同的測試角度。有豐富經驗的面試官根據應聘者上述三分鐘的陳述演講，基本上就會有一個清晰的看法和八九不離十的判斷。

如果是傳統而簡單機械的一問一答式面試，根本不會有上述的面試效果，也根本不會有什麼好結果。因為一問一答審犯人式的教條面試，面試官和應聘者雙方都會感覺氣氛緊張，雙方都會感覺既處於進攻狀態又處於防守狀態，於是雙方的心理活動處在對抗狀態，而不是合作狀態。試想如果雙方處在相互不合作狀態，怎麼能有好的面試效果呢？所以，面試的藝術在於面試官能否把應聘者當時的心理和自己的心理協調一致，使雙方處於良性互動狀態，而不是互抗和矛盾。

因此，當應聘者做三分鐘的陳述演講時，面試官應認真聽講，並不時給予微笑式的鼓勵和肯定，切記不要輕易打斷應聘者的陳述。一是應聘者陳述的主題思路會中斷，會順著你的新問題而偏離，而把原來準備的與應聘職位有關的重要內容丟掉；二是延長面試時間，增加面試成本，進而會影響到後面其他等著面試的人的約定時間，造成整體面試時間遲延和浪費。

三問：誰問？ 問什麼？ 怎麼問？

面試官發問，問關鍵的內容和相互矛盾的地方，要剛柔相濟的問。

面試官無論如何要耐著性子認真聽完應聘者三分鐘左右的陳述，對三分

鐘過後仍喋喋不休的應聘者，面試官可以透過看錶等形體語言或善意的提醒應聘者盡快結束陳述。

應聘者陳述結束後，面試官應主動發問，問什麼呢？ 不要問些老生常談的話題，不要問履歷中已有答案的話題，不要問筆試中以及剛才的三分鐘陳述中已敘述清楚的話題。否則會招致應聘者的不滿：「我的履歷中已經寫了」、「我剛才好像說過了」等等，造成面試氣氛的尷尬。

究竟該問什麼？ 主要問以下內容：問面試官應該了解但在履歷和筆試以及在三分鐘陳述中一直沒有敘述出來的問題；問應聘者在陳述中和履歷中自相矛盾的地方；問應聘者陳述的事實以及履歷中反映出來的內容與應聘職位不相宜的地方。總之，就應聘者自身矛盾來問問題，看應聘者如何回答。

如何發問呢？ 問話的語氣方式也要因人而異，對性格直爽開朗的應聘者可以問得節奏快一些、直接一些，對內向的人可以適當委婉一些，但無論如何都不要攻擊應聘者和傷害應聘者或者以教訓的口吻對待應聘者。不論怎麼問，問題要柔中帶剛，曲中顯直。只有問到關鍵上，問到矛盾處，才能達到面試的效果。因為一是補充需要了解的關鍵資訊，二是就矛盾問題的回答看應聘者的應變能力和答辯能力，以及能力以外的諸如誠信問題和問題後面的問題。

四答：誰答？ 答什麼？ 怎麼答？

當應聘者被面試官點到痛處時，回答才是關鍵，俗話講：只有高水準的問，才可能有高水準的答。面試到這一步才真正進入了高潮。應聘者處理矛盾的水準高低和有無藝術魅力，全在這簡短的回答之中。而且雙方正面的交鋒才真正開始。如果應聘者回答問題清楚，可以接著問下一個問題；如果問題有破綻可以就破綻繼續追問；如果應聘者被問得局促不安，或滿頭大汗，說明應聘者在此問題上可能有問題，或有難言之隱。作為面試官可以對此問題暫停，不要窮追不捨，適當換一個輕鬆的話題給應聘者一個台階下，記住此時雙方是平等的，是相互選擇的，面試官不是法官，也不要做法官，只要

知道問題就行了。

在實際問答中，應聘者在回答面試官的問題後也會主動反問面試官，而應聘者問的問題一般都是關係到所應聘職位的薪水、待遇、休假方式以及作息時間、業務程序，或者職位之間的關係以及公司背景和競爭對手的競爭性等等。面對應聘者的反問，作為面試官應該正面實事求是的回答，但不排除回答的藝術性。

面試官和應聘者相互之間的問答，總體時間掌握在四分鐘之內。

綜上，面試一位應聘者的總計時間是十分鐘。時間太少了，面試不出效果來；時間太長了，不僅是增加了面試成本，而且反而會降低面試效果。當然，對明顯不相宜的應聘者，可以在短短五分鐘之內結束面試，但要客氣禮貌結束面試。

面試玄機一：待遇應早申明

應聘者第一關注的是徵才職位的待遇，第二是自己能不能勝任該職位工作，第三才是職位要求，自己適合不適合。然而，許多徵才公司往往不說前兩項，只升職位要求，這是嚴重的自我中心主義者的反映。關於職位的薪水待遇等常規問題，面試官最好應該在前三分鐘內告訴應聘者，或者在第一輪的面試中甚至在徵才廣告中盡早告訴應聘者，免得應聘者不好意思追問而繞來繞去。這不是俗，這是對應聘者負責，也是對自己負責。

面試玄機二：吹牛大王不能要

有經驗的面試官一般不會問應聘者：「談談你如何干好這項工作？」「你能完成多少銷售額？」如果有面試官這樣問，只有兩種可能：要嘛面試官沒有經驗，屬於根本不懂人力資源工作的那一類；要嘛是另有企圖，希望透過你談談思路，談談你對工作的看法，他好集思廣益；甚至有的面試官讓你在三天之內拿出一套方案，其實他讓很多應聘者拿方案，其目的在於竊取應聘者的智慧，而不在於招到什麼樣的人才。對於這樣的徵才公司和面試官，應聘

者應提高警覺。

話要兩頭說，作為真想招賢納士企業的面試官來說，如果遇到一位應聘者與你吹牛，誇海口，有多少種能力，有多少的資源關係，能完成多少銷售任務等，只有一個辦法：「千萬要拒之門外」。因為，這樣的應聘者有兩種人：一是騙子，二是瘋子。這兩種人是對企業破壞性很強的人，千萬不能要。試想，外來一個和尚，對企業的內部資訊根本不了解，隨便念一個經，就能把企業做到什麼程度，他不是瘋子或者騙子又是什麼呢？

那麼如何判斷一個人的實際操作能力呢？很簡單，看他做過什麼、做成過什麼、怎麼做成的。做過什麼是經驗，做成什麼是能力，怎麼做成的是思維方法。有此足矣！而這些都可以透過履歷和面試中以及調查中得到印證，而不是聽他說將來能做成什麼。因為，本題討論的是徵才關鍵職名員工，是管理和主管職名員工，是擔當重任的核心菁英員工，而不是一般員工，也不是需要培養開發的新進大學生。

面試玄機三：不可錄取「最好的」

面試後共有十位合格者需要錄取四位，該錄取誰呢？傻子都會知道答案：錄取前四名。而實際操作經驗是：最好前兩名不要錄取，要錄取排在三名以後的，為什麼？

第一，因為好的都在搶，社會上的用人公司不是你一家，當你把排在前面的兩位錄取到企業後，企業對他有個試用期。企業往往單方面想我在試用你，我在考驗你，而事實上忽略了一點：應聘者也在試用企業。而試用期內雙方的機會成本都不高，誰都可以炒對方的魷魚，不僅是企業炒員工。

第二，優秀的人永遠會有很多機會等著，不僅你看上了他，而且其他企業也會看上他，他在試用期內可能會騎馬找馬，會有許多機會向他招手，他隨時會離你而去，而你怎麼辦？你想起排在中間的那幾位，結果那幾位此時剛好找到了工作上班了，這樣對企業來講是竹籃打水一場空。

第三，排在前幾位的人到企業工作不久，又很快萌生了去意。為什麼？

因為他們很快陸續發現企業很多的負面東西，沒有進來之前，看到的聽到的盡是好的一面，負面的內容很少知道。等被錄用進來後就不一樣了，看到的接觸到的完全是實實在在的真相，如果再碰上那麼一兩位霸凌的或者嫉賢妒能的「鳥人」就更難以忍受，如果此時外面有機會他自然很快會離開。

告訴你十七種高效選聘方法

絕大部分公司在徵才過程中廣泛採取的方法是非結構化面試，幾個面試人員，一般包括相關部門的經理和人力資源部執行人員，向應聘者提出一系列自己認為重要的問題（多半是臨時想出來的），再結合學歷、工作經驗、談吐和感覺形成各人的判斷，然後匯總意見加以討論，確定最終入選者。

這種方法的能選對人嗎？能，不過只能選對20%，和抽籤的結果差不多。我們必須重新思考人員選聘的流程有效的步驟與方法。

選聘流程的五個步驟

這五個步驟可以確保你設計出高品質的選聘程序，避免在技術上可能出現的拒絕了合適的人或看走眼選錯了人，並能建立起一個持續改善選聘效果的規範。

步驟一：分析工作

首先要撰寫工作描述和職務說明書，並確定該職位的關鍵指標（KPL）。這裡要規定勝任工作所必須的個人特質和技能。例如：應聘者必須具有進攻性嗎？是否需要速記？應聘者必須能夠將細小的、瑣碎的要素組織起來嗎？這些要求就是測試的預測因數，它們應能預測個體工作績效的個體特質和技能。

在第一步中，還必須定義成功執行工作的標準。成功的標準可以是生

產相關效標，如數量、品質等；也可以是資料，如缺勤等，或（監督人員等的）判斷。

人們往往仔細挑選預測因數，卻忽視選擇好的績效效標，這樣做是個錯誤。在後面我們會看到人才選聘和績效考核實質上是一項工作。沒有好的績效標準會導致選聘方法的有效性大打折扣。

步驟二：選擇選聘方案

接著要選擇、設計能夠測量預測因數的測試方法。測量不同的預測因數，例如進取性、外向性和數位能力等，需要不同的方法和工具。例如裝配線，最有效的測試是斯特龍伯格敏捷性測試（Stromberg dexterity test）。

每種不同的選聘方法對不同的指標敏感程度不同，有效性也不同，後面會詳細介紹十七種選聘技術的適用範圍和有效性。我們常常會組合多個工具測量不同的指標，最後形成一個完整的選聘方案。

步驟三：實施選聘方案

主持選聘的人員和場地很重要。一般來說，所有應聘者應該在同樣環境下、被同一組選聘官測試。而且接受過專門訓練的測試人員可以顯著提高選聘的有效性，這是因為培訓鼓勵面試人員遵循最優化程序，從而使偏見和誤差出現的可能性降到最小。

步驟四：把選聘結果與工作中的績效聯繫起來

精心選聘的目的是希望能找到高績效的員工。當員工進入公司或調任另一新職位後，應持續追蹤他的績效水準，並檢驗選聘結果和實際績效之間的關係。

我們通常用期望圖（Expectancy chart）來確定測試分數與工作績效之間的相關性。例如：對接受了斯特龍伯格敏捷性測試的裝配線工人的統計表明，處於測試分數最高的五分之一組的人，有97%的可能性被評定為高績效者，而處於測試分數最低的五分之一組的人，只有29%的可能性。這說明這個測

試非常有效。

步驟五：驗證及改進選聘方案

根據步驟四，應該定期根據績效監測的記錄驗證和修改選聘方案，並作出調整，使得公司的選聘有效性持續提高。

十七種選聘技術

傳統的面試效果令人失望，那麼除此之外，到底有些什麼選聘技術供我們選擇呢？ 這裡挑選出了四類十七種被廣泛使用和接受的方法作介紹。

第一類：面試

(1)非結構化面試

雖然大家都知道效果不好，可是因為它實在便宜、方便，再加上表面看起來是那麼回事，所以用的人還是不少。至於會給公司帶來多少損失，反正是潛在的，也就沒人關心 —— 包括老闆。

(2)結構化面試

優秀的結構化面試方案使選聘的有效性大大提高。可是開發一個結構化面試卻非易事，首先要進行深入的工作分析，以明確在工作中哪些事例體現了良好的績效，哪些事例反映了較差的績效。然後，由工作專家和現有工作的執行人員對這些具體事例進行評價，進而為面試人員提供衡量基準，對面試對象的表現進行測評。隨後，建立條件性題庫，從行為學角度給出每一個問題的評分標準（好、一般、差）。這些答案提供了一種系統化的評分程序，有助於最大限度的提高判斷應聘者的有效性和可靠性。如果不採用這些評分標準，結構化面試與非結構化面試也就沒有什麼不同了。一旦確定了面試的基本內容，面試人員就需要在觀察、人際交往技能、判斷技能、面試過程的實施和問題的組織等方面接受培訓。然後，面試人員還要就實際提出的問題進行練習，並根據練習結果得到相應的回饋。

第二類：量表（工具）測試

各種測試工具很多，包括技能測試、智力測試、身體能力測試、成就（經驗）測試、興趣測試等等。

第三類：工作模擬

這是效果最好也最為昂貴的測評方式，常用於中高層管理者的提升或選拔。

(1)工作樣本選擇（Work Sampling Technique）

「過去的行為是將來的行為的最好預測」，工作樣本技術就是據此設計的，用來測試求職者實際執行某項工作任務的技能。一般做法是：先選擇幾項對擬招募職位十分關鍵的工作任務，要求應聘者完成，觀察者將其工作表現記錄在測試清單上。

當職位要求的具體工作非常清晰、穩定時，這種測試方法明顯優於能力測試。這個技術的關鍵在於是否能確定恰當的應聘者工作樣本。

(2)管理評價中心（Management Assessment Center）

管理評價中心一九五〇年代由美國電話電報公司摩西博士在總結二戰期間美軍策略後勤局利用情景模擬法測評選聘敵後情報人員的成功經驗基礎上，開發並推廣使用的一套主要適合評估經營管理特性的科學技術方法和規範化程序體系，主要用於測試管理人員的有關特性，要求被測試者在模擬情景中履行管理職責，然後對他們的實際表現進行監測評價。

評價中心的基本要求是：評價須以確實成功的管理行為特徵為依據，採用包括情景模擬、角色扮演等多種主客觀評價技術，使用不同類型的工作模擬方法；評價人員應受過專門訓練，認識到並熟悉評價工作和具體工作行為。其有效性在許多企業和政府部門中已得到廣泛認同，特別是在估計管理者潛力方面的預測力比其他人事測評更為顯著。

第四類：其他方法

(1)同事評價

(2)自我評價

(3)筆跡學

(4)推薦人

(5)教育背景

選人、選對人是公司建立競爭優勢的開端和基礎，而目前廣泛使用的面試方法有效性極差。本文提供的選聘技術及方法，供企業在徵才過程中選用。

徵才是招待，面試是戀愛

徵才已不是單純意義上的徵才，它更是「亮相」或作秀。透過一次徵才尤其是現場徵才，足以折射出企業形象和企業文化的優劣來。

確立新的徵才理念

思想決定行為，行為決定結果。隨著時代的變遷，過去某些陳舊的觀念需要不斷更新。徵才不能是單純意義上的徵才，應該隱含展示企業形象和文化之目的。基於這種認識，我首先確立了新的徵才理念：徵才就是招待，面試就是戀愛。

雖然說求職者是弱勢群體，他們渴望得到一份工作，但是，反過來講，企業也同樣求才若渴。這是一個雙贏的時代。

雖然求職信件塞滿了 E-mail，但是，合適的人選總是難以尋覓。是人才過剩，還是人才短缺？這是一個矛盾的時代。

雖然企業要經過幾輪初試和複試，嚴格鑒別求職者，但是，反過來，求職者也在理性的挑選企業。這是一個雙向選擇的時代。

徵才工作就是這樣，跳不出對立統一規律的範疇。

徵才已不是單純意義上的徵才，它更是「亮相」或作秀。透過一次徵才尤其是現場徵才，足以折射出企業形象和企業文化的優劣來。

從這兩點出發，我們把徵才工作的落腳點首先放在招待上，視徵才工作為企業的「面子工程」，強化「徵才就是招待」、「應聘者也是客戶」的理念，要求每位人力資源員工在徵才面試中首先要招待好、照顧好應聘者，唯此，才能贏得應聘者的尊重，才能順利實施後續的初試和複試。

一是在面試時，必須與應聘者握兩次手，第一次是當他敲門而入時，第二次是道別時；二是在第一次握手時，必須說上一句歡迎詞：歡迎您前來面試；三是當求職者落座時，必須遞上一杯水，並且要求時刻保持杯中水量不低於三分之一；四是當求職者久等時，必須有人不時的給予照顧，可以遞上報紙、雜誌、公司宣傳畫冊等，免得他們等得心急如焚。

面試就是戀愛的意思，徵才面試中，雙方都在相互評判，相互抉擇，如果一廂情願，則聯姻不成。一方面，企業的人力資源們要對求職者作出鑑別和判斷；另一方面，求職者也在考量企業，他們主要考慮企業拋出的「紅繡球」是否值得他們去接。

如果把初試和複試比作初戀的話，那麼接下來的試用恐怕就是熱戀了，而員工一旦轉正，則說明公司與員工聯姻成功。

為此，在面試中，應特別注意三個問題：

一是準備工作要充分，不打無把握之仗。面試過程中，絕不能出現場面混亂、草率了事、敷衍應付的現象。在面試禮遇方面，小到一杯水、一張紙，大到桌椅數量、面試場所，都要細緻周到。在面試提綱方面，首先要列出將要問及的問題，並且數量要適當。對面試官來說，初次印象的好壞，基本上決定著下一輪複試的成敗。

二是言談舉止要溫雅得體，盡顯專業形象。面試中，要特別注意言談的語氣、語調和聲響，不可像審問似的咄咄逼人，更不可擺出一副高高在上的

架子。此外，還要注意提問的方式和方法，多問開放性問題，少問封閉性問題；多問刨根式問題，少問隨意性問題。

三是重要事宜要深入交換意見。比如薪資問題，當求職者表示難以接受時，你可以這樣與其探討：「十年前，矽谷的薪資最高，而現在的高薪階層卻集中在華爾街，明天可能是律師或行銷專家。輝煌的前景比眼前的利益更為重要，您說是嗎？」

嚴防優秀分子「漏網」

時下在人力資源管理中流行這樣一句話：合適的才是最好的。意為：只招合適的，不招優秀的。宏觀上講，這句話並沒有錯，因為企業在不同的發展時期需要不同的人才結構作支撐。但是，從微觀上講，具體到某次徵才工作，這句話未免準確，因為徵才的目的是唯才是舉。

誠然，優秀的比合適的少，價碼也更高，錄用的風險也更大，但是，真如球星一樣，優秀人才所創造的價值是適才們無法比擬的，難怪，許多大企業願意花大價錢聘用優秀人才。

一流的人雇用一流的人，二流的人雇用二流的人，當一個組織用第一個二流的人的時候，就是它走下坡路的時候。落實到徵才中，我始終把握一條原則：雇用人才應以提高團隊當前的整體素養為標準，必須要求每一個新雇員的素養都超過整個團隊的平均水準，因而總是希望雇用到比當前團隊平均水準高的人才，以此來提升團隊的平均素養，不斷進化團隊。

由此看來，對於具體的徵才工作而言，「只招合適的」未免是條放諸四海而皆準的真理。更為尷尬的是，某些人力資源員工甚至部門經理，打著這句話的幌子，為了讓自己的位置坐得穩當，把許多條件優秀者拒之門外，這應當引起企業高階主管們的高度注意。

管理學上有條定律：員工永遠只做你檢查的事。為此，必須採取有效措施，監控和考核人力資源部門，或者聘用外來的人力資源專家坐鎮徵才面

試，以嚴防優秀分子「漏網」。

首先，要求人力資源們閱讀所有履歷。

要求 HR 們閱讀所有應聘者的履歷，確實勉為其難，尤其是當一次徵才的信件數量多達成百上千封時。但是，不管有多難，也要硬著頭皮去做，因為：第一，閱讀求職履歷是 HR 們的分內事，如果漏讀豈不有「偷懶」之嫌；第二，漏讀容易造成優秀分子「漏網」。

為此，必須將每一次徵才中的所有求職信件，尤其是經理級的信件，要一封不少的抄送給上級，直至老闆，以防員工出於「威脅自己職位」考慮而把優秀分子拒之門外。

事實上，如果事先在徵才廣告中做好了量化工作，那麼，日後的求職信件一般不會太多，篩選難度當然也會大大降低。

時下有人採用自動回覆的方法回應求職者的 E-mail，多少給求職者心理平添一份慰藉——他們閱讀了我的履歷。但願這是「真的閱讀」，而不是「假的閱讀」，否則會有愚弄之嫌。

其次，要求人力資源部門提交徵才總結報告，並落實獎懲措施。

要求人力資源部門按時提交徵才總結報告的目的是考核 HR 部門的徵才效果。報告應著重回答以下問題：是否達到了徵才目的？完成了徵才任務？效果如何？求職信總量、應聘比、徵才完成比、錄用比等各項指標分別是多少？徵才成本是否控制在預算之內？廣告費、測試費、體檢費以及其他費用是否合理？本次徵才工作存在哪些問題？當前 HR 員工以及各位面試官需要提高哪些技能？如何實施培訓？

針對上述情況，企業要落實獎懲措施，激勵 HR 員工，以利於他們更好做好本職工作。例如：如果經民主評議，新進員工的辭職率、適合職位率、滿意度達到了先前制定的標準；僅僅透過一次徵才就招募到了企業特別需要的優秀人才，那麼，企業要毫不吝嗇給予獎勵，反之一定要處罰，唯此才能推動企業的人力資源工作躍上一個新台階。

量化徵才廣告

查閱鋪天蓋地的徵才媒體，量化的徵才廣告實在鳳毛麟角。這樣的後果只能是引來一大堆「垃圾」信件，增加 HR 們篩選履歷的工作量，因為你沒有設置好「防火牆」。難怪 HR 們這樣感嘆：人力資源工作中最難的是徵才，而徵才中最累最繁的是篩選履歷。

誠然，有些職位標準難以量化，要靠日後的面試、筆試和實際操作考試才能作出評估，但是，有些職位標準是完全可以量化的，例如：下表中的量化標準相信必定可以大大減少郵件的接收數量：

模糊的標準	量化的標準
熟練操作辦公軟體	Word 圖文表格排版，會做 PPT，會用 Excel 做統計
打字熟練	打字要求五十字 / 分鐘
文筆佳	公開發表兩篇以上的文章
賣場管理能力強	曾管理過近千平方公尺的賣場
良好的銷售能力	曾創造過單月（或單季）銷售萬元的紀錄
……	

這樣的量化標準，一定會嚇退不少的庸才。

順便說一下，為了加快郵件篩選的速度，還可運用兩個小技巧：

一是在徵才啟事中溫馨提示求職者使用規定的郵件「主題」，例如應聘財務總監的郵件主題必須是「應聘 CFO」，這樣，凡是應聘財務總監職位的所有郵件都會自動放入對應的資料夾之中，無須人工作業。例如 YahooE-mail 就具有這種自動分類功能，只不過需要事先設置好不同的資料夾和對應的篩檢程序。當然，更為簡便的方法是，在各個職位後面附上不同的收件箱，但這種方法顯然比前者略顯「笨拙」。

二是刊出接收郵件的截止日期，而不用含糊的「一週內請 E-mail 至公司」，以便區分不同階段的郵件。

規範面試流程，彰顯專業本性

為了在眾多求職者面前表現出專業化的面試技能，面試官應該不斷修練徵才內功，規範面試流程。

第一，雙方要守時。面試是雙向互動的，對應聘者要求如期準時赴約，同樣的，對面試官也應該這樣要求，從中可以體現出企業「以人為本」的理念。

對於應聘者而言，守時是底線。不能如期準時赴約的，如果事先沒有通知，則企業方可以不給初試機會，因為我們至少可以這樣判定：這樣的求職者，工作不夠細心，竟然把如此重要的初試日期和時間都可以忘掉，那將來上班後能委以重任嗎？

對於面試官而言，要計畫好幾個批次的面試和時段，切不可讓求職者超長等待，一旦出現這種情況，HR 們要及時告知個中原因，真誠道歉，並請予諒解。

第二，誰的「自我介紹」。自我介紹者應該是面試官，而不是應聘者。很多面試官都忘了前者，卻做了多此一舉的後者。

應聘者的基本情況已經在履歷上寫得比較清楚，有必要再浪費時間嗎？面試官要求應聘者作「自我介紹」的唯一理由是，他匆忙行事，根本沒有認真、仔細閱讀分析應聘者的履歷。這也是不尊重應聘者的一個表現。

面試官做自我介紹，會給人以親和、專業的良好印象，容易拉近與求職者之間的距離。應聘者或多或少會感到：公司不錯，面試官比較專業！

第三，面對薪資話題。這是十分敏感的話題，也是個不可迴避的問題。

毋容置疑，薪水待遇是應聘者心中的一個重要砝碼。薪水待遇是前提條件，離開了這個前提，接下來的面試可能變成一廂情願的「單相思」── 既浪費了雙方的時間，又消耗了徵才成本。

試想，如果一開始不談薪資，可能你認為合適的人選，經過幾個輪次的面試，最後，應聘者卻不願意上班，這不是竹籃打水一場空嘛。

大家知道，這是一個雙向選擇的時代，企業可以選擇應聘者，反過來，應聘者也在選擇企業。有的 HR 們認為，薪資待遇應該保密，初次面試不宜講明。我倒認為，將薪資待遇透明開來，未必是件壞事，可以大大縮短徵才到合適人選的時間。事實上，一個公司的薪資待遇是永遠不可能做到保密的。因此，我的意見是，與其支支吾吾，不如單刀直入。

追蹤優秀人才，真誠對待落選者

在徵才面試中，一旦遇到優秀人才，就立即將其作個案處理，啟動快速預案，三下五除二將之招來，免得被其他公司捷足先登。

對於本次徵才中沒有錄用的優秀人才，要窮追不捨。雖然這次他沒有選擇本公司，但是，工作一段時間後，他可能會回心轉意。

在實際工作中，也將其納入視線，時常與其保持聯繫，用一顆真誠的心去感動他、打動他，直至把他「挖」到手。這一招其實是跟獵頭們學的，他們不是經常這樣挖人嗎？

而對於那些落選的求職者來講，心裡肯定不是滋味。此時，如果企業的 HR 們真誠指出對方的不足，或者打個電話，發封 E-mail 來安慰一下，必定會起到雪中送炭的「療效」。尊重落選者，就是尊重企業，就是尊重自己。我們的做法是：

對於不合適者，會在面試現場婉轉指出對方目前存在的不足，並真誠建議他們應該朝哪個方向努力發展，也希望他們密切關注我們後續的徵才啟事，真誠歡迎他們在下次徵才時再次光顧本公司。

這一招效果明顯，有些落選者確實在下一輪徵才中被錄用了，而大多數落選者後來成了朋友，有的還經常保持聯繫。

有時，為了避免與應聘者直接對話，會在面試過後的第二天，給對方去個電話或者發封 E-mail 郵件，辭謝對方。

事實上，一個安慰電話或一封 E-mail 辭謝信的成本相當低廉，但所產生

的能量是難以估計的。也許日後，這些落選者還會經常光顧企業，甚至一如既往支援企業的發展，因為這些落選者中不乏是企業的老客戶。此外，這樣做的益處還有一條，在他們看來，這樣的企業值得他們尊重，這樣的 HR 令他們敬佩。

相反，如果連一封免費的 E-mail 辭謝信都不願意發的企業，有可能成為他們不屑一顧的對象，因為他們懂得「人敬一尺，我敬一丈」的道理，他們有的甚至坦言：不尊重落選者的企業不值得他們趨之若鶩。

如何破解「徵才失真」的難題

某電器集團公司的分公司，一年前曾經面向社會徵才來一位總經理，這位總經理管理理論豐富，並有多年市場開拓經驗，在面試過程中深得集團高層讚許。但一年多了，此君在工作中的表現和在面試中相比簡直判若兩人，加上管理和協調能力較差，導致分公司人心渙散，內耗嚴重，銷售業績連連下滑。眼見新一年的銷售旺季到來，如果再這樣下去，公司將最終失去整個市場。於是，決定解聘此君，再度面向社會公開徵才分公司總經理。但令公司高層擔心的是此次徵才再出現一年前的結果，再聘來一個「說」和「做」相差甚遠的經理人。

眾所周知，對於分公司總經理如此重要的主管職位而言，不僅要求應聘者要有敏銳的市場洞察能力，還必須有卓越的組織領導能力、溝通能力、協調能力及解決衝突的能力，並具備一定的人際影響力。

為此，管理顧問公司首席顧問田先生建議：對於領導性職位，除了要進行傳統的筆試和面試外，還可以引入「無領導小組討論」這種操作起來並不複雜的人才測評技術，以全面考查一個人的素養、能力以及行為，從而避免那種面試中說得挺好實際中卻做不好的「失真」現象發生。

為何要「討論」

　　最理想的鑒別辦法莫過於讓應聘者到這個職位上試試，比如：該電器集團公司的這次徵才，讓總經理應聘者來試用三個月最好不過。但這顯然只是一種理想，成本大，風險高，不正式，對這個應聘者也不負責任。

　　但這畢竟帶給人們一種思路：不僅要聽應聘者說，還要考查他們的實際行為表現。那有沒有一種既「短平快」又能比較接近工作實際，可以考查應聘者真實行為表現的人才測評方法呢？「無領導小組討論」就是在人們的這種需求下應運而生的。

　　「無領導小組討論」是小組討論的一種，通常把應聘者分為幾個小組，各組在沒有領導者的情況下，在規定時間內對一些問題進行討論，形成一致意見，或在特定情境下，完成某項任務，主考官透過受測者在人際互動中的表現對個人做出評價。

　　在企業的實際工作中，以團隊形式完成一項任務或就某一問題達成共識是再經常不過的事情，所以無領導小組討論已經被越來越多應用於公司的人員徵才、員工的職業生涯發展和員工培訓需求分析等領域，並被證明具有良好的效果。

　　無領導小組討論除了具有前面提到的和實際工作情境比較接近的優點以外，還有容易被非專業人士所掌握的特點。與心理測驗作比：心理測驗比較複雜，必須有一定心理學基礎的人應用；而無領導小組討論，雖然也有很多專業術語，但只需簡單培訓和模擬就能掌握基本測試技巧。

該「討論」什麼

　　嚴格來講，無領導小組討論並不局限於哪些職位，但最好適用於那些經常與人打交道的職位（比如：企業各層管理人員、人力資源管理人員以及行銷人員等）的徵才。反之，對於較少和人打交道的職位（比如：財務和研發），並不提倡以此法作為中心測評技術。

是不是無領導小組討論可以用來測量應聘者的所有素養呢？一般說來，無論哪一種人才測評方式，測量的素養因素越少越好，只測五六種，測量多了會導致主考官的注意力不能集中。這是人才測評的一個基本原則。

詹姆斯・庫澤斯和巴里・波斯納在其《領導力》一書中指出：所謂領導力，就是一種特殊的人際影響力。因此，人際影響力是使用無領導小組討論選拔人才要測量的第一項重要素養，另外還有團隊精神、溝通能力、分析能力、應變能力等。

當然透過小組討論還可以測量應聘者的思維能力、語言表達能力等，但測量這些素養還有更加適合的方法可以利用，不作為無領導小組討論測評的主要變數。比如：面試就可以更加全面測量一個人的語言表達能力。

如何進行「討論」

在實際的應用中，根據討論的主題有無情境性，無領導小組討論可以分為無情境性討論和情境性討論。無情境性討論一般針對某一個開放性的問題來進行，例如：「什麼樣的分公司總經理是個優秀的總經理」；而情境性的討論一般是把應聘者放在某個假設的情境中來進行，例如：假定各個應聘者均是該分公司的總經理，讓他們透過討論去解決公司的銷售業績提升問題。

而進行小組討論時，根據需要既可以指定小組成員的角色，也可以不給應聘者分配角色。指定角色，就是說每一個小組成員都分別被賦予一個固定的角色，如：讓他們分別擔任財務經理、研發經理、品管經理、生產經理、行銷經理等職務，以各自不同的身分參與討論。不分配角色的小組討論，一般是對某一項任務或者某個問題自由發表自己的意見。

不管採取何種討論形式，無領導小組的討論基本上可以分為三步進行操作。

第一步：前期準備

首先分組。一般的，無領導小組討論人數為每組六～七人左右。人數太少，組員之間爭論較少，討論不易充分展開。而人數太多，則有可能因為組員之間分歧過大，很難在規定時間內達成一致意見，無法完成任務。

分組時要注意小組成員之間背景和職位等不能懸殊太大。比如：小組中有一個人過去做過總經理，其他全是中層管理人員，這樣就容易導致這位總經理的自然強勢；還比如：年長者也極容易在團隊中形成自然的權威。同時，競聘同一職位的應聘者必須被安排在同一小組，以利於相互比較，保證相對公平性。

其次培訓主考官。不是所有的人都具有觀察小組討論的資格，無領導的評分者應該由競聘職位的管理者和人才測評專家（或心理學家）共同組成，以四～六人為宜。沒有經驗的主考官必須接受無領導小組討論方法的系統培訓，深入理解無領導的觀察方式、評分方法以及各個評分維度的含義。從規範的角度講，最好還要進行模擬觀察和評分練習。

再次選定場所和通知時間。最好選擇一間寬敞明亮的屋子，不能太大也不能太小，被測試者一般半圓形圍坐，供主考官觀察。主考官和應聘者應該保持一定的距離，以減輕應聘者的心理壓力。至於有的企業採用單向玻璃，不太人性化，一般不提倡，而一旦使用，應事先告知應聘者。

最後設計題目。有專家認為：之所以無領導小組討論方法至今在人才選拔中還沒有得到普及，題目難出是其中的一個重要原因。因此，設計題目是準備工作中最艱巨的任務，也是決定無領導小組討論能夠有效實施的關鍵一環。

設計題目有兩個原則：一是難度適中。題目若太容易了，大家在很短的時間裡就能達成一致意見，難以全面考查應聘者；如果太難了，大家更多的時間是在思考，需要較長的時間才能進入討論的狀態，思考你是看不見的，也不利於對應聘者進行觀察。況且題目太難容易給應聘者帶來較大壓力，應

聘者也可能因為壓力過大而表現失當,表現得比平常激進或者消極,不能真實呈現平日應有的行為和狀態。

二是有一定的衝突性,要能夠引起爭論。爭論的目的並不在於爭論的雙方要在爭論中分出勝負,而在於讓聆聽爭論的主考官可以看到應聘者更真實的行為。當然衝突不能太大,否則大家很難達成一致。

文首提到的這次徵才就可以設計這樣的題目:總經理上任以後,要做人力資源的改革,以更好吸引人才、使用人才、留住人才,在諸項人力資源改革中,請你列出你認為最重要的前三項和最不重要的後兩項。在這個題目中,人力資源改革涉及各種層面,比如:薪資和福利、職位、上班徵才、培訓、績效考核、獎勵與激勵、知識管理等。對此,大家可能會產生觀點的分歧,有人可能認為激勵機制的改革最重要,也可能有人認為績效考核改革最重要。

第二步:進入實際討論

一般的操作程序是這樣的:先是主考官宣讀討論的注意事項和討論題目,應聘者閱讀題目,獨立思考,準備個人發言。接下來進入個人發言階段,應聘者在集體討論之前應該初步闡述自己的觀點,主考官控制每人發言時間不超過三分鐘。再接著是集體討論時間,應聘者討論的內容既可以是對自己最初觀點的補充與修正,也可以是對他人的某一觀點與方案進行分析或者提出不同見解,還可以是在對大家提出的各種方案的比較基礎上提出更加有效、可行的行為方案。討論最後必須達成一致意見(當然也會出現有的小組無法達成一致意見的情況)。根據需要,在討論結束以前,還可以要應聘者以小組領導者的身分進行討論的總結。

當然在應聘者進入討論會場的同時,主考官的觀察也就開始了。主考官觀察到的應聘者行為資訊是其評分的主要依據。

第三步：評分和做出錄用決策

小組討論結束以後，主考官要根據應聘者的表現進行打分（見表），等級可以分為一至十級，一～四為差，四～六為中，七～八為良，九～十為優。

在打分前，主考官可以進行討論。透過交換意見，評分者可以補充自己觀察時的遺漏，對應聘者做出更加全面的評價，但不能影響自己的主要判斷。然後根據評分結果做出錄用決策。

至此，一次完整的無領導小組討論就全部結束了。

主考官要「討論」什麼

小組討論實際上是人與人之間的一個互動過程，主考官應主要觀察被測試者的兩個方面：討論的內容；互動的過程。有經驗的觀察者總是能兼顧這兩個方面，而且更注重觀察過程；而沒有經驗的人老是觀察內容，這是觀察的一個誤解，觀察者自己也去做題了，進入了被測評人的角色，和自己觀點相一致就獲得較高程度的認同，得分也高。

具體來說，在討論過程中，主考官應該著重評估應聘者以下幾方面的表現：

參與程度

參與程度的一個重要指標是被測試者發言的多少，也就是說被測試者是不是積極投入了這個小組的討論。誰發言最多，誰發言最少，主考官聽到最後心裡一定要清楚。

第二個指標就是討論的過程中有沒有變化，一個人的參與量有沒有轉折，轉捩點在哪裡？比如：一開始某人滔滔不絕，後來卻無聲無息了；一開始某人不怎麼說話，後來熱情很高。一個人不會無緣無故發生變化，這背後肯定反映著什麼。

另外需要觀察的是，在討論中對那些不怎麼說話的人，小組成員的態度

是怎樣的？ 是不搭理，還是徵求他的意見。他不說話的原因是什麼？ 有些人可能不太習慣小組討論的場合，過去一直是一對一或者單獨工作，沒有這樣的經驗，現在突然和陌生的人坐到一起，在一個陌生的環境，共同解決一個嶄新的問題，有些無所適從。還有一些人，對這個話題不太感興趣，或者是對工作和職位本身有一定情緒，比如參加討論的副總經理心裡就會犯嘀咕：早就該提拔我了，還這樣來考我，要我討論這種問題。

在討論中還可能碰到六七個人老是主要的兩三個人在發言的情況，要分清楚原因是什麼。還要觀察在討論中遇到困難的時候，有沒有人在「踢皮球」？

影響力

參與和影響力是兩個不同的概念，有些人參與很多，但沒有什麼影響力；有些人不怎麼說話，卻能夠抓住小組其他成員的注意力。講話多，但思路不好或大家對這個人不能接受，無論如何也不是一個自然而然的領導者。領導力的一個重要指標，就是你說話的時候，別人是否都在認真聽。小組活動中有些人就說了幾句話，但正是因為這幾句話，就起到了決定性作用，使團隊在很短的時間內最好完成了任務。因此，在觀察的過程中，誰影響力最強，誰影響力最弱，主考官心中也應該非常明白。

在討論的過程中，還可能發生領導力的爭奪。比如：一開始大家以某人為中心，但後來跟著另外一個人走了。這時候主考官需要注意，後來的這個中心人物是如何把領導權爭取到自己手裡的，是用非常強硬的方式，還是透過他的領導魅力，比如：人格魅力、知識、風度等。

人際影響方式

一個人說服、影響別人的方式有很多，但通常說來可以概括為專制的強硬方式，民主的溫和方式，以及其他間接控制方式等。

一個領導者對被領導者的習慣化影響方式，被稱為領導風格（作風）。

因此，從一個人對他人的人際影響力的觀察可以看出他的領導風格。美國社會心理學家 K・勒溫根據領導過程中權力定位的不同，把領導者的領導風格分為三種類型：民主型、專制型、放任型。事實證明，一般說來，在這三種典型的領導風格中，以民主型領導風格的效果為最佳，既能充分調動人的積極性，又能提高工作效率，其次是專制型領導風格，效果最差的是放任型領導風格。

決策程序

一個完整的決策程序一般包括：確定決策目標；擬定備選方案；評價選擇方案；選擇方案。主考官要觀察被測試者在小組討論中是否具有如此清晰的決策思路。是誰最後做的決策？「令人滿意」和可執行性是評價方案的兩個最重要的指標，最後決策時的依據是否充分？ 做決策的時候有沒有考慮到對小組其他成員的影響，是否實現了「令人滿意」的指標？比如：張三仍然不同意這個觀點，為什麼就做決策了，有沒有徵詢張三的意見。在做這個決策時誰在反對，誰在支持，主考官也要有清楚的認識。

任務完成情況

無領導小組討論的最終目的是為了完成一個接近實際工作情境的任務，或就某一問題形成一致的看法，所以任務完成情況或者一致看法的形成情況是考查討論效果的一個重要程度。要觀察是誰為促成目標的實現提供了好的建議，是誰制止了離題。

團隊氛圍

開放的和支持性的團隊氛圍是高績效團隊的一個基本特徵。在高績效團隊裡，所有團隊成員都能感覺到自己與其他團隊成員是平等的。小組討論的氛圍是混亂、沉悶、鬆散的，還是明晰、活躍、凝聚的？ 因此主考官要注意分清楚每一位被測試者在形成一個有效團隊的過程中是起了積極的作用，還是消極的作用。是誰能夠照顧到其他人的情緒，比如：在大家都不同意某人

的觀點甚至進行打擊的時候，是誰站出來支持他讓他心裡舒服。

成員共鳴感

一個「手牽手，心連心，齊步向前進」的團隊無疑是具有凝聚力和戰鬥力的。因此，團隊成員是否具有共鳴感也是決定團隊績效的一個重要變數。在討論中，注意應聘者有沒有成為這個團隊中的一員，有誰總是游離在團隊之外。

誠以待人才能招攬好人才

許多公司對跳槽而去的員工帶有成見，或冷眼相待或避而遠之。摩托羅拉公司卻獨樹一幟，他們有個制度：如果公司員工離開公司後九十天內重回公司，其年資將在離開前的基礎上延續計算。摩托羅拉認為許多人都有種出去看一看、闖一闖的念頭或想法，這是年輕人特有的心態。出去看一看、闖一闖，往往能學到更多的知識，累積更多的經驗教訓。這些人才如能再回來，反倒會更踏實工作。於是，摩托羅拉公司的人才跳槽離去後，公司人力資源部仍會與跳槽者保持聯繫，並向他們表示，公司歡迎他們回來。

摩托羅拉亞洲人才資源總監李重彪就有過這段經歷。一九八八年李重彪大學畢業，在新加坡加入摩托羅拉公司，一九九〇年跳槽而去，一九九二年重又回到摩托羅拉的懷抱。當然，有過這種經歷的絕不僅李重彪一人，目前摩托羅拉公司有幾個高層管理、技術人才都是跳槽後又回來的。幾位高階工程師曾離開摩托羅拉去謀求發展，因為種種原因，事業進展得並不順利。摩托公司人才資源部得知後，在公司內部尋找合適的職位，邀請他們回來，幾位高階工程師果真又回來了。摩托羅拉公司重組期間，有些自願離開公司的人才按政策拿到了一筆補償金，後來他們希望重回摩托羅拉公司，寧願把經濟補償金歸還給公司。

由此，我們不難從摩托羅拉公司這一「好馬吃回頭草」的現象中透視出幾點來。

制度完善值得學習

摩托羅拉公司的制度建設已經細化到對跳槽人才的管理，其制度的齊全性、完善性表露無遺。正是有了一系列齊全、完善的制度以及對制度的認真執行，使得摩托羅拉內部的管理規範化、完善化，公司的工作效率、經濟效益穩步提高，進而牢牢支撐了這個龐大的跨國公司，使其業績蒸蒸日上。毫無疑問，僅制度建設這一方面，就值得人才留戀，值得其他公司研究且認真學習。

職能細化應予借鑒

許多大公司、企業內部都設立了人力資源管理機構。人力資源管理機構的職能很多，對公司的生存、發展具有舉足輕重的作用。但不少公司或企業的人力資源管理機構卻名不副實，其職能僅僅停留在人事管理的初級階段。摩托羅拉公司人力資源部卻有效發揮了人力資源管理、開發的職能，在做好人事管理基礎性工作的同時，注重人力資源的開發和利用。公司與跳槽而去的人才保持聯繫，足可見摩托羅拉公司人力資源部工作的認真、細緻，人力資源部的職能得以充分顯現、發揮。追求內部管理至臻完善的公司或企業應予借鑒。

惜才理念讓人讚許

和許多公司一樣，摩托羅拉公司將人才的跳槽離去視作公司的一種損失。面對人才的跳槽，摩托羅拉公司採取了一種與眾不同的辯證思維方式。他們理解人才的跳槽行為，而且認為人才跳槽後的一段經歷對跳槽的人才而言是份財富，跳槽者個人能力將進一步增強，潛力也進一步擴大，這樣的人

才對公司而言更值得珍惜、擁有，更需要吸引回頭。摩托羅拉公司堅持了「尊重人」的原則，尊重員工離開公司的選擇。同時摩托羅拉公司還表現了「器重人才」的原則，有才之士即便是離開了，公司也會努力讓你回頭的。正是有了這樣的惜才理念，李重彪得以重回摩托羅拉並被委以重任，正是有了這樣的惜才理念，使得摩托羅拉公司門庭若市、人才濟濟。

企業文化彰顯風采

摩托羅拉公司與跳槽離去的人才保持聯繫，反映了公司與員工之間的親和力。跳槽離去的人才願意重回公司，體現了公司對員工的吸引力。人才跳槽離開後，為重回公司，寧願將已經得到的經濟補償金歸還給公司，這一點更充分說明，摩托羅拉公司已經不再將經濟利益因素作為吸引人才的重要手段。他們將吸引人才的重心上升到一個更高的境界，那就是摩托羅拉公司博大精深的企業文化。這種企業文化的意義深遠，洋溢著十足的自信和無盡的魅力，這種企業文化像寶石一般點綴了摩托羅拉，更像流水一般滋潤了這片樂土。這麼好的公司，這麼好的管理，這麼好的人文環境，人才離去後當然會後悔，跳槽後當然願再回頭。在知識經濟時代，優秀的企業文化使摩托羅拉公司毫不掩飾放射出她無盡的風采。

摩托羅拉公司富有實力，儘管全球經濟低迷和半導體銷售嚴重滑落，但十一月八日在召開的摩托羅拉全球董事長會議卻制定了未來五年內「三個一百億美元」的規劃。摩托羅拉公司充滿魅力，據有關統計，摩托羅拉公司是高校畢業生最希望就職的公司之一。更重要的是，摩托羅拉公司為招攬人才用心良苦。正所謂「細微之處見真心，引來好馬吃回頭草」。在我們高呼「以人為本、求才若渴」等等口號的時候，能無須如數家珍羅列出若干條條框框的措施，而像摩托羅拉公司一般真正用心招攬人才，又何愁繪就一幅「萬馬奔騰賀興盛」美圖呢？

徵才過程中要避免的幾個環節

　　面試是各級各類組織在人員徵才中廣泛使用的測評手段。令人遺憾的是，這樣一種用得很普遍的技術，在現實中的應用水準卻普遍比較低，突出表現在面試提問的隨意性較強、實施過程不規範、侵犯個人隱私等方面，以至於給公司造成了不應有的損失或不必要的官司（如面試中侵犯個人隱私）。下面我們就當前面試實踐中的常見問題進行討論。

實施程序不規範

　　在人員徵才中，我們經常看到一些相關部門組織實施不力、實施程序不規範，主要表現在面試試題的保密措施不嚴、應試者的面試順序任意指定、應試者的面試題目難度不同、應試者的面試時間長短不一等，從而在客觀上造成了對應試者的不公平，敗壞公司的形象。這個問題應該引起公司的高度重視，因為從某種意義上來說，面試實施程序的規範性、公平性比面試設計的好壞、面試主考官的技術水準高低更重要，因為面試實施程序規範與否是每一位應試者能直接感受到的，不規範的面試程序會使應試者內心產生不公平感，這種不公平感一旦產生就很難透過面試設計來改變。

　　在公司內部實行競爭上班中，更要注意實施程序的規範性。因為在一個公司內部，大家抬頭不見低頭見，如果實施程序不規範，人們就會對主管偏誰有多種多樣的猜疑，其結果可能會導致同事之間、主管與同事之間關係緊張，這就違背了競爭上班的宗旨，因為競爭上班本來就是為了讓大家感到每個人都有公平競爭的機會，從而使真正有實力的應聘者脫穎而出。而如果實施程序很規範，那麼對於增強大家的凝聚力、樹立主管的威信、建立良好的組織文化都是大有裨益的。比如筆者在幫助某部委實施副司（局）級主管幹部的競爭上班中，由於主管重視，組織準備工作充分，實施程序相當規範，主要表現在：

1. 面試順序是抽籤決定的。
2. 每位參加競聘的人在面試前都封閉在一個大會議室裡，手機一律由工作人員保管。
3. 在面試前，每人都有三十分鐘時間進入一個單獨的備考室看一些與面試有關的材料。
4. 每人的面試時間都是三十分鐘。

結果，參加競聘的人不論最後結果如何都表示很滿意，因為他們都得到了公平競爭的機會，許多新聞媒體也對此作了報導，並大加讚賞。

面試主考官缺乏素養

有人可能會說，面試人人會做，誰也不比誰差到哪裡去。其實不然，面試是一項很需要技術和技巧的活動。如前所說，人的知識經驗和個性特點都是經過相當長的社會交往和實踐才逐漸形成的，而主考官通常只有半個小時或四十分鐘時間的面試去判斷應試者的這些特點，這談何容易啊？！也難怪早期西方的調研表明，企業隨意性的面試結果與錄用後任職者的工作績效的相關幾乎為零，這意味著透過傳統的面試選拔出來的人員的工作績效與不用任何方法隨機抽選出來的人員沒什麼差別，也就是說，傳統的面試並沒有效評價應試者。由此可見，要透過短時間的面試較準確了解和評價一個人是很不容易的。

在面試過程中，不論是傾聽與觀察，還是提問與評價，都需要主考官掌握精湛的面試技術，不然就不能客觀準確評價應試者。在實踐中，主考官的面試技術水準差異很大，筆者曾經經過對比研究發現，面試專家比企業人力資源管理者的面試效果明顯要好，而人力資源管理者比一般業務主管的面試水準又高出一籌。其實，面試主考官事前是否經過培訓對其面試效果也是有顯著影響的。為此，我們主張在面試前要對所有的面試主考官進行培訓，以便更好把握一些基本的面試技巧，保持主考官間評價尺度的一致性。

面試提問隨意

面試提問很隨意也是面試中常見的問題。長期以來，一些相關部門主管的長官意識太濃，在面試前沒有什麼準備，面試中想問什麼就問什麼，這樣做一是不利於系統考查應試者的真實水準，把寶貴的面試時間浪費在東拉西扯中；二是這種做法會使應試者感到面試太主觀隨意，從而對用人組織和面試主考官產生不良印象。另外，在面試實踐中，有時由於主考官自己對某個話題特別感興趣，所以在那個話題上追問了許多無關緊要的細節問題，這也是很不可取的。比如：在某商場的徵才面試中，由於主考官是位熱衷於股市的人士，結果當他在面試中發現一位似乎很精通股市的應試者時，他就忘了自己的主考官身分，鋪天蓋地問了許多有關股市方面的具體問題：

1. 你認為近期股市的走勢如何？
2. 近期可否購買○○○公司股票？
3. ……

這樣的面試提問不僅不能有效考查出應試者的相關素養，而且容易敗壞徵才公司的名聲。當然，如果上述問題與職位要求有關聯，那還情有可原。

面試評價主觀隨意

面試評價是由主考官根據應試者在面試中的表現給出的，所以面試評價從客觀上講一定會受主考官主觀因素的影響，在實踐中我們總是力求控制這種主觀影響，使面試評價比較客觀公正。但在現實徵才和選拔中，我們經常看到有的主考官在面試評價時主觀隨意，看誰順眼些就給誰打高分，或者誰的觀點合乎自己的胃口就給誰打高分，這都是不可取的。這樣做的結果，不論是對主考官自己所在的公司還是應試者來說都是不利的。作為一名主考官，首先在思想意識上要有為組織負責、為全體應試者負責的觀念，這樣才可能認真對每一位應試者進行評價，這也是組織和應試者對面試主考官的期望和要求。

侵犯個人隱私

在面試實踐中，我們經常可以看到公司會問一些涉及應試者個人隱私的問題，諸如「你有男朋友嗎？」「你贊成婚外性行為嗎？」「你跟異性同居過嗎？」「如果客戶對你提出性要求，你怎麼回答？」「如果老闆騷擾你，你怎麼辦？」許多人認為只要不違反法律法規，單位可以根據考查需要問一些與隱私有關的問題。問題是，許多侵犯個人隱私的問題並不是與工作有關的，諸如「你是否贊同婚前同居？」之類的問題與工作沒有任何關係。另一方面，隨著對外開放的不斷深入，人們的自我保護意識越來越強，如果公司侵犯了個人的隱私，個人可以對公司侵權行為提出起訴，這對一個公司來說絕對不是什麼光彩的事。現在，已有越來越多的應試者開始抱怨公司侵犯了他們的隱私，例如有人曾對某地區十五名應屆畢業生進行隨機調查，結果發現，五名男生中有一名在面試時被問及有無女友的問題，十名女生中則有七名被問到「有無男朋友」等類似與個人隱私有關的問題，其中六人覺得「有點難堪以及不太愉快」，只有一人大方表示不介意回答這類問題。一位被採訪的暨南大學女同學憤憤不平對記者說：「我的私生活與找工作有關嗎？」由此看來，這個問題如果不引起公司的注意，可以說是後患無窮。

下面我們不妨看一些發生在徵才面試中的情境：

情境一：某國企徵才者：你要和男朋友分手嗎？

某著名法律系應屆畢業生小王，經系裡推薦應聘本地一家企業，層層面試相當順利。最後，她獲得單獨與部門負責人面談的機會。

「有男朋友嗎？」這位男性負責人突然這樣發問。

小王沒有任何思想準備，被這個問題問愣了。她不知如何回答才能讓負責人滿意，於是如實答道：「有。」

「那他在本縣市還是外縣市？」

「他在辦出國手續。」小王仍然如實回答。

「你將來會不會跟他一起出去？」

「我的專業出去也派不上用場，所以沒想過出去。」

「那你們不是要分手了？」

「……」

小王事後講起這個情境時說：「大學裡光顧著享受戀愛的甜蜜了，誰想過這麼現實的問題呢？沒想到面試我的人考慮得比我還長遠。徵才公司高高在上，不回答他的問題又不好。可這個問題問得我心裡挺不愉快的。」

情境二：某私企老闆：你能接受一夜情嗎？

某學校國際貿易專業的小陶，應聘某家私人企業的業務員職位，進入最後一輪面試時，單獨面對老闆。

老闆按慣例問了一些對業務職位的看法後，突然問道：「有男朋友了吧？」

「還沒有。」小陶有些不好意思答道。

「你怎麼看待未婚同居？」「你能接受一夜情嗎？」

小陶愕然，面紅耳赤的她起身拂袖而去。

事後公司的老闆解釋，他們要招的是業務員，需要作風潑辣、大膽果敢的人。之所以這樣設定問題，是為了考查應聘者的反應能力和人生觀，這是他們公司考查個人綜合反應的一套自己的做法。

然而小陶覺得受了很大屈辱，她激動說：「這種個人看法屬於我的隱私，跟工作有關係嗎？我寧可失去一個可能不錯的就業機會，也不願忍受別人的隱私拷問！」

情境三：某外商：女碩士被催眠吐隱私。

在一次徵才活動，畢業於知名大學的統計學碩士李某的自薦書當場被一家外商獨資企業看好，對方約她去公司面談。那天一早到了公司，她才發覺和她一起參加面談的還有五位高學歷的女士，她們應聘的職位是「物流管理

科長」。人資主管與她們聊了些常規問題後，突然很鄭重問李某睡覺時做不做夢。她如實回答：自己基本上每天晚上要做夢。接著又問：「那你說過夢話嗎？」她回答曾經說過幾次。對方沉默了片刻，便要求她閉上眼睛，請她回憶前一天的夢境，沒有絲毫心理準備的她閉上眼睛進入沉靜的追憶狀態。對方在她耳邊輕聲提示：說出來吧，說出來吧，把想說的說出來吧！她感到有點像被催眠了一樣，頭腦昏昏沉沉，然後無法抗拒又莫名其妙當場說了一些「夢話」（她至今不知道自己那天究竟說了些什麼「夢話」）。接著對方「叫醒」了她，然後告訴她「不適合這份工作」。她就只好起身離去，心裡有說不清的一種難受：「就像被人合法窺視了隱私，我很後悔！」

我們期望，上面的這種面試實例最好不要在你所在的公司裡發生。在美國，徵才公司很注意個人隱私問題，這一點是值得我們學習的。

面試中的歧視

「你家庭幸福嗎？」這句話如果出自朋友之口，倒讓人倍感溫暖。可如果這句話出自徵才公司之口，而且作為應聘的條件之一，那麼實際上這是徵才公司對應試者的歧視。近些年，徵才面試中以種種歧視對待應聘者的新聞時有耳聞。而更為可怕是，許多公司並沒有認識到這種歧視的危害性，反而認為這是公司的權力。下面我們不妨來看一下發生在面試中的歧視案例。

案例一：不塗口紅無面試資格

趙女士在參加某公司舉行的小學英語教師徵才活動時，因為沒穿西裝和沒塗口紅而被拒之門外。不穿西裝，不塗口紅就不許參加面試，應聘者質疑此舉是否故弄玄虛，而公司表示這是體現企業形象。記者採訪了該公司負責徵才的高老師。高老師表示，如果應聘者穿休閒裝、吊帶裙來應聘，這本身就意味著應聘者本人太隨意，自律性不強。公司要求應聘者穿西裝、塗口紅，一方面是為了考查應聘者自身的氣質，另一方面也是為了維護企業形

象。同時，高老師稱即使公司作出的規定有些苛刻，應聘者如果真的想應聘成功就應該無條件服從，而不是與公司唱「對台戲」。

案例二：血型竟遭歧視

袁小姐去某外商應聘客戶經理一職。面試中，公司負責人對袁小姐的學歷和現場表現都表示滿意，並和她開誠布公談到了薪資和福利問題。結束面談前，一位面試主考官要求她一定要在離開前填寫血型，由於不知道自己的血型，袁小姐隨手寫下「AB 型」。

一週過去了，沒有等來錄取通知的袁小姐，撥通了該公司人事部的電話，得知自己落選。公司人事經理告訴她，她各方面都比較優秀，遺憾的是她的血型為 AB 型，AB 型的人有情緒波動大的特點，較難與人相處，所以不能勝任客戶經理一職。

這一理由讓袁小姐啼笑皆非，她告訴對方，AB 型是自己當時隨手寫的。對方馬上表示，希望她能夠去醫院驗血型，只要不是 AB 型，她就能馬上成為公司員工。袁小姐二話不說，馬上到醫院驗了血，結果為 B 型。幾天後，袁小姐再次帶著醫院驗血結果來到該公司，在向人事經理出示後，她明確表示，雖然自己能被錄用，但公司在用人方面存在血型歧視，自己不願在此工作。

這樣的真實案例已發生過很多，還有好多正在發生……面試中的歧視有因為年齡的，也有因為長相的，甚至還有因為「三圍」的，可以說是什麼因素都有。誠然，如果這些條件確實是工作所需的，那還可以說得過去，但實際上這些因素往往與工作本身毫無關係，這怎麼能讓應聘者滿意？怎麼能維護組織的良好形象？我們期望，這樣的事情越來越少。

擇人的同時也是在「推銷」自己

員工徵才歷來都是雙向的，公司在篩選求職者，求職者也在挑選雇主。

徵才工作並不僅僅是解決職位空缺或企業擴張的人員需求的問題。在先進的人才資源管理實踐中，徵才還起到以下作用：① 儲備人才；② 引進新的理念和技術；③ 進行內部人員置換；④ 提升企業的知名度；⑤ 人才競爭策略需要。好的徵才應該是 50% 在評估求職者，50% 在向求職者推銷公司，徵才競爭不僅是一場人才競爭，更是一場經營競爭，只有成功打造出公司「賣點」，才能吸引一流人才。

「逆向推銷」:「醜小鴨」也能變「天鵝」

誰都知道，不是所有的公司都能夠為雇員提供優厚的待遇，也不是所有的公司都能夠幸運地位於矽谷或科學園區這樣的人氣集結之地。但是這些公司也希望徵才到優秀的人才。如果你恰巧是這樣一家公司裡負責徵才的人員，為了盡力吸引到出色的人士加入你的公司，不妨嘗試一下「逆向推銷」法，即在徵才過程開始時，就明確公司要向求職者推銷什麼，然後將徵才重點放在那些有可能被公司的特點吸引的應聘者身上。

在進行「逆向推銷」的時候，要進行一些市場調查。

首先了解本公司最近一個時期的徵才情況和效果。要了解公司裡新雇員的情況，確定他們為什麼願意到這家公司來工作，詢問他們現在認為公司最大的優點是什麼，了解應聘的時候公司的哪些情況曾經使他們擔心或者猶豫。由此基本可以確定本公司在徵才時面臨哪些不利條件。然後，仔細分析這些消極因素，就可以做到在徵才的時候向求職者進行有針對性的解釋，這些消極因素實際上應該被看成是微不足道的。一句話，這個工作就是如何把「檸檬」變成「檸檬汁」。

接下來的工作就是花一些時間來分析如何最好的推銷本公司的優點。通常情況下一些容易被忽略的公司優勢有：本公司和該職位的穩定性和安全性；公司身為產業的龍頭（小池塘裡的大魚）；該工作的成就感很迅速很明顯；工作和生活之間的平衡，這個職位並不要求放棄個人生活中的樂趣；能夠說明別人，你的產品或服務能對社會有積極貢獻；有其他公司所不具備的挑戰或機

遇；出色的上司和同事；靈活性，學習其他專業知識的機會。這些因素常常被稱為工作待遇中的特徵，並應該在本公司徵才書面材料和面試中有所體現。

第三步就是了解哪些人有可能被本公司的優點所吸引，了解這些人基本情況中可能有的共通性。同時再比較一下本公司員工的基本情況，看看什麼類型的人才會喜歡這個公司，看看在徵才的時候是否有一些共同因素可以加以考慮，有時專業市場研究和徵才顧問可以幫助你進行這方面的分析。其實影響工作選擇的因素很複雜，比如文化背景，比如喜歡穩定，或者喜歡挑戰和冒險等，有時年齡、婚姻狀況也是有影響的。透過分析和研究工作，一旦找到了與本公司的條件相配的因素，就可以把徵才活動的重點放到特定的人群上。

徵才廣告：最大限度吸引「眼球」

在人才大戰的時代，不再是單向的企業選人，人同樣也在選擇企業。企業與員工的地位是平等的，他們是相互選擇的合作關係，所以企業是否能吸引到所需的人才，取決於企業是否有足夠的吸引力。所以徵才廣告一定要有吸引性。公司和負責徵才的人員都應該認識到徵才員工的工作本身就是一項市場宣傳和推銷活動，從這個角度上講，公司在徵才網站或報紙等其他媒體上的徵才廣告也應該生動而具有創造性。在此我們可以看看使職位描述語言更生動有效的四種嘗試。

第一個嘗試：使職務說明輕鬆和有趣，並為此增加一點幽默。先看一個滑雪板製造商的職務說明的片段：「我們熱衷於產品的研究與開發，我們將繼續居於產業的領先地位；不過，在這個公司更重要的事情是 —— 滑雪，我們大家都想方設法到山區出遊，而且到山區度假地去參加新手培訓課程時為不滑雪找個藉口是很難的」。如果我是滑雪愛好者，可能馬上會感興趣的。職務說明不要做成像官方文宣或法律法條一樣，它們不是刻板的藥品成分說明。想一想，如果貴公司的產品廣告做得像職務說明一樣乏味會有什麼樣的後果。

第二個嘗試：告訴閱讀職位廣告的人，他/她的一天都將做什麼。沒人會

對一大堆的職責和責任感興趣，這樣的職位描述聽起來會讓人感到膽怯。換一種敘事的方式，說說一名員工做這個工作的一天生活是怎樣的。指出該職位對公司利潤或銷售的影響。若能利用公司網站發布職務說明，可以考慮是否加上幾段表現某人正在做工作的錄影片段或聲音片段，或至少對該職位進行一下討論。採用照片或圖畫的形式會使職位描述與眾不同。

第三個嘗試：使徵才成為互動式的活動。我們可以發現越來越多的徵才廣告是在互聯網上發布的，互聯網的互動天性使求職者和徵才者之間的直接溝通機會大為增加。為什麼不讓應聘者參加一個簡單的測驗，以確定他們／她們是否了解該職位或擁有從事該職位所需的技能？例如：微軟和德州儀器就提供職位「適應性」測試以幫助職位申請人了解他們對該職位的適應性。

第四個嘗試：嘗試讓你的廣告公司或公關公司參與職位描述的撰寫。避免使用只有內行人士才能夠看懂的縮寫和深奧的專業術語。諮詢一下朋友或家人，試試從他們的角度來看職務說明是否合適，詢問他們是否理解這些描述以及他們是否會產生興趣。徵才廣告的職位描述應當不斷修改，直到文字說明令人滿意為止。一篇行文優雅，令人激動的職務說明會使徵才公司獲得意想不到的成功。

徵才網頁：讓一流的人才為你心動

優秀的徵才正好比優秀的行銷。你需要了解不同階層群的需求和興趣。一位大學生求職者更想要了解不同的資訊，而不是老練接受一份工作。因此，公司網頁徵才的最成功經驗之一是開闢一個專欄以滿足大學生所特有的資訊需求。你可以利用該欄目刊登貴公司校園徵才日程表、公司概述、公司實習期和培訓計畫以及公司內部職業發展及晉升可能性等。

近期國外的一次調查研究發現，《幸福》五百強企業中，42% 在他們公司網站的徵才專欄中設有獨立的大學徵才區，在工業部門中，78% 的《幸福》五百強高科技公司開設獨立欄目以滿足大學徵才需要。

潛在的雇用涉及補償金及福利問題。當講解到有關公司福利計畫的情況

時，請以展示的方式，而不要下結論。不要簡單的說，「我們有很有競爭力的福利方案，包括健康、分紅及股票認購計畫等。」確切說，充分利用公司網頁為徵才欄目的訪問者提供綜合性資訊。《幸福》五百強中55%的企業（《幸福》五百強金融服務公司中占較大多數）在他們的徵才欄目中刊登有關公司福利方案的內容。惠普公司（HP）就是優秀的一例。HP提供了詳細的福利計畫，包括開始實施日期、扣除條款以及有關的費用比。大多數公司都能夠根據已準備好的介紹方案在網上公布他們有關福利方案的資訊。然而，媒體要將這些材料透過網路進行有效的傳播時，需要有很強的領悟力，動一番腦筋。

在現今的人才市場上，合格的求職者可能會面對數家公司，有充裕的選擇機會，求職者們對於職位機會的尋求，恰恰如同雇主所做的一樣多。在評估合適時，職業文化是極其重要的一項考慮。並且，對留住員工會產生巨大的影響。一些公司的徵才欄目還提供了另一個提高公司名望的機會。虛擬工作「一日生活」敘述以及核心管理職位的介紹和典型員工的宣傳，為網上職位查找者們傳達了一種工作氛圍和公司文化的感受。《幸福》五百強公司中的44%（工業部門首當其衝，《幸福》五百強高科技公司中的68%）採取步驟為職位查找者們描述他們的公司文化。網上描繪出的公司文化通常來自公司的市場宣傳材料，還可以考慮從專業顧問機構或多媒體機構那裡尋求說明。但要當心，不要濫用動畫片和錄影，保證你的網頁應能很快裝載，並且與大多數現在最常見的瀏覽器和下載方式相容。

當然，你將某個職位成功推銷給潛在的求職者的最大可能性在於你的職位描述。從職位名稱開始做起，它必須搶眼，吸引職位查找者點擊進來。徵才欄目上列出了過多的職位描述是供公司內部使用的，或只簡單起到重複分類描述的作用。要從眾多表面化的職銜之中脫穎而出。不用「專案經理」，而試著代之以「重要的電子交易專案經理」。職位描述本身必須涉及基本要求，如必備能力、職業資格、工作經驗等。但要說服訪問者採取下一步驟，你還要將每個職位與公司一同做推銷。描述與職位有關的激動人心的專案，或代

表了深化技能或職業發展的機會。在此,最成功的經驗包括關於安置、出差要求、薪資範圍等的明確的資訊,以便職位查找者可以自行從螢幕上獲悉。

在從始至終形勢最為嚴峻的人才市場上,求職者們不會對任何一條資訊忽略不理。你必須付諸全部努力,實施一場高品質的人才行銷和溝通運動。這意味著,你為貴公司徵才網頁的訪問者們提供所需的資訊,使他們在充分了解的情況下做出決定,就職於你的公司。

第五章
知名企業的擇才之道

花旗集團：人才徵才走高層次路線

　　花旗集團，全球最大的金融服務機構，至今已近兩百年歷史。花旗集團在全球一百多個國家和地區設有分支機構，全球員工共有二十七萬餘人，資產達一萬億美元。以紅色雨傘為標誌的花旗集團旗下的主要品牌包括：花旗銀行、旅行家集團、所羅門美邦、CitiFinancial 及 Primerica 金融服務公司。

　　花旗集團立志成為全球最優秀的人才渴望的最佳雇主，使每一名加入的員工能夠得到機會發展，工作與生活得到健康的平衡，花旗集團重視並擁抱多樣化的思想、文化背景與經驗，被視為花旗成功開展全球業務的基礎。

　　花旗集團是用人多樣化的典範，這種多樣化是非常深入化的多樣化，不單單局限在不同的國家、地區、文化、民族等大範疇，而更表現在對每個人私生活與隱私、興趣的絕對尊重。

　　唐·韓愈《原人》：「一視而同仁，篤近而舉遠。」一樣看待無偏頗，寬厚對待親近的人，推薦疏遠的人。

　　花旗集團的成功依靠公司在組織的不同級別吸引多樣化優秀人才的能力，那是花旗的巨大財富。花旗透過與相關領導性組織建立與發展合作關係來雇用多樣的大學生、畢業生與專業人才。

　　成功花旗人的素養 —— 誠實正直、以客戶為中心、適應變化、團隊精

神、積極主動、堅持不懈、靈活機動。

招募下一代領導人

每一年，花旗都會有一定數量的實習生在花旗各地的機構實習，透過各種業務為他們提供實習期機會和輔導計畫。這些實習生參加諸如「系列演講夏令營」活動，由有號召力的公司高層主管參加，包括花旗集團主席、董事長桑迪‧威爾（Sanford I Weill），花旗集團首席財務官 Todd Thomson 等。

在美國，花旗集團每年與 INROADS 合作徵才新員工，是一個提高才能，發展領導力，幫助將更大的多樣化帶入工作場所的實習專案。INROADS 是美國一個非營利性組織，在商業與工業領域訓練與發展高中與大學的學生，幫助他們獲得成功的職業生涯。花旗集團參與這個專案包括識別並雇用少數實習生，他們在花旗集團花四年的夏天時間做他們的大學職業設計，並學習花旗集團的業務。每年，都有眾多實習生被花旗集團雇用。

多元化徵才策略

花旗集團用人多樣化的印記無處不在。花旗集團與幾所歷史上有名的領導性的黑人大學有著長期聯繫，花旗集團創立了一個團隊，設計明確的目標，從這些黑人大學徵才大學生、畢業生。這個團隊與公司的業務部門緊密合作，來加強與這些學校的夥伴關係。

花旗集團注重與許多專業組織的策略性合作，包括全國（美）黑人 MBA協會、全國（美）西班牙人 MBA 協會等，花旗集團是這兩個組織的合作顧問董事會的成員之一。花旗繼續與 Robert Toigo 基金會一起工作，它是美國領導性的學院與金融學院的合作夥伴。作為多元化雇主的典範，花旗繼續與男同性戀與女同性戀 MBA 們合作，參加各種會議，而不給予他們任何歧視。

《漢書》:「論大功者不錄小過，舉大善者不疵細瑕。」古人認為，推舉具有賢能的人才不在其細微的小汙點上吹毛求疵。更何況，同性戀在現代生活

中實屬個人興趣與生活觀點，花旗對他們一視同仁，不歧視、不限制，全力營造多樣化的用人文化。

花旗集團在專業水準吸引多樣化優秀人才的努力包括廣泛參加職業展覽會，花旗每年都參加紐約、芝加哥、達拉斯等的「僱傭女性」活動，不斷從中徵才女性進入消費者集團、投資銀行、個人銀行和技術部門的職位。花旗還每年參加華爾街專案、西班牙人職業促進聯盟、城市金融服務聯盟等舉行的專業徵才活動，透過各種管道徵才優秀的金融人才。

獨樹一幟的 SEO

SEO，即 Sponsors for Educational Opportunity。SEO 職業規劃為沒有畢業的大學生提供了在許多領域定位、培訓、實習期和正在進行的職業生涯以及專業的發展風格。

花旗全球合作與投資銀行是 SEO 的創始人之一，從一九八〇年代初開始，接收過百零一名實習生。已經有四十五名先前的實習生在花旗工作，他們的職位包括從分析人員到管理總監。

如華爾街專案（Rainbow/PUSH Coalition-Wall Street Project），花旗集團是這一專案的創建人之一，花旗支援專案的努力，支援少數公司更接近於金融服務公司。

花旗 —— 人才定位在高層次

花旗在招聘人才時注重將人才定位在高層次，從學歷上，一般只徵才碩士以上的畢業生。花旗在進行人才徵才時，徵才最優秀、最合適的人才進入花旗，徵才那些對銀行、金融工作有著濃厚興趣與追求的人才。在，花旗銀行主要集中在國立大學等著名院校徵才優秀的碩士畢業生或 MBA。

花旗集團定位於選擇高層次人才，是基於花旗長期的發展策略，是為花旗今後培養優秀的管理人才建立人才儲備。

花旗銀行每年在著名大學的應屆畢業生中招募碩士畢業生，作為管理培訓生，專業側重在金融、財務、商務等領域。分別進行筆試、面試。

在徵才程序上，通常花旗銀行會首先透過履歷篩選，選擇專業和學歷都符合要求的應聘者，然後對應聘者進行考核。在對應聘者的考核環節上，首先對應聘者進行筆試，大都透過英語進行。面試環節，首先由人力資源部主持，接下來由相關部門進行，有時可能會經歷五～六次面試，可謂「過五關、斬六將」，體現出花旗致力於透過高標準徵才到有志於在金融領域發展的合格人才。

在徵才標準上，花旗不會太注重畢業生的工作經驗，作為學生來講，社會經驗肯定有所不足，花旗並不強求。但若有的畢業生擁有在大公司實習的經歷，會增加應聘時的競爭力。花旗更加關注應聘者的潛力，在面試時，不但看應聘者現在所具備的能力，更會看其是否具有發展的潛力，在若干年後能否在工作中發揮更大的作用。

唐·吳兢《貞觀政要·任賢》：「不以求備取人，不以己長格物，隨能收敘，無隔疏賤。」不以完美的標準選取人，不以自己的長處衡量人，根據其才能收攬任用，不因為關係疏遠或地位低賤而拒之門外。

沃爾瑪：用自己的方式培養想要的人才

在美國，沃爾瑪被管理界公認為是最具文化特色的公司之一，《財富》雜誌評價它「透過培訓方面花大錢和提升內部員工而贏得雇員的忠誠和熱情，管理人員中有 60% 的人是從時薪制做起的」。因此，沃爾瑪在用人上注重的是能力和團隊協作精神，學歷和文憑並不占十分重要的位置。

沃爾瑪堅信內訓出人才。在沃爾瑪，很多員工沒有接受過大學教育，擁有一張 MBA 文憑並不見得能夠贏得高階主管的賞識，除非透過自己努力，以

傑出的工作業績來證明自己的實力。但這並不是說公司不重視員工的素養，相反，公司在各方面鼓勵員工積極進取，為每一位想提高自己的員工提供接受訓練和提升的機會。公司專門成立了培訓部，開展對員工的全面培訓，無論是誰，只要你有願望，就有學習和獲得提升的機會，而且，如果第一次努力失敗了，還有第二次機會。因此，今天沃爾瑪公司的絕大多數經理人員產生於公司的管理培訓計畫，是從公司內部逐級提拔起來的。

沃爾瑪看重的是好學與責任感。在一般零售公司，沒有十年以上工作經驗的人根本不會被考慮提升為經理，而在沃爾瑪，經過六個月的訓練後，如果表現良好，具有管理好員工、管理好商品銷售的潛力，公司就會給他們一試身手的機會，先做助理經理，或去協助開設新店，然後如果做得不錯，就會有機會單獨管理一個分店。在公司看來，一個人缺乏工作經驗和相關知識沒有多大關係，只要他肯學習並全力以赴，絕對能夠以勤補拙。而且公司樂於雇用有家庭的人，認為他們穩定，能努力工作。而在今日美國，零售業由於大量使用兼職工、非熟練工以壓低成本，各公司的員工流失率均居高不下，唯有沃爾瑪是例外。

沃爾瑪崇尚職位輪調。對於公司的各級主管，公司經常要他們輪調工作，有機會擔任不同工作，接觸公司內部的各個層面，相互形成某種競爭，最終能把握公司的總體業務。這樣做雖然也可能造成企業內某些主管間的矛盾，但公司認為是對事不對人，每個人應首先幫助公司的其他人，發揚團隊精神，收斂個人野心。

沃爾瑪的「新人」，九十天定乾坤。隨著公司在國際上的大舉擴張，它現在在全世界的雇員總數大約為一百一十萬。確保有才能的員工取得成就得到承認，並為他們提供脫穎而出的機會，就成了留住人才的關鍵。為此，公司將注意力集中在幫助新員工在頭九十天裡適應公司環境。如分配老員工給他們當師傅；分別在三十天、六十天和九十天時對他們的進步加以評估等。這些努力降低了 25% 的人員流失，也為公司的進一步發展賦予了新的動力。

與眾不同的微軟：「三心」鑄英才

微軟在招聘人才、使用人才時特別青睞「三心」人才。一是熱心的人。對公司充滿感情，對工作充滿熱情，對同事充滿友情；能夠獨立工作，有許多新奇想法，又與公司整體利益、長遠利益為重；視公司為家，和同事團結協作、榮辱與共。二是慧心的人。腦子靈活，行動敏捷，能夠對形勢準確把握，從容應對，盡快適應；在短期內學會、掌握所需的知識和技能。三是苦心的人。工作非常努力、勤奮，吃得了苦。

微軟的用人觀別具一格，體現出自己的個性。實踐也充分證明，微軟能成為時下全球 IT 界乃至經濟界的領頭羊，與其籠絡的大批「三心」人才密不可分。他們的和諧、勤奮而有創造性的工作推動微軟不斷開創新的經營制高點。

一個人具備熱心、慧心、苦心的稟賦，並把「三心」系統的統一起來，就能把自己的主動性、積極性、創造性充分展現出來，從而對事業產生強勁的推動力、影響力。一個人擁有熱心，即使他在這個產業涉獵不深或者根本就是一無所知，年紀也非常輕甚至沒有工作經歷，但他對事業表現出濃厚的興趣，肯鑽願學，並調動一切積極因素，多謀善斷，新奇的點子層出不窮，只要企業為其創造一個寬鬆的能激發人力潛能、容忍合理失敗的環境和機會，他無疑能夠脫穎而出，走向成功。同時，熱心也能最大限度的促進團結，全員做事業的合力依賴一批批熱心的員工。團結是鐵，團結是鋼，是支撐企業大廈的堅強支柱。可以說，熱心奠定了事業成功的先決條件。

光有熱心，光有新奇的想法，光靠團結協作，但缺乏慧心，他就不能從各種各樣的想法中甄選出最佳方案，從而不能成功或不易成功。不合理的失敗不僅於事業無補，甚至反過來損害事業。慧心也是適應市場競爭形勢的必然要求。企業界的競爭風詭雲譎，快速應變不僅是企業搏擊市場所必須具備的素養，也是每名員工所必須具備的重要稟賦。聰明人反應快，能夠及時對市場作出最有效的應變。

而苦心則是事業成功的「槳」和「帆」。成就一番事業並非反掌易事，要在既定的合理的目標引領下，靠鍥而不捨的精神，靠只爭朝夕的銳氣，才有望到達成功的彼岸。苦心也是使事業增加完美度的必經之路，永不停止、永不滿足，工作才能越做越好，事業才會越來越輝煌。在微軟，人們看不到不努力的人。到晚上八九點鐘，辦公室的人最多最繁忙。銷售人員白天拜訪客戶，晚上立即回來趕寫報告，還有一些部門開會、聽總結也在辦公室裡進行。在微軟沒有一個經理要求員工加班，但是因為員工很有熱情，並能從工作中得到無窮樂趣，又希望工作能夠做到完美的狀態，所以自然會刻苦工作。

在當今時代，企業應是學習型的組織，員工應是學習型的人才。熱心的人願學、慧心的人會學、苦心的人勤學，由此，新東西很容易入眼入耳入腦入心，化為實踐的指南，成功就在充分的把握之中。

三星擇人觀：吸納天才，敢用奇才

被譽為全球第一專業管理人才的傑克·威爾許在參觀完三星設在韓國的人力開理髮院之後感慨：三星已經走在了人才培養的前面。

二〇〇四年春天，有兩件事最令三星集團得意：二〇〇三年三星在內地的銷售額已經達到近九十四億美元，三星每年的成長率幾乎達到了百分之百；三星電子在剛剛出爐的二〇〇四年美國《財富》雜誌「世界最受尊敬企業」電子產業的排名榜上躍居第四。

李相鉉曾說：「雖然很多人想了解關於三星的業績『三級跳』之謎，但我們更願意與公眾分享包括人才策略在內的三星成功的經驗。」

吸納天才是首要任務

三星的「人才經營」新策略是：注重吸納「天才」；善用「個性」人才；敢

用奇才、怪才。

掌握「天才」或「天才級」人才是人才策略的首位。三星目前已擁有不少具有世界一流技術水準的「準天才」級人才和一大批企業首腦、技術專家和專業經營者，正是這些人才支撐起了三星的大廈。三星物產株式會社人事經理金素英說：「申請人越來越熱切希望加入三星。」當然，她只能挑選申請者中最優秀的人員，因此她不得不拒絕很多有天賦的應聘者，這的確是一件困難的事情。

「個性」人才擔當大任

另外，善用「個性」人才。所謂個性人才就是整體看起來不算十分優秀，但在特定方面興趣濃厚，才能超人，能夠在所在領域獨樹一幟的人。這樣的人通常不合群，在組織內部協調共事方面存在缺陷，令許多企業經營者對其不喜歡，不愛用。但三星認為，「個性」人才對事業極為執著，有望成為特定領域的專家。一旦揚長避短，便可擔當大任。

不同部門大膽任用怪才

此外，敢用奇才、怪才。按照李相鉉的表述，三星一直堅持在不同部門大膽任用多種類型的人才，甚至曾經做過電腦駭客的程序高手也因為技術出眾而被聘請進公司從事開發工作。一九九九年，正當風險投資悄然興起時，當時所屬三星電子軟體俱樂部聘請的「軟體大玩家們」的薪資達到了兩億元。這些軟體方面的專家們並不像人們想像的那樣來自知名大學，其實他們絕大部分都沒有接受過正規的大學教育。他們靠在電子一條街做點組裝電腦、程式設計等副業打「野戰」居然漸漸打出了名氣，有些甚至成為「駭客」或程式設計高手。

「有個詞我非常欣賞，叫做『有容乃大』，三星便是一家包容性非常強的公司。」對文化了解頗深的李相鉉如是說。

事實上，三星公司中，很多高層管理人員在學校中學的專業和最初進入的領域，與他們現在的職位並不一樣。但是，卻在公司中得到了新的位置和更好的發揮。

三星電子（北美）市場行銷策略高階副總裁彼得・維法德年輕時是一個音樂廳的鋼琴師。他目前仍然喜歡彈奏鋼琴，不過他在三星的職位不再是一個獨奏者，相反，他領導著一批天才員工，在三星電子（北美）進行廣泛的市場拓展策略。

公益活動成員工必修課程

「三星管理者的長期目標是要使三星成為世界上最受尊敬的企業之一。」李相鉉說。據了解，在三星內部，員工合理的職業規劃、公正的評價體系使三星成為最受雇員歡迎和嚮往的公司之一。在公司外部，三星則本著「善待周圍的人們，融入當地的文化」這一核心思想，透過很多助學、捐贈和其他活動來表達三星對社會的赤誠之心。如今，公益活動已經被列為三星新員工入門培訓的必修「課程」。

飛利浦的人才策略

飛利浦青睞怎樣的人才？ 飛利浦如何甄選、培養人才？ 本土人才如何進入高管層？ 飛利浦東亞區人力資源總監陸先生說，首先他必定是個有突出業績的人，其次他必須是個優秀的人力資源發展者，只有兩者兼備，才能達到「陰陽平衡」。

選才：專業能力＋閱歷＋領導力＝成功領導力

發展人才是飛利浦的核心價值觀之一，每個有潛力的員工都能得到平等

的發展機會。那麼，什麼樣的人才是飛利浦的「最愛」？

被飛利浦認為有潛力的員工至少需具備兩方面的素養：領導能力和專業能力。兩項兼具的人才是飛利浦眼中的能人。在市場上找一個銷售菁英不難，但要找一個既有傑出業績，同時又有管理經驗和領導才能的銷售高層管理人員就不那麼容易了。兩方面都十分出色的人才難找，但也正是飛利浦所需要的。

各大跨國公司在甄選人才時都十分注重領導能力，而飛利浦對領導能力有特別的定義。一個人是否具備領導能力，飛利浦注重兩個方面：業績表現和人的發展。首先，他必定是個有突出業績的人，具備獲取成功的強烈決心，勇於接受新的挑戰，時刻關注市場，並尋找更好的方法改善業績；其次，他必須是個優秀的人力資源發展者，在不斷提升自我的同時，也能夠不斷激勵其他員工和他的下屬，激發他們的潛能，懂得如何發展自我及發展他人。這兩方面是相輔相成的，飛利浦把這兩方面稱作「陰陽平衡」，缺了任何一方面都不行。

領導能力如何造就？飛利浦提供給我們這樣一個公式：

專業能力＋閱歷＋領導力＝成功的領導能力。

一個具備專業能力的人才，經過多年時間的磨練，同時其本身又具備卓越的領導才能，才有可能成為一個成功的領導者。

至於專業能力，表現為一個人的職位技能以及「技術」知識，即在自己所從事的專業領域研究、實踐的深度和廣度。

拿銷售人員來說，專業技能包括銷售技巧、談判技巧、示範設計、專案管理，以及根據客戶需要進行產品設計、成本控制的意識等等，每一個職位，都制定詳細的技能評估方案，透過詳細的評估指標和方法對員工的專業能力進行科學考量。

識才：選拔 ── 業績評估 ── 發現優秀人才

飛利浦如何選拔、鑒別人才？如何發現具備發展主管潛力的人才？飛利浦有一整套完整的人才發展體系。

第一步：招募和選拔。作為一個龐大的業務集團，飛利浦所採用的徵才方式和管道是多種多樣的，從校園徵才中挖掘新人；從外部有豐富閱歷的在職人士中獵取成熟人才；以及利用內部職位輪調或晉升機制來選擇適合的人到合適的職位，還有內部員工推薦等等。

第二步：業績評估。評估的內容包括完成工作職責情況、達成業務目標情況以及個人能力等等，是一項個人綜合素養的評估。

第三步：發現優秀人才，也叫才能鑒定。即結合個人的發展需求和職業生涯發展規劃，透過一系列的專業評估方法來確定某個人是否具備發展潛力。飛利浦有完善的評估體系，包括三百六十度評估、調查問卷等等。這其中，評估中心是重要的工具之一，也是飛利浦獨特的領導力發展工具。

每個被選拔出來、有望進入管理層發展的員工，都必須經過評估中心這一關的考驗。

評估中心就像一個虛擬的公司，被評估者按照要求在其中處理各種工作任務，在他周圍有眾多專家給他的工作表現打分。在這樣一個「眾目睽睽」的環境下處理工作，被評估者各方面能力孰優孰劣一看便知。飛利浦在全球設有多個評估中心，用來評估世界各地的優秀員工。員工按照不同的職位層次被送往不同級別的評估中心，亞太區的員工通常在新加坡或荷蘭接受考驗。

養才：評估 ── 回饋和改進計畫 ── 跟進

人才徵才進來，便開始了個人在飛利浦的成長軌跡。接受了全面評估而被確定為有潛能的人員，飛利浦將結合他自身的發展規劃，制定出專門的才能發展計畫。執行發展計畫的過程是循環往復、周而復始的，個人發展則呈現出階梯式向上的軌跡。

在經過科學的評估，明確了個人的強項、弱項之後，每個人都會明確自身的發展需求，即明確在哪些方面是需要提高或進一步培養的，然後遵循領導力發展原則，制定出詳細的個人發展計畫。這時，他還需要與自己的經理溝通，雙方就發展計畫達成共識，隨後便按照計畫來執行。通常在經過一年半或兩年左右的時間後，會對這一階段進行一個階段性的總結和回饋，然後根據員工目前的發展情況來調整發展計畫，若需要還可重新進行評估。

才能發展計畫的內容包括在職培訓和留職進修等，作為一個跨國機構，員工有許多赴海外學習的機會，幫助他們拓展國際視野。員工學習的內容是與他所從事的業務緊密相關的，從那些至關重要的業務問題中，找到所需要的能力，從而確定什麼是需要學習的，在此基礎上制定出有針對性的學習計畫。

為使員工的個人發展不至於「孤立無援」，即能隨時得到幫助，飛利浦有專門的「導師和輔導員計畫」，每名員工都有指定的導師和輔導員。一般來說，輔導員是自己的部門主管，而導師則一定是由跨部門更高職位的人士來擔當。導師和輔導員會不定期與員工進行正式或非正式的溝通，與他們分享經驗和智慧，給出發展建議。

最後，經過了選拔、業績評估、優秀人才發現、才能發展這些環環相扣的步驟之後，特別優秀的人才將會脫穎而出，加入飛利浦專門的「接班人計畫」，他們將成為管理職位的繼任者或者重要職位的潛在繼任者，正式進入管理層發展通道，將更高層面接受更加專業和系統的培訓，繼而成長為一名飛利浦的本土高層管理者。

正如一棵幼小的樹苗逐漸長成枝繁葉茂的大樹一樣，本土經理人的成長也需要一個過程，相信越來越多的本土優秀人士會逐漸成長、成熟，成為跨國公司的管理者。

「我們激發並使彼此能夠運用我們的創造性及企業家才能，最大限度的挖掘我們的潛能。」這就是飛利浦歷來貫徹的人才價值觀。

雀巢飄香，用人有道

員工最有價值的財富

一九九○年，雀巢在大陸的第一家合資廠開始運營，如今，雀巢集團已累計引進直接投資約三百億元臺幣，經營著二十一家世界一流的工廠，現有大陸員工一萬兩千多名。雀巢迅速健康的成長，與其人才策略不無關係。「員工是雀巢最有價值的財富，一直以來，雀巢員工始終是將雀巢精神帶到生活中的關鍵因素」，也正是這種「人」的精神引領雀巢從一個小公司發展成今天領先世界的食品公司。雀巢擁有這麼多國籍的員工，這在世界上都是少見的，而雀巢將本土和國際人才很好結合，以更好的發揮他們的潛力和能力，從而無論何時、何地、以何種方式，為消費者提供優質產品。

徵才系統工程

在徵才方面，雀巢的徵才管道有很多，而主要管道是網際網路、報紙廣告、徵才活動、校園徵才、內部推薦、獵頭、與不同的商業學校合作等方式，以招到雀巢滿意的人選。例如：雀巢的校園徵才過程是：在網上張貼徵才資訊 —— 校園面談 —— 求職申請信篩選 —— 人事部電話交談 —— 人事評估中心 —— 人事部面試 —— 求職部門經理面試（或與人事小組一起面試）—— 做出決定。這樣一個系統流程，以做到徵才的科學與規範。而雀巢為求職者設立的面試問題，主要是看重行為方面的問題，問題會根據不同的職位及求職者的情況而改變，但雀巢沒有標準的問題或者答案。

新人選擇必備能力

每年，雀巢亞洲會徵才一定數量的新人以適應公司快速成長的業務，二○○四年大約增加一千個工作機會，範圍涉及內地、香港和臺灣等，職

務包括銷售、市場、財務、人事、技術等等，這也是二〇〇五年徵才的需求所在。

在選擇新人時，我們希望他們具備廣泛的興趣、良好的總體教育、負責的態度和行為以及健康的體質。總體而言，雀巢管理者應具備以下重要素養：

個人的承諾；勇氣、堅毅和冷靜；應付壓力的能力；學習的能力；開明及領悟力；交流的能力；激發和發展員工的能力；造成一種創新氣氛的能力；根據情況而非孤立看問題；值得信賴，言行一致；願意接受變化及應付變化的能力；國際經驗及對其他文化的理解。

培訓深耕未來

二〇〇四年，雀巢亞洲共有一萬一千人參加了雀巢的培訓課程及研討會，這意味著幾乎每名員工在二〇〇四年都參加了至少一次培訓。為什麼雀巢如此重視培訓呢？雀巢對人才培養的認識是：在雀巢，始終相信「人的因素第一」。雀巢的成功就是那些作出過貢獻的人們的故事，正是他們在開闢和發展新市場、新產品、新品牌、新制度和新流程上做出的不懈努力，才成就了今日雀巢的優秀業績。

雀巢管理和主管原則即是發動所有層次上的全體員工積極參與公司事務。在選擇了正確人選後，雀巢在亞洲積極致力於賦予有潛力、有希望的本地員工主管責任。不斷學習是至關重要的，尤其是在我們這樣一個快速變化和發展的環境裡。我們為所有級別的員工提供不斷的全面培訓，同時越來越多的高潛力重要員工得到了培訓，為賦予他們更高的管理責任做好了準備。

人才評估素養排序

在人才評估中，雀巢不僅看其職能方面的能力和經驗，也注重那些具有成為雀巢經理人的素養和潛力，具備職業發展的潛力，再加上積極態度和對公司的長期承諾是我們徵才最為重要的標準。對人才的素養要求，雀巢也是

有先後考慮的，其中，態度、熱情、忠誠始終是最重要的素養，當然，不同職位對以上素養的要求排序也不同，總體而言，雀巢在人才評估中的素養要求排序如下：

英語能力；適應能力和靈活性；態度／熱情／忠誠度；溝通技巧；獨立工作的能力；團隊合作技巧；領導技巧；創造力。

殼牌：給優秀畢業生搭建最好的舞台

葡萄牙南部一家旅館的六間地下室裡，氣氛漸漸緊張起來。時至深夜，持續了一整天的辛勤工作還沒有結束。一些年輕男女正飛快敲打著筆電的鍵盤；其他人用記號筆在白板上做著上百萬美元的計算。還有人分成一個個小組，正在進行激烈的討論。

五天內，來自歐洲十個國家的四十名工程、金融、法律等專業人士正在爭分奪秒設計一個五年商業計畫。這個計畫將利用印度洋一個小國的海洋石油資源，進行鑽探、提煉和行銷。第二天，他們要把這個計畫推銷給三個頭腦精明的投資者，以獲取四千萬美元的投資基金。

「壓力已經到了極限，」計畫小組的一位助手表示，「他們整天靠餅乾度日，好像再也沒有明天。」

公司員工開夜車的時候一般要抽菸和喝咖啡，但是這裡卻不同。這暗示著整個小組不同尋常的工作性質。哥拉美（Gourami），這個任何一張地圖上都沒有標注的小國，正被仔細研究和分析。但是為它制定能源開發策略的，並非久經沙場的公司主管，而是一群沒有商業經驗的大學應屆畢業生。

第二天早上，三位來自能源集團英荷皇家殼牌（Shell）的高階經理，將要聽取學生們提交的方案，其中包括如何買下哥拉美一家對手石油公司的經營權、大舉減少當地分公司的員工數目，以及出重金投資新的煉油技術。但

是，整件事情的關鍵，並不是要為這個子虛烏有的發展中國家制定成功的商業策略，而在於殼牌徵才手段的競爭力。

「哥拉美是一個虛構的商業挑戰環境，是我們在過去十年間，為了爭奪最具潛力的大學畢業生而開發的一個重要工具，」殼牌徵才部門的全球推廣經理納弗喬特・希恩（Navjot Singh）表示，「這個方法非常成功，它不斷為我們提供有最有潛力的人選。」

哥拉美商業挑戰最初是為技術部門設計的研究案例，但是後來融入了全球性能源公司運作中包含的商業運營、人力資源和法律等各方面內容。希恩先生表示：「它的主要目的是讓畢業生領略到在石油公司工作的真實體驗，讓他們親自應對國際性商業運作的棘手問題。」

這場挑戰最新的歐洲版本，是將四十名來自化學工程和市場行銷等專業的畢業班學生集中到阿爾加維省（Algarve）的一個大酒店裡，這裡被假設為哥拉美這個伊斯蘭教小國的領土。學生們有五天時間，為殼牌在這個假想國制定二〇〇五年至二〇一〇年的營運計畫。殼牌為這個國家設計了完整而詳細的政治、地理和社會歷史背景。

學生們被分成五組，每組負責一個特別專案，其中包括管理海上石油天然氣資源、發現油氣資源、為煉油廠制定策略，以及制定產品行銷和供應計畫。

每項單獨計畫都必須服從於整個長期而連貫的商業策略。在這項挑戰的高潮部分，每個專案小組都必須說服三位投資者給他們的方案投錢。這三位投資者由殼牌高階經理扮演。

「這個挑戰能使學生們接觸到公司開發運作的真實情況，是項十分艱巨的任務。」殼牌拉丁美洲前任副總裁保羅・馮・迪祖因曾（Paul van Ditzhuyzen）表示。他在集團任職已達三十年之久，經常扮演投資者的角色。「在巨大的壓力下，他們以專業水準工作，制定出符合環境標準的、合乎政治體制的、對社會負責任的計畫。」迪祖因曾先生說。

　　哥拉美挑戰每年在歐洲、美國和其他地區舉辦一場。到葡萄牙參賽的學生是從大約七百位報名的歐洲學生中挑選出來的。之前，殼牌在歐洲許多大學做了一個巡迴展。在每組獲選的學生中，90% 會繼續申請殼牌的工作，而有一半的人會成功。

　　對殼牌而言，這項挑戰可以節約 25% 的大學生人均徵才費用。更重要的是，在理工科大學生數量持續減少的情況下，它使殼牌在爭奪優秀理工科畢業生的競爭中占據明顯優勢。

　　舉例來說，在過去的五年中，英國化工專業的大學畢業生數量減少了 32%，從一九九八年至一九九九年度的六千多名減少到二〇〇二年至二〇〇三年度的四千多名。而地理、機械工程、物理和化學等專業的學生數量同期減少了 5% 至 13%。這些都是殼牌所需的關鍵學科。

　　「同段時間內，殼牌在英國招收的技術類畢業生的數量成長了 262%。這也反映了我們面臨的挑戰有多大。」希恩先生表示。

　　儘管大學畢業生的數量不斷減少，卻有更多的公司加入了爭奪優秀畢業生的競爭行列。除了國際性消費品公司、投資銀行和領先的顧問機構等較為傳統的產業之外，諾基亞（Nokia）、思科系統（Cisco Systems）等新興科技公司對優秀畢業生也同樣充滿吸引力。

　　徵才的手段也在發生變化，互聯網扮演了越來越重要的角色。如今，在殼牌收到的職位申請中，90% 以上都透過電子方式傳遞的。希恩先生說，最重要的是，今天的優秀學生對理想職業的要求已經發生了巨大的變化，職業保障和高薪已經不再像它們在傳統價值觀中那樣重要。

　　「年輕人選擇那些能夠較好平衡工作與生活的職業，保證他們的個人發展。」他表示，「他們似乎不太願意把自己長期鎖定在一家企業中。他們希望對自己的職業發展有個清楚的概念，希望能認同公司的價值觀。」

　　在哥拉美挑戰中，學生們會遇到倫理道德的困境、政治敏感問題和工程難題。這一切都是為了讓他們體驗殼牌的企業文化和集團的商業原則。

薩拉‧諾文（Sarah Nouwen）是荷蘭烏德勒支大學的法律系學生。她表示，這個挑戰使她認識到了在商業運作中會遇到的社會和道德問題，這是她始料未及的。「人權問題是我的專業之一，我本以為，大企業在這個問題上完全是負面的。哥拉美挑戰讓我從正反兩個方面看見了股東和利益相關者之間的矛盾。」她說。

能夠在小組中與不同專業背景的人共事，這種經歷對大多數參加挑戰的學生來說，都是最大的收穫。

「嚴謹的理科學生也許看不起人力資源管理等被他們視為『模糊不清』的學科，反之亦然。」倫敦大學帝國理工學院機械工程系大學畢業生克雷爾‧哥德（Claire Gould）表示，「哥拉美的『真實』挑戰讓我們認識到了其他技能和人才的價值，我們需要像團隊一樣工作。」

在哥拉美虛擬世界中的經歷，如今為她的現實生活帶來了新的目標。

「我希望在石油鑽探平台上工作，我已經決定了。」她說，「只是我還不知道怎樣告訴媽媽。」

第六章
溝通成就未來，管理成就現在

人才打造，任重道遠

近年來，各行各業都宣導和實施著人才工程計畫，從企業內部培訓中心的建立，到一批批基層幹部從中得到系統的學習與培訓；從企業一次次從高等院校直接引進管理或技術人才，到一批批年輕的管理幹部得到提拔任用，無不體現企業在加強人才打造上大刀闊斧的力度。這種大好景象對每一位有志之士都是莫大的鼓舞。那麼，如何藉此東風，將企業人才打造持之以恆行之有效進行下去呢？

談到人才打造工程，自然得從人事管理說起，確切的來說，應該是從人力資源管理談起。早在一九九〇年代中期，眾多企業已經開始引進人力資源管理理念，並且將其放在與經營策略同等的高度去對待。例如 H 集團的「賽馬機制」，W 集團的「價值評價與考核體系」「人才策略」等。諸多的事實顯示，他們的觀念轉變給他們帶來了豐厚的回報。同時事實還進一步的證實，從強調對物的管理轉為重視對人的管理，是管理領域中一個劃時代的進步。把人當作一種使組織在激烈的競爭中生存、發展、始終充滿生機和活力的特殊資源來刻意發掘，已成為當代先進管理思想的重要組成部分。然而，從目

前占據了市場大半壁江山的中小型企業的人力資源管理狀況來看，企業的人事工作仍停留在原始單一的工作中，僅僅局限於人力資源管理中的初級階段，例如招工、檔案登記和出勤統計幾乎仍然成為目前各企業人事工作的全部內容。同時，由於很多中小型企業仍存在原始資金累積和轉型階段，因此在對企業的考核上偏重於經濟效益，導致許多管理者只注重生產技術管理而輕視人力資源管理。因而，在人才打造方面的理解和運作上更是偏向於消極。為此，若想大力打造人才，為企業帶來全新的生命力，企業必須改變原來固有的思維模式，重新系統認識人力資源的管理。

沒有對人力資源管理正確的認識，便無法真正有效實施人才打造工程。在過去，人事管理與人力資源管理會經常被人混為一談，其實，二者的範圍、功能、目標都有所不同。人事管理比較傳統、保守，功能多為行政的業務，如徵才、出勤、檔案管理、處罰等。而人力資源管理則是積極主動的，具有策略性、前瞻性，其參與制定策略，進行人力資源規劃、塑造企業環境等。人力資源管理實際上是一個決策的服務部門，不僅承擔著為企業發掘優秀員工，更重要的是為企業培養人才，使每名員工都在適合的職位上得以最大發揮聰明才智，同時為企業創造積極向上、團結敬業的工作環境。

通常，人才打造工程即是人力資源管理的工作核心，人力資源管理涉及以下方面：

人力規劃

指根據組織需求及公司發展分析，進行人力資源管理的規劃，開展招募、考核、錄用。一般包括職位職務規劃、人員補充規劃、教育培訓規劃、人力分析規劃等。

1. 職位職務規劃主要解決公司編制問題，根據公司近期目標、勞動生產、技術設備工藝等狀況確定相應的組織機構、職位職務標準，進行編制。

2. 人員補充規劃是在中長期內使職位職務空缺能從品質和數量上得到合理的補充。人員補充規劃要具體指出各類人員所需的資歷、培訓、年齡和技能等要求。

3. 技術、業務培訓規劃是依據公司發展的需要，透過各種培訓途徑，為公司培養當前和未來所需的各級各類的合格人員。

4. 人力分配規劃是依據公司各級組織機構、職位職務的事業分工來分配所需的人員，包括工人分配、幹部職務調配、工作調動等。

人力資源開發

指根據績效考核結果中員工與組織要求的差距，透過各種培訓來開發組織員工的知識技能，以提高組織的績效。其中涉及培訓職能、政策和策略。

1. 培訓職能主要有擬定培訓政策、培訓方案，選定培訓對象，實施培訓方案和衡量評估培訓工作。

2. 培訓政策則是表明公司目標是最大限度的發揮員工能力，並確保員工對培訓方案的清晰認識。

3. 培訓策略是公司對較長期的培訓工作所作的全面性、根本性、方向性的謀劃和安排，使培訓工作有條不紊的開展。主要有培訓方向和指導思想、培訓方法和效果評估等。

激勵

指透過薪資薪資、福利措施對員工為組織作出的貢獻給予報酬並激勵其工作的積極性的過程。一般來說，為了使人力資源管理成為一個協調的整體，管理人員必須注重於在其職責的三大關鍵方面：

1. 工作績效定義：對員工寄予的種種期望以及旨在促使員工提高工作績效的連續目標導向計畫的具體描述。其包含目標、品質和評估。透過目標使職位責任更加明確，同時對目標的實現情況進行度量，並系統對完成任務的進展程度進行評估。以此可以促使員工不斷注意提高工作績效。

2. 便利工作績效：它涉及為工作績效開闢道路。同樣它也包含三個方面：為工作績效清除障礙，確保為工作績效提供方法和充足的資源，並精心確定人選。

3. 促進工作績效：以協調的方法激發員工提高工作績效的管理職責。它包含獎勵的價值、獎勵的數量、獎勵的時間、獎勵的公平性及對獎勵的喜愛程度。透過以上要素的均衡運用，使激勵達到有效利用。

整合

透過組織內部矛盾衝突的調解及其他各種協調人際關係的措施，使員工之間和睦相處，協調共事，最大限度的發揮團體合作的力量。

調控

指科學、合理進行員工的績效考評，根據考評結果對員工實行動態管理，如提升、調動、獎勵、懲罰等。

總之，所有促進和激勵工作，都是人才打造工程的組成部分，都是建立在馬斯洛的「層次需求理論」基礎上的。當然，能夠使員工強化工作動機的莫過於一個有效的激勵系統。

透過以上的簡要概述，我們可以看出，人力資源的管理距離我們還有多遠。很多企業在實際工作中便存在著因不善於運用正確的人力資源管理理論而導致員工流失率頗高等不足之處。我們只有清晰認清目前所存在的缺陷，方可有的放矢，進一步將人才打造策略有效予以實施。

首先，企業不能把人才打造工程只放到口頭或者只落到紙上，成為紙上談兵，不了了之。

其次，對人才的打造和任用要消除偏頗，盡可能做到人盡其才，企業打造人才工程就不能偏重技術忽視管理能力的培養。同時，在管理人員的選拔上也不能過多的以技術為主，以至基礎管理幹部不重視管理理論的學習。

　　再者，必須要有完善的員工職業設計指導，否則人才引進與培養便難以達到水到渠成的效果。目前，許多公司對人才的重視和關心可謂用心良苦，可是人員引進後卻缺乏一套有效的跟蹤與培養指導系統，更沒有一套清晰的職業生涯設計，因而在一段時間後，新員工因無法明確個人前景而喪失原有的積極性，造成人員的不穩定和流失。

　　綜上所述，在企業的發展和改變的過程中，人才打造將會是重要而長期的工作，人力資源管理將更全面被引入企業管理之中。

優秀人才何須太完美

　　民營中小企業應該如何揚長避短，建立一個有效吸引人才的機制，是企業在激烈競爭中面臨的嚴峻課題。顛覆一些傳統人才觀念，樹立完整正確的人才思路，以企業自身魅力吸引適合人才，是企業的當務之急。

　　從狹隘的人才觀到全面的人才觀，即從單純的技術人才觀到多樣性、多層次性的全面人才觀。由於歷史與社會的原因，在企業記憶體在一種普遍的認識，即認為人才就是指技術人才。很多人將企業經營中的諸多問題歸根於缺乏技術人才，其實，技術人才只是企業經營中一個重要的方面。企業經營中的各方各面需要不同的各種各樣的人才，除技術人才外，還有管理人才、市場行銷人才、公關人才等等。應該說，一切具有可為企業發展所用的特殊技能或才幹的人都是企業的人才。另外，在企業經營中人才是多層次性的，各種人才居於企業組織的不同層次。可以是高層的管理者，也可以是生產經營第一線的員工；可以是市場開拓和銷售人員，也可以是技能嫻熟的工人。全面的人才觀可以克服狹隘人才觀的弊端，使企業全面分析人力資源方面所面臨的問題和機遇，從制度上建立起完整的人才體系，有針對性的招攬切實需要的適用人才。

　　從「人才完美」到「人才不完美」。由於各種原因，使人們對人才有一種完美的錯覺，把企業的發展寄託於個別的「完人」或「能人」身上，形成了一種對人才的依賴心理。對企業而言，人才就是具有能為企業所用的一技之長的人，他也許在某些方面能力突出，但在其他方面表現平平，他也會有他的弱點。只有打破人才完美的觀點，企業才能自覺完善管理體制和建立人才流動的機制，同時，它還有助於企業形成系統管理的觀念。

　　轉變片面的「人才需求」觀，從人才「需要事業」到人才「要事業，也要生活」。很多企業的管理者認為人所追求的成功事業就是物質需求的激勵與滿足，這在一定範圍內是正確的。然而，隨著社會經濟的發展及就業壓力的增大，人們在擇業上越來越慎重，不僅看重企業的當前狀況，更注重企業的未來前景及自己身在其中的發展（這種發展本身具有對未來社會的適應性）機會。個體的生活品質高低，已成為衡量其個人價值的重要指標。在這種情況下，「要事業，也要生活」成為人才的普遍需要。因此企業不僅要做好當前管理，還必須有一個長遠的發展規劃與方略。通俗的講，企業要有一個「企業的夢」，同時企業還應有一個系統的人才培養與選拔體系，給進入企業的每一個人一個「個人的夢」，也就是個人職業生涯規劃，以保證人才始終處於被激勵的狀態，才能更長久為企業作貢獻。

　　轉變使用人才的觀念。雖然一直以來，社會廣泛批評「用人唯親」，但仍有不少企業「唯親近者是用」、「唯家族成員是用」，這種情況必須糾正；但與此同時，也不可走向另一個誤解──「親者不任」，其實，內部選拔人才也是一條有效、便捷的用人途徑。真正的「任人唯賢」是不論親疏的。

人品與人才，哪個更重要

　　我們必須讓未來 CEO 的經營目標改為回饋社會、誠實經營但仍然獲利，

在此之前，誠信是必要條件。

現在你是公司的主管，旗下一位同事生了重病，必須請長假休養，但他的假期已經用完。此時，他的太太跑來找你，表示還扛著沉重的房貸，如果老公失去這份收入，將繳不出貸款，房子會被查封，因此希望老公可以繼續上班。但是現在部門人手預算吃緊，業績壓力又大，此時你該怎麼辦？

這是花旗銀行臺灣區考場交給應徵者的難題，十多位年輕人開始絞盡腦汁，想像自己所面臨的處境，然後以四到五人分組的方式，討論可能採取的做法和背後的考慮。主考官就坐在一旁，仔細聆聽整個討論的過程。其中一位應徵者提出他的解決方案：「不如少上一檔廣告，省下的經費足以支付那位同仁的薪水。」後來，他被判出局。

一千多位名校畢業的 MBA 高材生，經過企業層層面試和筆試的篩選與淘汰，刷到剩下十多人，而這些原本突破重圍的優秀應徵者，經過最後一關「人品大考驗」得以倖存的卻不到三分之一。答案沒有對或錯，測驗的只是人心，銀行想知道應聘者的人品和想法跟花旗的企業文化是否契合。花旗銀行在全球推出業界知名的「MA 儲備經理人才計畫」，在亞洲培育出多位政界與金融界菁英。四十年來，凡是花旗 MA 出身的經理人，「品德」都是他們得以擊敗競爭對手脫穎而出的最重要關鍵。

有才無德更容易闖禍

人才是可以後天訓練的，但人才若缺乏人品，闖的禍反而比庸才更大，因此花旗選才，才華再高，沒有人品寧可不要。

前美國德州儀器總裁兼執行長佛瑞德指出，經理人員即使很聰明、有創意又很會替公司賺錢，但如果他不誠實，則他不僅一文不值，對公司反而是相當危險的人物。佛瑞德對誠實所下的定義是：當經理人發生難以預料的事情而無法達成承諾時，他必須盡可能通知對方，解釋未能達成的原因，並竭盡所能去減少對方的損失。

　　企業最大的資產是人才，但一旦用人不當，人才也會成為企業最大的負債。因此，人才的品德比專業能力更重要。二〇〇三年五月十一日，《紐約時報》刊登了一則令人震驚的道歉啟事，替該報二十七歲記者布雷爾杜撰新聞一事，向所有讀者及相關人士致歉。雖然《紐約時報》勇於認錯、扛起責任的態度值得欽佩，但這個事件已足以讓它的百年金字招牌受損，因為連全球公認最好的報紙都有作假的新聞，媒體如何能再取得讀者的信賴？同年十月，華人圈最大的律師事務所「理律」驚爆員工劉偉傑盜賣客戶託管股票案，盜賣股票金額高達新臺幣三十億元，讓「理律」一度瀕臨破產，雖然最後取得客戶諒解並達成協議，以十六季分期攤還、外加十八年法律服務和公益慈善抵債的方式收場，但在金錢損失外，多年辛苦打造的品牌與商譽受創更大。

　　事實上，無論企業管理制度多麼嚴謹，一旦雇用品德有瑕疵的人，就像組織中的深水炸彈，隨時可能引爆。二〇〇五年四月下旬，美國朗訊公司以迅雷不及掩耳的速度，開除包括大陸區總裁在內的四位高階經理人，因為他們涉嫌違反「反海外腐敗法」，以行賄方式打通大陸市場的人脈。此次朗訊決心壯士斷腕，無非是擔心陷入「安然第二」的危機。

人品攸關企業永續競爭力

　　企業競爭，不只是策略、技術和創新的競爭，最後決勝負的關鍵，往往掌握在品德手上。

　　跨國企業 IBM 轉型為服務導向的高科技公司後，發現尤其在提供無形服務的業務競爭時，影響客戶最後採購決策的因素，往往是口碑和信賴度，而 IBM 人長期累積的品牌形象成為臨門一腳。

　　IBM 制定的九項用人標準中，有五項跟品德相關，即具備「勇於負責、工作熱忱、自我鞭策、值得信賴和小組配合」的能力。IBM 人力資源部門內部有不成文規定：絕不任用「帶槍投靠跳槽」的主管，因為「有道德瑕疵」；也絕不任用帶著前一家公司資源前來投靠的人才，因為「今天你偷了老東家的

東西過來，難保明天不會偷 IBM 的東西出走。」

「企業品德是一種無法量化的競爭力。」臺灣 IBM 人力資源部副總經理柯火烈語氣沉重說，「企業如果不重視誠信，不但影響企業形象，也絕對影響企業的競爭力。」麥克雷恩在《負責任的經理人》一書中指出，重視品德的企業，除了可以免於訴訟的危機，高道德標準的要求，還有助於提高業績表現，因為顧客認同企業形象而變得更加忠誠，員工也因此提高生產力。

美國奧克拉荷馬市成立超過半個世紀的精瑞公司，是一家生產原油開發機具的製造商，近二十年來生產成本不斷上揚，但精瑞公司仍堅持不漲價，以提高生產效率維持足夠的利潤，因此產品市場占有率還能高達全球市場五成以上。精瑞公司的成功祕訣就在於董事長從一九九二年起所推動的企業品格訓練計畫。剛開始，為了找出生產效率無法提升的原因，他把整個工廠運作的情形用錄影錄下來，發現不少員工消失在鏡頭下，原來有人花了不少時間四處尋找工具，有人偷偷跑去喝咖啡休息。後來，他決定透過品格教育訓練，向員工強調井然有序、主動、盡責等多種好品格特質的重要，員工在潛移默化下士氣大振，把原本安裝機器的時間從八小時縮短到只要二十七分鐘，競爭力大為提升。

不僅如此，精瑞公司也強調企業應盡的社會責任。在石油產業景氣低迷時，精瑞介紹員工到其他公司暫時安頓，或是鼓勵他們到市政府當義工，再由員工薪資提拔成立的基金支付薪水差額，以取代資遣員工，結果員工對企業忠誠度提高，也贏得「品格企業」的美譽。

企業領導人要以身作則

過去企業為追求提高效率、降低成本，訂下許多規範。但進入知識社會時代，企業經營需要的是「創新」，必須讓員工自主，不能再層層節制每名員工的行為，就在「捏太緊怕死掉，放太鬆怕飛掉」之間，管理科學的精神和制度除了要更加尊重個人，倫理更是不可或缺。

企業倫理的推動與落實，最好的方法是讓企業倫理的觀念融入企業的核心價值，塑造出強有力的企業文化，進而影響員工的行為和意識形態，而企業領導人扮演關鍵性的角色。

有一次，福特汽車的臺灣代理經銷商因銷售福特汽車大賺一筆，特地買了一根高爾夫球桿當禮物送給總經理表達謝意，總經理收到後二話不說，立刻按照公司規定的程序，附上一封書信表明心領，然後連同禮物退還給對方。由於總經理以身作則，福特人自然而然遵守公司規定，絕不收受超過二十五美元的禮物饋贈，連小錢也不會占公司便宜。即使出公差回來報帳，有人請客的那一頓，也不會虛報誤餐費。

本田公司臺灣總經理藤崎照夫強調，企業領導人的品德相當重要，因為他是企業的主管核心，也是一種公器，如果不能以身作則，就會「上梁不正下梁歪」。他舉例說，一家與本田往來密切的企業，因為公司規範清楚嚴明，剛開始成長相當快速，後來因為企業領導人一度走偏，結果危及企業的生存。相對於歐美企業動輒搬出厚厚一迭員工倫理守則要員工簽署，日本企業對員工的態度較傾向「人性本善」，相信員工會主動對自己負責，因此不需要透過行為規範來管理。

「要那麼多規範有用嗎？ 像美國安然設立很多規範，但弊案照樣發生，規範再多，不能遵守，還不是一樣？」藤崎照夫說，「這是社會規範的常識，根本不需一再重複或是把每個細節都加以規範，因此不值得討論。」他認為，員工的人品很難透過品格教育來改變，只要讓員工的自我感到驕傲，對企業產生認同，這樣就會主動提供高品質的產品和服務。

一位美國 MBA 學生這樣說，我們必須讓未來 CEO 的經營目標改為回饋社會、誠實經營但仍然獲利，在此之前，誠信是必要條件。如果人與人之間缺乏信賴和信任，則無法建立一個重視相互聯結的 E 化社會。未來企業必須拿出公司治理與資訊透明，取得股東和顧客的信賴，也要靠企業倫理建構出公司以及員工間的信任，而這將是企業追求永續經營的唯一道路。

寓言小故事裡的管理大道理

亦莊亦諧、寓意深刻的寓言故事，除了能揭示人生的道理外，也同樣能折射出看似深奧複雜的人力資源管理的一些道理。只是人們在聽到的時候，往往一笑置之，不肯往 HR 管理方向深想一步罷了。

小黑羊救命：沒有無能的員工

農夫家裡養了三隻小白羊和一隻小黑羊。三隻小白羊常常為自己雪白的皮毛驕傲，而對小黑羊不屑一顧：「你看看你身上像什麼，黑漆漆的，像鍋底。」「像窮人用了幾代的舊棉被，髒死了！」

就連農夫也瞧不起小黑羊，常給牠吃最差的草料，還時不時抽牠幾鞭。小黑羊過著寄人籬下的日子，經常傷心落淚。

初春的一天，小白羊與小黑羊一起外出吃草，走出很遠。不料突然下起了鵝毛大雪，牠們只得躲在灌木叢中相互依偎。不一會，灌木叢周圍全鋪滿了雪，因為雪太厚，小羊們只好等待農夫來救牠們。

農夫上山尋找，起初因為四處雪白，根本看不清羊群在哪裡。突然，農夫看見遠處有一個小黑點，跑過去一看，果然是他那瀕臨死亡的四隻羊。

農夫抱起小黑羊，感慨說：「多虧這隻小黑羊呀，不然，大家都要凍死在雪地裡了！」

俗語說，十個指頭有長短，荷花出水有高低。組織內部，各種類型的員工都會有。作為人力資源管理者，不能一葉障目，厚此薄彼，而應因人而異，最大限度的激發他們的潛能。比如讓富有開拓創新精神者從事市場開發工作；把墨守成規、堅持原則者安排在品質監督職位等。從這個意義上說，沒有無能的員工，只有無能的人力資源管理者。

野羊的選擇：愛才就不要囚禁人才

天黑了，張姓牧羊人和李姓牧羊人在把羊群往家趕的時候，驚喜發現每家的羊數都多了十幾隻，原來一群野山羊跟著家羊跑回來了。

張姓牧羊人想：到嘴的肥肉不能丟呀。於是紮緊了籬笆，牢牢的把野山羊圈了起來。

李姓牧羊人則想：待這些野山羊好點，或許能引來更多的野山羊。於是給這群野山羊提供了更多更好的草料。

第二天，張姓牧羊人怕野山羊跑了，只把家羊趕進了茫茫大草原。李姓牧羊人則把家羊和野山羊一起趕進了茫茫大草原。

到了夜晚，李姓牧羊人的家羊又帶回了十幾隻野山羊，而張姓牧羊人的家羊連一隻野山羊也沒帶回來。

張姓牧羊人非常憤怒，大罵家羊無能。一隻老家羊怯怯說：「這也不能全怪我們，那幫野山羊都知道一到我們家就被圈起來，失去了自由，誰還敢到我們家來呀！」

很多企業在留住人才的時候，採取了與張姓牧羊人同樣的方法 —— 透過堅實性措施囚禁人才。其結果是留住了人，也沒能留住心，到頭來依舊是竹籃打水一場空。其實，留住人才的關鍵是在事業上給予他們足夠的發展空間和制度上的來去自由。

猴子的生存：因才定位，循序漸進

加利福尼亞大學的學者曾做過這樣一個實驗：把六隻猴子分別關在三間空房子裡，每間兩隻，房子裡分別放置一定數量的食物，但放的位置高度不一樣。第一間房子的食物放在地上，第二間房子的食物分別多次從容易到困難懸掛在不同高度上，第三間房子的食物懸掛在屋頂。數日後，他們發現第一間房子的猴子一死一傷，第三間房子的兩隻猴子死了，只有第二間房子的兩隻猴子活得好好的。

原來，第一間房子裡的猴子一進房子就看到了地上的食物，為了爭奪唾手可得的食物大動干戈，結果一死一傷。第三間房子的猴子雖做了努力，但因食物太高，抓不著，活活餓死了。只有第二間房子的兩隻猴子先按各自的本事取食，最後隨著懸掛食物高度的增加，一隻猴子托起另一隻猴子跳起來取食。這樣，每天依舊取得足夠的食物。

如何實現人力資源的最佳組合，一直是人力資源管理者十分關注的問題。職位難度過低，人人能做，體現不出能力與水準，反倒促進內耗甚至殘殺，如同第一間房子裡的兩隻猴子；而職位的難度太大，雖努力卻不能及，最後人才也被埋沒抹殺，就像第三間房子裡的兩隻猴子。只有職位難易適當，並循序漸進，猶如第二間房子裡的食物，才能真正體驗出人的能力與水準，發揮人的能動性和智慧。

小狗獵捕斑馬：科學分工，團隊制勝

在非洲大草原上，三隻瘦弱的小狗正與一隻高大的斑馬進行一場生死搏鬥。

乍看之下，三隻弱小的小狗很難是大斑馬的對手。但實際情況是，一隻小狗咬住斑馬的尾巴，任憑斑馬的尾巴如何甩動，也死死咬住不放；一隻小狗咬住斑馬的耳朵，任憑斑馬如何搖頭，也絕不鬆口；一隻稍顯強壯的小狗咬住斑馬的一條腿，任憑斑馬如何踢彈，一點也不敢懈怠。

不一會，在三隻小狗的齊心攻擊下，「龐然大物」斑馬終於體力不支癱倒在地，成為三隻小狗的盤中餐。

只要措施得力，麻雀都會撞壞飛機。在組織內部，管理者一個很重要的職能就是科學分工，根據實際動態對人員進行最佳分配。只有每名員工都明確自己的職位職責，各司其職，才不會產生推諉、賴皮等不良現象。相反，如果團隊中有人濫竽充數，為企業帶來的不僅僅是薪資的損失，還可能導致公司工作效率整體下降，甚至在激烈的競爭中會像斑馬一樣頹然倒下。

鸕鷀罷工：滿足員工漸進職業需求

一群鸕鷀辛辛苦苦跟著一位漁民十幾年，立下了汗馬功勞。不過隨著年齡的成長，腿腳不靈活，眼睛也不好了，捕魚的數量越來越少。不得已，漁民又買了幾隻小鸕鷀，經過簡單訓練，便讓新老鸕鷀一起出海捕魚。很快，新買的鸕鷀學會了捕魚的本領，漁民很高興。

新來的鸕鷀很知足：只做了一點微不足道的工作，主人就對自己這麼好，於是一個個拼命為主人工作。而那幾隻老鸕鷀就慘了，吃的住的都比新來的鸕鷀差遠了。不久，幾隻老鸕鷀瘦得皮包骨，奄奄一息，被主人殺掉燉了湯。

一日，幾隻年輕的鸕鷀突然集體罷工，一個個蜷縮在船頭，任憑漁民如何驅趕，也不肯下海捕魚。漁民抱怨說：「我待你們不薄呀，每天讓你們吃著鮮嫩的小魚，住著舒適的窩棚，時不時還讓你們休息一天半天。你們不思回報，怎麼這麼沒良心呀！」一隻年輕的鸕鷀說話了：「主人呀，現在我們身強力壯，有吃有喝，但老了，還不是落個像這群老鸕鷀一樣的下場？」

伴隨著企業管理由小作坊式的粗放型向制度化和人性化過渡，員工的需求層次也在逐步提高。工作不再是必需的謀生手段，人們越來越注重將來的保障機制，以及精神上的享受和「自我實現」。鸕鷀從最初「有吃有喝」就感恩戴德，到希望「年邁體弱時也有小魚吃」，就反映了漸進的職業需求。倘若人力資源管理忽視了這些需求，最終只能導致「鸕鷀」的罷工。

把人才當成河流來管理

當人才越來越像河流自由流動之際，企業再也無法像水庫般將人才儲存起來了，企業人才管理的重點，不在於要不要流動，而是如何管理其流速與方向。

網際網路來勢洶洶，到目前為止，它對很多公司最大的影響，不是搶走

了顧客，而是搶走了人才。去年，一位原任百工公司（Black & Dcker）的高階主管，原先已經答應百事可樂將擔任其北美地區總負責人，並且接受記者訪問，暢談未來就任新職後，將推動什麼樣的新計畫。但令人跌破眼鏡的是，到了上班的第一天，他不是坐在百事可樂的辦公大樓裡，而是出現在亞馬遜網路書店的辦公室，他臨時決定擔任該公司的總營運主管。讓他中途改變主意的一個重要原因，是獵頭公司的一句話:「你想要做的工作究竟是賣洋芋片、蘇打餅，還是要改變這個世界？」

　　像百事可樂一樣，無數公司在爭取人才上都感覺非常的無力，經理人焦慮最多的不是公司的業績該如何提升，而是怎麼爭取、留住員工。不但同產業的公司在競爭人才，一些從來沒有聽過、還在虧損狀態、員工只有數十人或數人的公司，都可以搖身一變，和歷史悠久、福利優厚的知名公司，在吸引人才方面分庭抗禮。原來賣奶粉的行銷人員，決定要投入電子商務的領域；原來要進 IBM 的人，現在決定自己創立一個「電影網站」；原來該是律師助理的年輕人，現在則成為互聯網公司的創意企劃。

　　就算是互聯網公司也沒有辦法倖免於人才流動、人才缺乏的困擾。於是，為了避免人才流失，一些公司採用各種對策，除了提高薪水、增加福利之外，還有很多公司發給員工股票，或是將主管提早放在儲備接班人的位置上，免得他們受到外界的「蠱惑」。去年以來，一些大型傳統公司包括百事可樂、惠而浦等，都提早指定了未來的接班人，希望穩定軍心。但整體來看，似乎再多的努力仍然沒有辦法減緩人才流動的頻率。今天，影響員工流動的已經不是企業個別因素，而是環境本身。對一個企業來說，究竟應如何應對這個巨大的管理挑戰？

　　美國賓州大學華頓商學院教授卡培里（Cappelli）最近提出一個重要看法：不要把人才當作一個水庫，應該當成一條河流來管理；不要期待它不流動，應該設法管理它的流速和方向。換句話說，公司不能再把留住人才當作一個目標，而是設法透過工作設計、薪資、團隊建立，甚至和其他公司分享員工

等方式，影響員工流動的方向以及頻率，來解決這個問題。例如優比速公司 (UPS)的貨運司機過去流動率極高，他們清楚知道每條路線的狀況，也和顧客建立了個人關係，一旦有人離職，就要歷經重新找人、訓練、熟悉顧客的漫長流程，帶給公司極大的困擾。優比速經過研究之後發現，原來司機們最痛恨的是每天出門前，必須把貨搬上車的過程。優比速於是立刻安排另一批專人負責裝貨的任務，結果司機的流動率馬上大幅下降。當然，裝貨的工人的流動率高達400%，但是因為這個職位不需要特殊技能，高流動率對公司的影響不大，只需要找些兼差人員，簡單說明一下原則就可上線，因此優比速有效解決了過去惱人的問題。

　　卡培里所提出的這個看法，給了幾個值得思考的方向：

員工留下來才是好員工嗎？

　　對於公司的長期奉獻，是決定一名員工是否傑出的重要條件。因此，很多公司以年資作為重要的績效考核標準。然而在這個環境變動極為迅速的時代，卻可以經過設計，讓低承諾的員工變得有高奉獻度。例如：如果你的某個部門員工流動頻繁，始終猜不透究竟誰會待多久，那麼為什麼不乾脆倒過來，要求這個部門的每個人，一做滿兩年就得離職。這麼一來，員工在一上任時，就清楚知道自己的承諾以及公司對自己的期待，反而可以解決公司管理上的一大難題。華爾街的投資公司，對於初級分析師就採取這樣的做法。

　　據賓州大學華頓商學院對企管碩士班學生的一項調查，問他們對過去工作的滿意度，結果發現，如果是固定期限的工作，對於原來任職公司的評價反而較高。

要員工對公司忠誠還是對專業忠誠？

　　對新一代員工來說，越來越多的人是對自己的專業忠誠，不是對企業忠誠。因此，員工可以不對公司做出承諾，但在公司期間，卻對工作有很高

的投入，對負責的專案充分奉獻。因此，以專案和工作團隊為基礎的工作設計，變成讓員工充分投入的一個很好的方式。當員工不把自己視為「組織」的一分子，而是「專案」的負責人，他就覺得自己有更多的自主感。同時，在看待工作時，往往會因為對其他團隊成員的責任感，讓他有更大的動力，把工作做得更好。

需要以同樣的殷切來留住每種職位的員工嗎？

坦白問自己，你希望行銷部經理在這個工作上做多久？又希望公司研發部的工程師在公司裡任職多久？如果是財務部的會計，或者是總經理祕書，你又希望他或她待多久的時間？答案一定不一樣。如果我們認定，「流動」已經是這個時代人力管理的本質，那麼公司要做的，恐怕不是降低整體流動率，而是控制哪些人該留下來，留下來多久。

你應該努力降低流動率嗎？

有些時候，你最應該設法加強的，恐怕不是降低流動率，而是知識管理或工作設計。例如因為某些工作非常依賴少數幾名員工，因此他們的流動就對公司形成很大的困擾。但是，如果設法簡化工作內容、設計標準化流程，或者給員工跨部門訓練，可能會大幅解決這個問題。又如，有些公司的業務經驗都在業務員的腦袋裡，那麼與其一味提高業績資金留住員工，不如著手開始推動知識管理，建立儲存、分享公司內外知識的機制，對於公司的實質幫助將更大。

別逼乳牛產羊毛

我們都知道，乳牛的最大優勢就是能產出營養價值很高的牛奶；而羊的

最大優點就是產出羊毛。也許沒有人會指責乳牛不出羊毛，因為我們都很清楚知道這兩種動物的優勢是不一樣的。

但是，在我們的管理中，管理者常常會不知不覺做「指責乳牛產不出羊毛」的傻事。

小徐做事嚴肅且一絲不苟。剛進公司的時候，她是負責公司的檔案整理工作，三個月後，她的上司很欣賞她的才華和做工作的風格，就把她安排到了人力資源部去負責培訓的事情。職位一調動，問題就來了。新調動的工作讓小徐很不順心，而且和培訓師的關係也搞得很僵硬，所以小徐要求上司把她調回去。

上司把小徐叫去談話。上司說：「職員要服從組織安排，服從工作需要。培訓師也跟我說過你的事情了，她說你做事還不錯，可就是有時候太過於認真和固執了，而且不苟言笑。培訓工作是一個很機動靈活的工作，你應該試著改變自己去適應這份工作。」

小徐本身的性格是那種嚴肅認真的類型，所以是比較適合做檔案管理工作的。可是她的上司卻自以為是為了發展她的才華，把她調到了培訓這樣一個與她的性格特長不相符的部門。而小徐的優勢不在於做培訓，所以她做不好培訓這份工作是必然的，可是她的上司卻指責她為什麼不努力去改進，指責「乳牛為什麼產不出羊毛」。小徐的上司是個專門「找碴」的上司，他從來不從自己的用人體制上找問題。

作為管理者，要想成為一個好的領導者，就應該隨時提醒自己不去做「乳牛為什麼產不出羊毛」這種傻事。管理者應該把精力放在發展下屬的優勢上，因為發展員工優勢可以給企業及其管理者帶來以下好處：

節省大量的培訓費用。

我們知道，企業每年都要撥出大量的培訓經費，但預期的培訓結果實現了嗎？可以說，我們的培訓效果通常是不大的，甚至是微乎其微的。原

因是我們在給員工做培訓的時候，我們總是拿出企業好員工的固定標準來進行培訓。

我們總的觀點就是透過培訓使每個人獲得相同的資訊，繼而達到相同的績效，缺什麼補什麼，已經會了的東西，就沒必要培訓了。在這種思想指導下，培訓成為填補空缺的工具。而透過培訓來加強員工優勢這樣的宗旨，卻很少有人想過。培訓總是無視員工的興趣和接受能力，培訓總喜歡強求員工們一致。在這種觀點的指導下，員工的優勢得不到發展，企業的錢浪費了，員工和培訓師的時間也浪費了。

如果真的能按照加強員工優勢的宗旨去培訓，不但會讓我們減少大量的培訓費用，還會減少員工和培訓師的工作時間，因為「揚長」比起「避短」來容易接受多了。

能給公司帶來更大的利潤。

如我們把員工安排在適合他們的職位上工作，充分發揮其優勢，不但能減少培訓費用，還能給公司帶來更大的利潤。

為什麼這麼說？

首先做自己擅長的事情效率最高

我們都喜歡做自己擅長的事情，越做自己擅長的事情就越自信，越得心應手，工作效率也就越高，我們在有限的時間內做的事情就越多，為公司創利潤就越多。

小惠是做電話客戶服務的，她熱愛工作，擅長接待，在整個呼叫中心裡，她接聽的電話是最多的，也是最令客戶滿意的，對她來說，工作就好像玩樂一樣的簡單和快樂。每天，她坐在電話旁，耳機穩穩戴在頭上，胸有成竹坐鎮她的「客服中心」，她熱情洋溢向電話另一頭傳遞資訊和回答疑難問題，和客戶交談時，即使看不到對方，她也能憑著一種神奇的本領「讀

懂」客戶。

小惠的工作是她擅長的，所以她做起來很輕鬆，效率也很高。把員工安排在他們擅長的工作上，不但讓他們有充實感，同時為公司留住了人才，而且還能讓他們為企業創造更大的財富。

其次做自己擅長的事情能為公司爭取更多的客戶

蓋洛普公司的一份調查表明，最優秀的員工能有效增強公司的品牌，而最糟糕的員工則會把顧客趕到競爭對手那裡去，最優秀的員工一般都是擅長做本職工作的人，而最糟糕的員工都是那些根本沒有優勢做好事情的人。

有一間大型的電訊公司透過調查發現，在電話服務中心裡，有 1% 的員工是優秀的，顧客接聽他們電話的滿意率達 90%。更令人吃驚的是，有七名員工，其滿意率高達百分之百，他們每接聽一次電話就能爭取到一名顧客。然而，該公司的最差記錄同樣令人吃驚，10% 的員工是最差的，他們在接聽完顧客的電話後，公司顧客的忠誠度就會降低 14%，即他們對顧客忠誠度的破壞超過了他們的貢獻，更可怕的是，有四個最差的員工，他們每接聽一次電話就會得罪人和趕走一個顧客。這項調查充分表明，把合適的人安排到合適的職位上，充分利用他們的聰明才智是公司盈利的最好辦法。同樣，安排不適合的、沒有優勢的人去做同樣的事情，它不但不能給公司帶來好處，還會讓公司損失重大。

所以我們說，發展員工的優勢會為企業帶來更大的利益，事實也是如此。

使員工產生歸屬感從而使管理更容易。

如果員工都在自己得心應手的職位上工作，那麼管理者的工作就減少了很多，如工作跟蹤考核、面談等都減少了，管理者也不需要為員工們的業績差而費心了。

把員工安排在能發揮其特長的職位上，員工會覺得工作很輕鬆，很有

歸屬感，因為在別的企業是做不到的，他們會對企業產生一種知遇之恩的心理。這也解釋了一種情況，為什麼有的員工面對外界的高薪誘惑，能不為所動而安心工作呢？為什麼有的員工天生就知道怎樣處理顧客的抱怨而從不得罪他們？因為他們在做能發揮他們優勢的事情，因為管理層安排的工作發揮了他們的優勢，所以，安排員工做能發揮他們優勢的工作，管理就會變得輕鬆自如了。

因事設人與用當其時

因事設人，每個人都有自己的特長和弱項，然而一個辦公室或一個公司裡的職務就是那麼多，如果根據取長補短的原則給每個人安排一個職務，顯然是不可能的。如果硬要安排，只能是形同虛設，更是浪費人力成本。所以，管理者要善於因事設人，而不會因人設事；他會盡量運用「各顯所長」的用人原則。

因事設人與因人設事

簡單來說，是給每一個下屬安排一個最適合的職務，但又不顧從他們，而是在職務承擔的基礎上讓他們盡可能發揮，這就是因事設人。

因事設人之所以與因人設事相對立，是因為從人力資源管理方面體現了兩種不同的用人態度和方法。管理者不應該漠視公司的實際需要而安置「多餘人」，因為安置「多餘人」只能給公司帶來人事的不良效果。因此，因人設事是管理者不可不重視的戒律，而以因事設人為行之有效的用人原則，這就是根據工作職缺的需要來挑選合適的人選，把合適的人才聘用到合適的職位上工作來提高公司效率。

一般來講，因人設事會把公司的本位工作置於次要地位，而誇大人才的

作用，也會使公司在複雜的人際網路中逐步失去內在的活力和競爭能力；會使公司人才遭到打垮，因為不正常的人際關係會制約有用人才發揮作用。因人設事的弊端非常多，最致命的一點是給公司使用人才帶來負面效應，從而使公司喪失內部管理機制應起到的作用，直至出現任人唯親的後果。

與因人設事相對立的正是要因事設人，並做到在過程管理中不斷進行調節、修飾和確立唯才善用的原則。具體做法是：

按照需要量才使用

企業的發展不僅迫切需要各方面的人才，而且也為發揮人才的作用創設轉動的平台。比如：從工作分析與職位說明中找出所需特長的要素，運用分配與校對的方法逐步發掘積壓的或是用非所學的人，也就是說把適用的人分配到最能發揮其專長的地方去。

要客觀而全面了解用人

在使用人才時要把職能與所承擔的責任相稱，量才適用，正是需要使相應的人才處於相應等級職位，把人的才能、專長和職位、職務、責任協調統一起來，這方面可透過雙向的溝通方式，比如：運用提案、績效面談和工作交流等。

用當其時與用當其願

合理選擇人才，只是調動人積極性的起點。在使用人才過程中，若出現用人不當與失誤，同樣會挫傷員工的積極性。因此，只有透過合理的用人，才能真正調動所選人才的積極性。在用人過程中，要精於用人之長、用當其位的道理，但最容易忽略的是被委任人的意願和潛力所能。

用當其時

每一個人，都會有自己的一生的最有能耐時期。它是用人者和人才共同造就的，也就是說，人才之所以能發出光彩，與管理者對他的啟用是分不開

的。所謂用當其時，其實是指怎樣捕捉人才的啟用時機。一般說來，管理者要啟用某一人才時，應注意把握兩個基本條件。

第一，啟用的時期。應是該人才中精力最充沛的時期，因而也正是能夠充分使用人才的時期，這樣，該人才就可能為企業作出一定的貢獻。

第二，啟用的時機。應是最能激勵人才成長、進步的時候，只有在人才把自己的成長與組織的前途緊密聯繫起來的時候，才能使人才的創造性得到最大限度的發揮。在這樣的時候，就應該大膽、及時把人才提拔到重要的職位上去。

用當其願

在條件許可的情況下，盡可能考慮被使用對象的興趣、愛好和個人志願，來合理安排他的工作。這樣處理比違背他的意願、單純靠運用行政手段，強迫他去做某項工作，會獲得更好的人才效益和企業效益。

這要求我們充分尊重每個人的選擇權，並且熱情鼓勵大家勇於自薦，在使用過程中要授以職權，盡量滿足人才在成才和目標選擇方面的正當要求。努力為他們提供必要的工作條件、物質條件和心理條件，推動他進入最佳心理狀態，盡快成才。

從企業用人與個人意願的結合上找到平衡基礎正是「因事設人」與「用當其時」的著陸點。根據職缺的需要來挑選合適的人選，把合適的人才聘用到合適的職位上工作是人力首次開發的關鍵。所謂從一開始就要把事情做好。

每一個人都是公司的財富

企業的任何一名員工都是公司的財富。沒有一個企業把人招進來，只是為了裁掉。企業在裁人的時候，應該比招人還慎重。

員工管理不能單純套用「目標管理」、「績效管理」、「價值管理」。

好的企業，不但要關心員工的薪水、任務，還要關心他的工作狀態、親人和朋友，以及生存、欲望。員工管理一定要結合情感管理，情感的問題用情感去處理，程序的問題用程序去處理。程序要量化而情感不能。有人把企業的員工管理分為三類：

一類以日韓企業為代表，員工進入企業就像進了「保險箱」，不犯大錯誤，幾十年過去了企業都是你的「家」，日韓企業不輕易開人。另有一說，日韓企業很殘酷，員工間等級森嚴，和上司沒有點裙帶關係，一輩子想當個課長都難。

一類以歐美企業為代表，講數字、講結果，做得好就上，做得不好就走人。升得快，降得也快。升官發財時快意，倒楣滾蛋時淒慘。

看起來，任何一種管理模式都有它的時代性和局限性。

管理是門藝術，嚴格說是指員工管理。企業的策略管理、銷售管理、財務管理、品牌管理，凡是可以程序化的，都是沒有辦法「藝術」的。

員工的管理是管人，人有情感，管理必須適合人的「口味」。

企業的員工管理，必須引入「情感管理」。

所謂「情感管理」，就是企業的管理者要善於調動和引導員工的情緒，關心員工工作以外的情趣，從企業的角度，幫助員工建立一個良好的工作與生活氛圍。

員工的進步就是企業的進步。當我們無限珍惜每一名員工，不輕易用「開除」、「走人」字眼的時候，企業才會真正成為員工的企業。

好的企業是員工的「家」，員工從內心裡為她拼鬥。

差的企業是員工的「角鬥潮」，今天贏了不足喜，明天輸了也不用悲。

社會需要和諧，企業也一樣。

沒有和諧，就沒有百年老店。

用人就應當痛痛快快

　　曾閱讀一篇報導：某企業集團的 CEO 到所屬子公司檢查工作。子公司的經理拍著胸脯保證：按時完成預定的經營指標！CEO 說：還是讓我們一塊到生產和行銷一線去看看吧。經理說：你老人家對我們不放心？懷疑我們的能力？CEO 笑道：不懷疑是相對的，懷疑是絕對的，你不明白這個道理？這位經理頓時出了一身冷汗，回到辦公室立馬就給集團總部寫了一封辭職報告。

　　這位經理的請辭或許有深層次的原因，我們不敢妄加評論，但是對於 CEO 的「妙論」，我也出了一身冷汗。如果說 CEO 的話很「另類」，那麼我就是這種「另類」觀念的始作俑者之一。我曾經在一篇文章〈用人不疑之疑〉中，對於用人不疑這個千古不易的至理名言提出了質疑，指出用人不疑是相對的，疑是絕對的，在許多情況下，不疑是暫時的，有時甚至是一種假象；疑則是一種長期存在的客觀事實。這對於傳統觀念來說，顯屬「另類」。我不能肯定那位 CEO 讀過拙文，但類似的觀點產生了上述令人尷尬的局面，確是我始料不及的。

　　然而，是那位 CEO 的妙論或者我的觀點錯了嗎？否。我認為只是那位 CEO 把它用的不合時宜。儘管如此，也需要對上述觀點作進一步的引申和補充，以免讓實踐者走入「另類」的誤解，誤人前程。謬論流傳，對我也是於心不安的。

　　所謂絕對與相對，雖然不是純思辨領域的專利，但也大多用於宏觀的思考，不能直接套用或兼用在微觀操作層面的。因為在微觀操作層面的某一個瞬間，我們必須用人，必須傾力辦實事。在這個時候當著被用者的面，去作絕對與相對的思辨，顯然不合時宜。上述事例就可以證明這一點。在某一個瞬間用人，不疑應該是絕對的，不能含糊；否則，被用者就會認定你是有疑，不敢勉為其難。從哲理上講，一個人不能前後踏進同一條河流，這是對的；但是如果說一個人在某個時刻就不能踏進一條河流，那就錯了，就陷入了相

對主義的誤解。也就是說，在實際工作中，相對於某一個瞬間，「用人不疑」仍然是「絕對」真理。否則的話你就會感到沒有一個人可以信用，成為孤家寡人；被用者也會人人自危，處處惶惶而不可終日。

當然，那種宏觀思考並非脫離實際，它對實踐的指導作用主要表現在對用人機制的宏觀調控上，強調的是監督機制的建立健全和有效運行。正因為用人不疑是相對的，疑是絕對的，監督機制才必不可少，不可懈怠。但是，任用與監督的兩翼應當並行，各自獨立發揮作用。監督過程中在沒有充分理由時，不能影響正常的任用；而在任用時不必大談疑人之道，因為這樣不僅會影響用人者給予被用者以足夠的授權，而且會直接削弱與被用者的親和力，徒增離心力。

為什麼說那位 CEO 的另類觀點說的不合時宜呢？因為他是一個實業家，不像我輩係一介書生。書生只徒嘴巴子痛快，只要言之有理，就可以一路說開去，無關乎別人的切身利益；但作為實業家且在用人之秋就不一樣了，手握別人的生殺大權，在權力崇拜的氛圍中一言九鼎，是君無戲言的。如果他只是到一線檢查工作也就罷了，同時作出「疑是絕對的」指示，對於下級來說，至少構成一種暗示。即使子公司經理一身正氣，他也應當明白在他身後有一支強大的後備人才團隊，隨時有人可以替代他。如果他本身就心存「芥蒂」，那他就更不敢馬虎了。看來，作為位高權重、權傾一方的領導者切不可如此「實話實說」，還是要體現一些領導藝術。即便是普通百姓，涉及敏感話題，說話也要講分寸。例如面對身患絕症的親人，你就不能多談「這種病日前尚沒有治癒的可能」之類。

用人者與被用者之間往往存在著一種對弈關係，疑與不疑其實就是對弈的內容之一。用人者在揣摩著被用者可疑或不必疑，被用者也在觀察著用人者是否多疑，對自己是否放心，從而採取相應的對策，思慮著是勇往直前還是給自己留條後路，或者乾脆就表現出一種自知之明，自覺告退，就像前述那位經理那樣。用人者與被用者如何避免在相互揣測中艱難度日，甩開包袱

做成一番事業呢？理智的做法是將這類敏感問題交由專門機制去解決。用人與監督各負其責，任用時痛痛快快，疑人時明明白白，大家心照不宣。例如發揮用人監督機制的作用，使被用者樹立起自覺接受監督的意識，不要認為監督機構對自己進行審查就是對自己不信任。毋容諱言，監督機構的運行是對「疑竇」的搜尋和探尋，但它具有雙重作用，既可抓住「狐狸尾巴」，又可還幹部一個清白。不必談虎色變。

總之，所謂「不疑是相對的，疑是絕對的」，應當具體問題具體對待，不能否認「用人不疑」必須相對存在的事實及其合理性，變用人者與被用者的對弈為合作，走出理論思考的誤解。

用人之道重在激勵

管理的目的是「啟動」人，而非「管死」人。在區域經濟一體化和經濟全球化的今天，人力資源的開發與管理，不僅關係到一個企業的成敗，更影響到一個國家綜合國力的強弱。當前領導者要探索企業治理結構的創新，明確各經濟主體的責任權利，並給予其最佳的行為激勵，這就要求企業由傳統的人事管理走向規範化的人力資源開發與管理，更新管理手段，其中「激勵管理」就是一種最為企業家青睞的方式之一。

第一，正確認識激勵的內涵

激勵是一個通用名詞，通常沒有精確意義，在英文中的對應詞是「Motivation」，其中文含義是指「動力、內在要求」。著名管理大師喻羅德‧孔茲認為：激勵是應用於動力、願望、需要、祝願以及類似力量的整個類別。它可以看成是一系列的連鎖反應過程：當人們產生了某種欲望和需要時，心理上就會出現不安與緊張情緒，成為一種內在的驅動力；有了這種力量，就

要尋找、選擇目標；當目標確定後，就要進行滿足需要的活動，即目標行動；行動完成，內驅力在需要不斷滿足中削弱，人的心理緊張也隨之消除。概括的講，激勵是指管理者以認識和理解員工、下屬的內在心理動力系統的內容和特性為基礎，採取積極的、有針對性的措施激發其潛能和工作熱情，並將其行為目標與組織目標進行協調的過程。它包含三個層次：第一，人們內在心理的動力系統；第二，激發內在潛能的管理手段、措施；第三，行為目標與組織目標的協調。

第二，樹立「以人為本」的激勵觀念

「以人為本」是傳統治國思想的精髓，大意是統治者要把民生問題作為管理國家、實施統治的核心。作為現代管理理念的以人為本是在一九六〇年代被提出的。它是指把「人」作為管理活動的核心和企業最重要的資源，透過各種措施，提高員工的能力和發揮員工的積極性和創造性，引導員工去實現預定的目標。以人為本的管理是和與物為中心的管理相對應的，它要求將理解人、尊重人、充分發揮人的主動性和積極性置於管理活動的核心。樹立「以人為本」的激勵觀念就是在企業對員工進行激勵的過程中，真正做到以員工為核心，從員工的實際需要出發，來激發員工的潛能。企業只有在研究員工的心理的基礎上，了解員工真實的需要，樹立「以人為本」的激勵觀念，進行有效激勵，才能取得實效。

第三，建立良好的激勵機制

在企業人力資源管理中，「用人」是管理機制的核心；而要做到「人盡其才、才盡其用」，「激人」則是關鍵；但要真正「啟動人」，其實質是要建立一個高效的激勵機制。

一是應制定一個明確的「選才」標準

在同一個企業範圍內，對同一類職位，企業應事先確立一個統一的選才標準。對企業而言，適用就是人才，適用就能發展，只要企業所選之人能夠勝任本職工作，具備一定知識技能即可，選才應務實而不要務虛。

二是加大人才激勵機制的力度

目前人才激勵機制普遍主要表現在兩個方面：一方面是人才評價體系不完善，「論資排輩」現象十分嚴重，特別是傳統產業。職稱晉升、分房加薪都與資歷、關係掛鉤，對人才的評價也不客觀公正。另一方面是激勵手段單一，人才價格定位不當。金錢不是萬能的，但缺少金錢卻是萬萬不能的。在市場經濟快速發展的今天，對人才進行多種激勵、為人才確定一個合理的市場價格是相當必要的，比如東西部之間、外商與國企之間的差距是很大的，一個國企總經理的年薪頂多能拿二十萬，而在外商則可能拿兩百萬，如此大的差距怎麼能吸引人才呢？

三是建立合理的人才流動機制

首先，應規範人才市場。目前人才市場存在著弊端，主要表現在：一方面，人才市場上供需雙方的主體地位尚未真正確立，人才流動或多或少受到「地方保護主義」和所在公司「政策」的約束；另一方面，人才市場只實現了市場的初級職能，即「為人才供求雙方提供直接見面洽談，相互選擇的」，這樣就使進入市場的雙方皆很盲目，也難在市場中自主流動。其次，改革現行的有關制度。

四是健全優勝劣汰的淘汰機制

優勝劣汰，這是社會發展的自然規律，然而，一些企業用人卻缺乏約束激勵機制。其表現在：首先是大多數企業的用人合同不規範。有的企業根本就沒有合同；有的即使有合同但是卻對用人公司和勞動者沒有約束，合同內

容多年不變，也沒有人對合同內容進行仔細推敲。其次缺乏優勝劣汰的用人機制。許多企業優秀人才與基層員工的待遇沒有拉開差距，做好做壞沒有根本差別，人員只進不出、機構臃腫，千方百計引進人才後卻棄之不用或使用不當，造成人才浪費，缺乏競爭壓力。最後是缺乏「競業避止」。競業避止也稱競業限制或競爭禁止，是指在一定的範圍和期限內，透過相應的法律、政策使公司的核心雇員不得利用其職務關係所獲得的商業祕密，為自己或他人經營本公司業務提供便利，謀取利益。這樣既加強了對企業商業祕密的保護，又約束了人才流動，一舉兩得。

第四，靈活選擇激勵方式

一是物質激勵和精神激勵相結合。二是短期激勵和長期激勵相結合。三是心激勵。四是知識激勵。五是生涯發展激勵。

職業生涯激勵則是以員工自我管理為主，由企業幫助員工制定合理的開發計畫，使員工保持較高的產出水準，並且激發員工晉升更高的職務。人才流動不受區域限制，一個企業要想留住人才，必須使員工保持自己的個性化發展，清晰認識自己在企業的職業生涯前景，用事業激勵人才。生涯激勵是留住人才的一項重要措施，常用的手段有：

1. 協同目標管理，即透過職業生涯開發計畫，使員工（主要是核心員工）的個人目標與企業長遠目標結合和協調起來，了解員工的職業興趣，引導他們向企業需要的方向發展。
2. 參與管理，也就是透過讓員工參與企業管理，鼓勵員工提出有創見、有價值的建議，使其潛能得以發揮。

總之，企業要想充分調動員工的積極性和創造性，除採取嚴格的管理制度等硬性管理手段來規範員工的行為之外，還應採用「激勵管理」等軟性的管理措施。用人之道應重在激勵。

別讓你的員工太疲憊

　　有媒體報導某專業機構對三千名白領所作的二〇〇四年度薪資調查結果：二〇〇四年，有77%的白領對薪資感到不滿意，超過一半的人對自己的職業發展前景感到不樂觀。儘管如此，67%的被調查者卻留在了原本職位，沒有跳槽。這麼多對薪資和職業前景不滿意的人留在職位，告訴人們一個信號，那就是很多公司出現了忠誠度下降的問題，那些暫時沒有跳槽的不滿者，他們很可能身在曹營心在漢，如果無視這種現象的存在，肯定會導致士氣低落和人才使用效率的下降。

　　這並非危言聳聽，二〇〇四年十二月初公布的另一項權威調查報告也顯示，工作倦怠已成為社會的流行病。工作倦怠對員工的心理健康和身體健康顯然是不利的，它對公司的管理效率也會造成很大的負面影響。

　　過去說某個公司的人才流失是否嚴重，只看到跳槽出去的人占總人數的比例，對於人才流動相對少的公司便認為其員工忠誠度高。實際上，這種看法是很片面的，人才流失是否嚴重，不單是看那些將關係遷出或與公司解除了聘用合同的人有多少，還應當看有多少留下來，但不出力或出力不夠的人。如果一個公司有很多人有才不肯用，或受到某些制約不能才盡其用，那就意味著這個公司存在另一種人才流失，即內部流失。

　　著名企業家說過，一流公司用三流人才做二流的事賺一流的錢，而三流公司卻用一流人才賺三流錢。因為三流公司縱有一流人才，但因為一流人才出力不夠，最終只能賺三流錢。有些公司的優秀職工之所以沒有跳槽，是因為留下來可以享受隨工作年資成長的薪資和福利，而離開原公司除了失去這些待遇，可能還要付出其他代價。這些人雖留在公司，但對待工作的態度是八小時裡混日子，八小時以外謀自己的個人發展。這樣的人留下來，不僅不會主動推動公司的工作，而且還可能妨礙其他人的發展，成為公司的絆腳石。

　　無視人才的內部流失還會助長吃裡扒外。某公司最近開除了一位高階經

理，此人天天坐在電腦前忙個不停，外人都以為他工作盡職盡責，實際上，他早就與人合夥辦了一家小公司，有八成以上的時間用來監控這家小公司的業務。他之所以不辭去公司的工作，是因為公司的職位本身就是一種無形資產，可以利用工作中形成的社會關係為其合夥公司謀利，他經常不露聲色將公司的客戶介紹給自己控股的小公司，直到事情敗露被公司開除。

為什麼會出現人才的內部流失？原因很多，除了管理存在漏洞，給某些人鑽了漏洞之外，還與公司的發展前景不明朗或管理者的用人不當有關。

公司前景不佳，人才就沒有安全感。如果一個公司的員工整天都在考證照，為個人將來著想，他們就不可能把百分之百的精力都投入到工作中。這樣的公司也許表面上很穩定，但士氣不足，可以說其人力資源已經部分流失。用人不當也會挫傷員工士氣。一些企業管理者為人霸道，任人唯親，致使拿錢不工作的冗員過多，對有能力的員工造成了極大的傷害。還有一些公司因為沒有公平、公正的考核程序，多勞不能多得，致使員工怨氣鬱積。美國行銷專家喬比‧約翰說：員工的抱怨比顧客抱怨更可怕，顧客的抱怨只會損失某一塊市場，而員工的抱怨則可能弄垮整個企業。因為員工會把自己的不滿情緒發洩到顧客身上，其破壞性大於他的貢獻。

要防止人才的內部流失，必須把人才作為資產來管理，形成機制，使人才能夠持續發揮作用，獲得應有的回報。某知名企業一位高階主管說得好：企業中不存在好人與壞人，只存在好的心態與壞的心態。好的機制可以使壞的心態變好，壞的機制也會把好的心態變壞。管理者要做的工作就是建立好的機制，使員工保持好的心態。

「人才消費」

用活每一個棋子古語有「將帥無能，累死三軍」之說。但「千軍易得，一

將難求」，企業也是如此，如果能擁有一批高階人才，則企業發展必是蒸蒸日上，一日千里。作為現代社會掌握企業人事大權的管理者、人事經理，其優劣與否對企業的發展有著舉足輕重的作用，因此，練就一套慧眼識才的本領也就十分必要。

招賢納才

常在很多場合聽見中小企業主們大歎「千軍易得，一將難求」，埋怨由於不能及時補充企業發展所需的人才，降低了企業的市場整合競爭力。這要求企業的管理者，應該有伯樂的眼光和博大的胸懷，不一定要面面俱到，大小統攬，但應該是一個博弈者，懂得把合適的棋子放到它應該被放的位置上。

一開始就選對人，耐爾公司一般會透過面試來判斷應聘者是否合適。比如在面試技術人員的過程中，他們在介紹公司的技術和設備的同時，十分留神應聘者的行為和言談，並注意應聘者的話外之音。一個理想中的應聘者，對他所見到的任何事都會全心投入，因為他全神貫注並且期望了解全部事情的來龍去脈。另外一些人對所見所聞似乎瞭若指掌，也沒有什麼具體問題可提，對這樣的人得格外提防。他們還建議：「在各種工作環境中，一旦人們身處其間，大都會作些評論。如果你的應聘者沉默不語，那麼他們要嘛是害羞，要嘛就是沒有上心。」

除了面試，適宜的筆試也能選對人。第一資產（Capital One）信用卡公司，就先對一千六百名員工，進行五個小時的性格測驗，發現這個企業員工的共同職業特徵。然後再根據這個資料，編出細膩的筆試題目，藉此找到符合這些職業特徵的應徵者。另外，第一資產也採用內部推薦的方法，尋覓志同道合的人。凡撮合成功，同仁最高可以獲得兩千五百美元的推薦金。目前該公司 45% 的職員是靠推薦進來的。

與內部推薦有異曲同工之妙的是「網路交友」。思科公司，在徵得應徵者同意之後，會將其資料傳給相關部門的同仁，然後彼此利用網路交流。應徵

163

者從同仁那裡，知道思科的企業文化；而同仁也可以了解應徵者的特性。如果「兩廂情願」，同仁就會推薦應聘者給人力資源部門，最後如任用，同仁也會獲得推薦獎金。

第七章
知人善用，擇長避短

企業人才的「識」與「用」

人才是人之精華，是人類所有寶貴資本中最寶貴、最有決定意義的資本，是影響社會生產力發展水準，關係到企業興衰存亡的重要因素。一個企業的經濟發展水準到底怎樣，關鍵是人才開發與使用問題。人才的使用是智力轉化為生產力的重要環節，用好一個人才，可以使事業取得成功，並激發和吸引更多的賢才；壓抑一個人才或錯用一個庸才，會導致事業的失敗，使人才心理失調，積極性下降，相應的降低了人才管理部門的威望。因此，樹立正確的人才開發思想和用人原則，解決好「識」與「用」的問題，是新時期人才開發面臨的一個重要任務。

實踐原則：做到知人善任

「善任」就要「知人」。「知人」是人才管理人員和管理機構的基本職能，是人才使用的第一步，也是關鍵的一環。一個人是好是壞，是否德才兼備，不能只聽本人表白或別人反映，也不能只憑檔案資料，而是應看其一貫行為，觀其實踐表現；不僅看八小時以內表現，還要看八小時以外表現，看其全面；不能光靠某些考核人員閉門造車，而是應走群眾路線，廣泛聽取正反兩方面意見，既要看「德」，又要視「才」；既要看表現，又要查實績；既

要有定性考核，也應有定量考核，實現識才的科學化和合理化。知人是人才使用的前提，是用人的依據，對一個人做出相應的評價，就應有其相應的地位，讓合適的人在合適的位置上。錯誤評價和考核結果，往往是壓抑人才和錯用人才的開端。「知人」是「善任」的條件，可以說知人是為了「善任」，是用人的核心。堅持知人善任原則，能夠充分發揮人的自覺能動性。

適用原則：做到人盡其才

人有共通性，也有個性。不同的人在能力、性格、行為上各有差異，用人的關鍵在於各得其所，各任其職，人盡其才，才盡其用。現代企業對其員工的個人職業發展道路越來越關心。一則是科技的迅速發展與市場競爭的加劇，使得企業對職工主動性與創造性越來越依賴；另一方面，科技發展又帶來職工文化教育水準的提高，他們有較強的自我意識和對本身權利的要求。這樣，企業不但不反對職工對自己職業發展道路有自己的設想，反而鼓勵並幫助他們完善和實現自己的個人目標，盡量做到各得其所，各司其職，各盡所能，各獻其功，真正做到適才適用。只有充分開發本企業人力資源潛力，滿足職工個人自我發展的需要，引導其個人目標與組織目標一致，才能保證職工的積極性、創造性與對組織的忠誠與歸屬感。

擇優原則：做到優中選優

一個高明的領導者，應善於用人所長。俗話說「金無足赤，人無完人」。人有缺點，但並不妨礙他成就一番事業。讓一位技術水準很高的產業技術尖兵帶領一個部門，他並不一定能成為一名出色的行政管理者。相反，還會因此影響其本人學術研究水準的提高。應該明確，人才的特點在一個領域是長項，在另外的產業中可能就是「弱點」。掌握了這一人才規律，本著擇優的原則，看其優點，用其長處，在優點和缺點相伴中取其優點，避其缺點，使各類人才的長處都得到發揮。

互補原則：注重群體效益

由於人的自然稟賦、環境條件等因素的影響，每一個人不可能都達到十全十美，人的氣質類型，知識結構各異。在完成或實現某一目標時，只靠一個人的特長將難以如願，而透過若干不同類型個體的結合，在結構上達到互補。一個系統的人才群體，要發揮最大的功能，建立一個合理而優化的人才結構。在每一個層次，同一個能量級中的每個個體應存在氣質、知識的互補。另外，互補的內容還應是多方面的，諸如年齡、體力的互補，個體特徵的互補，知識技能的互補，以及工作條件的互補等。只有很好利用這種互補，才不至於浪費人才。

信任原則：做到用人不疑

「用人不疑，疑人不用」，相信可以給人以巨大的精神鼓舞和推動。歷代勵精圖治的君主都曾把它當作一條不成文的準則。事實證明，信任別人的人，一般才能被別人所信任。用人不疑原則在當今改革時代的人才合理使用中意義更為重要。因為站在改革前列的人最容易受打擊，所以保護他們即成為人才合理使用的特殊舉措，也是一種強大的激勵手段。一個人如果被信任，一種強烈的責任感和自信心便油然而生。信任是一種催化劑，它可以加速蘊藏在人體深處的自信心的爆發，使人達到忘我的程度。

激勵原則：創造良好環境

人的行動受人的思想所支配，受機制所制約，而思想和動機又來源於人們對社會的需求。每個人都有物質和精神方面的種種需要，滿足這些需要的願望構成人行動的內在動機，但人的需求必須透過社會提供的各種條件和機會才能獲得滿足，不斷研究並滿足人對社會的正當要求，激勵他們向更高的目標邁進，就能持續調動人們在工作中的積極性和創造性，發揮最大的工作效能。

激勵又分為物質激勵和精神激勵。諸如增加薪資、辦理家屬調動、解決住房等物質方面的；表揚、嘉獎、授予榮譽稱號、工作給予肯定、提級使用等精神方面的。根據每個人的處境，對各種激勵的追求可能各有不同，可採取以事業留人、感情留人、待遇留人相結合的方法。只要政策跟上了，何愁招不來「金鳳凰」。

讓員工選擇喜歡做的事

一位管理學家說：「如果你讓別人做得好，就得給他一份恰當的工作。」衡量一份工作對一個人是否恰當，關鍵看他是否有興趣、有熱情。盛田昭夫從索尼公司的管理實踐中清楚認識到，如果人能夠選擇自己喜歡做的事，就會精神振奮，更加投入。

日本索尼公司每週出版一次的內部小報上，經常刊登各部門的「求人廣告」，職員們可以自由而且祕密前去應聘，他們的上司無權阻止。另外，公司原則上每隔兩年便讓職員調換一次工作，特別是對於精力旺盛、幹勁十足的職員，不是讓他們被動等待工作變動，而是主動給他們施展才華的機會。這種「內部跳槽」式的人才流動，為人才提供了一種可持續發展的機遇。

在一個公司或部門內部，大多數人仍然長期待在一個固定的職位，如果一個普通職員對自己的職位並不滿意，而想去做另一項更適合自己的工作卻並不容易。許多人只有在做得非常出色以至上司認為必須給他換個職位時才能如願。當職員們的想法不能如願時，他們的工作積極性便會受到明顯抑制，這對公司和職員本身都是一大損失。

一個公司，如果真要用人所長，就不要擔心職員們對職位挑三揀四。只要他們能做好，儘管讓他們去爭。爭的人越多，相信也會做得越好。索尼公司的內部跳槽制度就是這樣，有能力的職員大都能找到自己比較中意的職

位。那些沒有能力參與各種徵才的員工才會成為人事部門關注的對象，而且人事部門還可以從中發現一些部下頻頻「外流」的上司們所存在的問題，以便及時採取對策進行補救。這樣，公司內部各層次人員的積極性都被調動起來。

職位輪調制是企業有計畫按照大體確定的期限，讓員工輪調擔任若干種不同工作的做法，從而達到考查員工適應性和開發員工多種能力、進行在職訓練、培養主管的目的。職位輪調包括：新員工輪調實習、為培養複合型員工而進行的職位輪調調、為培養管理菁英而開展的職位輪調、為培養企業精神而開展的職務輪調、橫向流動的職務輪調。

職位輪調在企業經營上也有很重要的作用。首先，職位輪調制有助於打破部門橫向間的隔閡和界限，為協作配合打好基礎。其次，輪調有助於員工認清本職工作與其他部門工作的關係，從而理解本職工作的意義，提高工作積極性。摩托羅拉公司普遍實行工作輪調制度，公司給員工提供各種機會，盡可能做到能上能下和民主決策，這樣做不僅使更多的人得到了鍛鍊，而且也便於每個人發現自己最適合的職位。

運用好激勵才會出好效益

所謂激勵就是指激發鼓勵，就是調動人的積極性，勉勵全員向期望的方向努力。而激勵機制就是建立一套合理的有效的激勵運轉辦法，使其達到激發鼓勵的效果。所以我們必須區分一下內容：

1. 激勵與績效考核：績效考核是指用系統的方法、原理，評定測量員工在職務上的工作行為和工作效果，並以此作為企業人力資源管理的基本依據，切實保證員工的報酬、晉升、調動、職業技能開發、激勵、辭退等工作的科學性。可見績效考核不能是激勵機制，而只能是部分激勵的依據。

2. 薪資與激勵：薪資是員工從事某個企業所需要的勞動，而得到的以貨

幣形式和非貨幣形式所表現的補償，是企業支付給員工的勞動報酬。而其中只有獎金部分才能起到激勵的作用。

可見，激勵應該是一種績效考核機制、薪資機制以外的另外一種相對獨立的管理機制。

我們在設計激勵機制時首先考慮到其獨立性，然後才更好集合績效考核和薪資中的獎金部分。也就是說，績效考核、薪資制度、激勵機制都是一套相對獨立而互相關聯的制度。只有這樣才能保證其激勵機制發揮激發鼓勵的作用，而非管理、考評的作用。

既然是獨立的機制，就是可以隨時執行的，又可以階段執行的。同時激勵有物質的激勵和非物質的激勵。我們在設計激勵機制時一定要考慮短期激勵、長期激勵、物質激勵、非物質激勵相配合，同時合理利用公司的股份持有、合理分紅等長期鼓勵計畫。並且我認為，激勵機制應該簡單化，能夠正常執行並起到激發鼓勵的作用就好。激勵的形式多種多樣，下面舉一些其他公司的激勵辦法：

1. 生日祝福：每位過生日的員工可以得到企業最高主管簽名的筆記本或者書籍和賀卡。小規模的公司可以將該月過生日的員工集中起來進行一次生日聚會，下班前十五分鐘就好。
2. 特殊獎：生小孩或者結婚，可以獲得企業提供的頂級花車／精美禮品或者現金賀禮。
3. 每月 NO.1：考評的成績公布在辦公區域的張貼欄上，並將考核成績第一的員工製作成精美標牌懸掛在張貼欄上。
4. 旅遊獎：為連續三個月考核排名前兩位的員工提供五天的旅遊獎勵，派往房地產開發成熟的區域旅遊並參觀其他的房地產。
5. 培訓獎：為連續半年考核累計排名前三位的員工提供外派參加其他培訓機構舉辦的培訓的獎勵。
6. 創新成就獎：企業建立一套創新機制，對管理、業務等活動提出並執行良好的創新方案，透過全年創新績效效果評估排出順序，對創造績效前三名的創新提案者和執行者給予創新成就獎。

7. 傑出員工獎：依據全年的績效考核和年底的三百六十度評估結果，選舉出三個傑出員工，給予傑出員工獎。

8. 戰鬥團隊獎：年底綜合評估出最有戰鬥力的部門，對全部門頒發戰鬥團隊獎。

9. 優秀組織獎：對部門負責人及管理人員進行績效考核排序，並評選出一名優秀管理人員，頒發優秀組織獎。

10. 終身成就獎：對在企業工作滿十年的員工，綜合評估合格者，頒發終身成就獎，與企業簽訂無限期聘用合同。

　　還有很多變相的激勵辦法，完全可以不拘一格。只要是能夠激勵員工完成自身必須完成事情的情況下更多參與到企業的經營管理中來。比如：

1. 贈送優秀員工一份全年的雜誌。
2. 送某商場購物券。
3. 在公司出版物中，介紹優秀的員工。
4. 給他的辦公室或者辦公桌換一個更好的位置。
5. 獎勵性的別針或者胸牌。
6. 送他一瓶陳年的葡萄酒。
7. 為他和家人預定一場有名的電影等。

　　可以說方式方法很多，最主要的是我們的人力資源工作者需要去挖掘激勵的理由，選擇最好的時機和最好的方法。有的時候很小的一點激勵比發放很多的貨幣更管用。

　　比如 IBM 的「發明成就獎」；「IBM 會員資格獎」；惠普的「金香蕉獎」；ICI 的「特殊表現獎」；戴蒙德國際工廠的「　　百分俱樂部」等。

建立正確的用人觀

　　當今時代，市場經濟的激烈競爭其實就是人才的競爭、知識的競爭。可以說，在二十一世紀的知識經濟時代，決定一個國家、地區經濟和社會發

展速度的，不單是物質資本和資源，更重要的是起關鍵作用的人才資源，未來人才的競爭將變得越來越激烈。科學、合理造就人才、使用人才、爭奪人才，便成為當今企業競爭的焦點，企業之間的差距從根本上說是人的差距，誰擁有了人力資源並使其增值、升值，誰就會有競爭力，就會贏得市場。因此，用人將成為企業領導者工作的一項重要內容，也是一項巨大的系統工程。隨著市場經濟體制的不斷完善，企業領導者的用人發生了一些顯著變化。但許多領導者仍固守原有的思維方式和工作方法，陷入了一個又一個的誤解之中。本文擬對目前市場經濟條件下企業領導者用人的誤解及其對策做一些探討，為企業科學用人提供一些有益的借鑒作用。

企業用人誤解

誤解一：「防止人才流失」

在日常的交往中，經常會聽到一些老闆們說，管理要做好防止人才流失工作。常使用的辦法有：簽訂五～十年的工作協定、扣押人事檔案、辭職罰款等強制措施。可以說，這種做法是一種典型的用人上的誤解，這些企業的老闆們沒有真正認清事物的本質，只是看到了事物的表面現象，自認為透過此種強制性的措施能夠將人才留下來，為企業的發展作出貢獻。其實結果可能剛好相反：一是人才留下來了，但「身在曹營心在漢」，留下來的是人而不是心，因此，人才的積極性會大打折扣。

誤解二：片面強調經驗

目前，部分企業都有這樣一種觀點：在人才的使用上，將經驗放在重要位置，其實，這一做法有失偏頗。經驗固然重要，但經驗本身有其固有的屬性，由於不同企業其管理模式、發展策略、市場規劃、生產形式等方面都有各自的特點，因此此企業的經驗不等於彼企業的經驗，任何人進入一個新的企業都不可避免有一段適應摸索期，此其一。其二是經驗不等於才能和理

論。有經驗的人的思維模式一般有一個比較固定的模式，工作方向也有一個固定的範圍，喜歡按照以往的經驗去做，很難會有新的突破和改變。其三是有經驗的人往往會滋生自滿情緒，不思進取，缺乏工作熱情，反觀那些無經驗的人，由於沒有工作經歷，因此會更加虛心學習，並充滿熱情、全心投入工作。

誤解三：過分看重學歷和文憑

企業用人看學歷和文憑幾乎成了一種不成文的規矩。其實這也是用人中一大盲點。企業用人主要是看其能力，但學歷、文憑並不等於才能。幾年的大學或研究生教育，只是人生的一種經歷和體驗。畢業證書和學位證書不是能力的通行證，從學校畢業的人才普遍與實踐有一段相當大的距離，學過了不等於會用，會用也不等於能用好。尤其是學歷越高的人如果有一種優越的心態，把自己看成時代的寵兒，小事不願做，大事做不了，沒有從基層做起的決心和精神，會嚴重制約其發展。

誤解四：對「用人不疑，疑人不用」的片面理解

「用人不疑，疑人不用」，這是一條千年古訓。可是有一些企業片面認為，「用人不疑」就是要絕對相信所用之人的德與才，用與被用兩放心，否則他就不可能放膽實務。這是形上學的觀點，是片面、錯誤的認識，結果只能是缺少必要的「疑」，即考查、監督。甚至還會導致檢查、監督機構形同虛設，使紀律、制度成為一紙空文。另外，隨著環境的變化，工作的情況和難度都在發生變化，加上人本身就是一個複雜的、變化的個體，用人不可能不「疑」，否則就會出現以權謀私、貪汙腐敗的現象。如果加強監督，就可以有效遏制貪汙腐敗現象的發生。

而「疑人不用」的誤解，則好像非用之人就一無是處。其實，任何一個人都是優點和缺點、正確和錯誤的綜合體。不過在不同的人身上，這些優點和缺點或多或少、或輕或重而已。如果一味「疑人不用」，常常就會失去人才。

誤解五：片面強調「自己人」或「外部人」

現代管理區別於傳統管理的特徵之一就在於能否主管一群原本並無聯繫的人朝著一個共同的目標挺進，現代企業應該依靠共同的價值觀來維繫，而不是依靠親情來維繫，如果企業做不到這一點，那就離現代管理太遠了。另外，「自己人」通常愛犯的老毛病就是往往容易不聽上級的調遣，不遵守公司的規章制度，認為自己是老闆的「親人」，誰也不能拿他怎麼樣。這些不良行為，會嚴重挫傷非親屬職員的積極性。

二是用人僅用「外部人」。有些企業一談到人才，總是眼睛向外，問及本公司內部人才，總是搖頭歎氣，對外部人才厚愛偏愛，薪資福利等一切待遇從優解決，唯恐怠慢了這些人才，而對本公司原有的人才又是一種標準。這些企業僅用「外部人」的理由是外部人員能為公司帶來新思想，能為公司注入新的活力。事實上，變革與人才來源並不存在直接的相關性。如奇異電氣公司的歷任總裁人人都成為他們那個時代的「變革大師」，而他們沒有一個是從奇異電氣公司外部徵才的。總之，這種僅重視「外部人」的片面做法在有意無意中冷落了本公司原有的人才，因而導致招來了「外來女婿」，氣走了「自己的兒子」。

誤解六：無過是英雄

在一些企業中，對人才的評價往往以無過標準來論英雄，一般來說，這種在工作中從來不出差錯的人，都是那些在日常的工作中不求有功，但求無過，缺乏開拓進取、銳意創新的意識和魄力的人。雖然他們不會給企業造成什麼顯而易見的損失，但由於這種人在日常的工作中缺乏進取精神和創新意識，很難為企業帶來新的思想觀念，更不可能給企業創造大的收益。大量事實表明，做工作越多，尤其是開拓性的工作越多，失誤也就越多；不做工作或少做工作，當然就沒有失誤。與企業「以無過論英雄」的做法剛好相反，在日本，許多企業採用「以過錯論英雄」，哪位職員在工作中的過錯越多，便獎

勵哪位職員。這裡所指的「過錯」並不是主觀上刻意造成的，而是無意識的失誤。如果是主觀上刻意造成的錯誤，那就另當別論，不但不能原諒，而且要採取處罰措施。

誤解七：愛用「聽話人」

幾乎所有的企業領導者都認為，用人要用聽話的人，便於指揮，不會違背上級旨意行事。

其實，這也是一種誤解。唯命是從的人往往是守攤型的，改革創新精神差，打不開局面，而且連小事也難辦好，在工作中缺乏靈活性，即使上級指令有誤，他也照辦無誤。而桀驁不馴者雖有點野性難馴，有時頂撞上司（多是工作上的分歧而引起），但性格剛直，做事果斷，敢說敢做，尤其是不會唯命是從。如果上級有錯誤，他會及時指出來，在執行上級指令時，他會根據具體情況隨機應變。總之，如果在企業中「官運亨通者」都是一些聽話之人，久而久之，企業就會形成「武大郎開店，高個子莫進」的局面，工作效能下降，這對企業未來的發展是極為不利的。

誤解八：「貪腥之貓」不是好貓

認為「貪腥之貓」不是好貓，這種說法似乎挺有道理，實際也是一種誤解，可以說，利益始終是人類行動的最大驅動器，沒有點貪欲的人才，往往是碌碌無為的。「人無貪心不趕場」，在沒有利益的驅使下，自然也就不會去努力工作，更談不上拚搏，這類人是不可能為企業作出貢獻的。反之，一個人如果有合理、合法的追求，他就會為了達到這個目的，千方百計努力工作，甚至不會讓任何一個機會失之交臂，這類人工作幹勁足，充滿熱情，富有活力和創造力。總之，人只有在欲望沒有得到滿足的情況下，追求才不會停止，因此，合理培養並調動人的欲望，才能調動那些希望透過努力，實現自身價值的「能者」的積極性，才不會埋沒人才，有利於人才脫穎而出。

誤解九：員工甄選方法的「單一化」和「關係化」

可以說，企業的用人制度一向以「德才兼備」和「德、能、勤、績」為標準，但在實施過程中，選用的人才經常會出現如貪汙腐敗、工作能力低下等問題。原因何在呢？可以說，不是「德才兼備」的標準不合理，而是企業的考查機制與考查方法出了問題，即員工甄選方法的「單一化」和「關係化」。西方企業多數採取三百六十度考核法，即上級主管、同事、下屬和顧客等多角度、全方位來考查員工。同時，員工透過評論知曉各方面的意見，清楚自己的長處和短處。唐太宗的謀臣魏徵提出了六觀法：「貴則觀其所舉，富則觀其所養，居則觀其所好，習則觀其所言，窮則觀其所不受，賤則觀其所不為」，就是一種多角度的觀察方法，它強調在人們地位、處境變化中，從觀察人的舉止、言談、興趣、修養和追求等方面，動態化對人進行考查，這些方法，至今有許多借鑒價值。

對策建議

建立正確的用人觀

企業在用人原則上，要堅持任人唯賢、德才兼備的，正確的用人觀——樹立「文憑不等於水準，身分不等於資格，經驗不等於能力，好人不等於能人，無過非英雄」的用人思想，不重身分，重能力；不重資歷，重實績；不重學歷，重水準；不重經驗，重熱情；不重上意，重人格魅力和威信。這樣來任用人才，才能調動所有人的積極性。

建立人才「用、培、留、引」體系

目前企業普遍缺乏一套系統化的用人方案。有的企業有方案，但卻是短期的，缺乏長期效果。有的是隨意性的，比較凌亂，缺乏系統性。因此，建立人才「用、培、留、引」體系就成為一件迫在眉睫的大事。

「用」就是建立科學的用人機制，如 H 集團提出的「賽馬不相馬」的用人

機制注重實際能力和工作努力後的市場效果，不是注重文憑和學歷，人人都有平等競爭的機會，「能者上，庸者下」。

「培」就是制定一套系統化的培訓計畫，重點要注重兩個方面：一是注重分層次進行培訓，對人才的培養必須採取多層次、分對象的培訓方法，不能「一鍋煮」。要針對不同層次，提出不同的培訓要求。二是注重多形式、多管道的培訓。培訓管道包括：(1)自己辦學，自己培訓；(2)選送菁英到學校培訓；(3)利用社會化管道進行培訓；(4)鼓勵員工自學等。

「留」就是如何留住留好人才，著重包括以下幾個方面：(1)待遇留人，待遇要有競爭力但不必是最高的；(2)公正留人，主要目的就是不讓老實人吃虧；(3)事業留人，業務在發展，公司收入在增加，讓員工看到公司和自己的發展前途；(4)股份留人，讓員工持股和期權，使員工和企業形成一個共同利益體，最大限度的激勵員工的積極性；(5)感情留人，要像對待朋友一樣真誠對待員工。

「引」就是企劃一套切實可行的吸引人才的策略。主要從以下幾個方面進行：(1)創造良好的工作條件。做到用人專業平等，用其所長，努力提供自我成才的機會；(2)創造良好的人事環境。尊重人才、愛護人才，營造一種富有挑戰性的工作、負有責任感和使命感，以及隨之而來的賞識、地位、升遷的人事環境，使人才對企業有種強烈的歸屬感和自豪感；(3)創造良好的生活條件。為人才解困濟難，以富有人情味的軟性推動力，使人才人盡其才，才盡其用；(4)創造良好的升遷條件。首先，要建立科學的人員考核、測評辦法以及在組織範圍內選拔與提升的程序；其次，保證有供應各層次人員的工作計畫；第三，要有明確的晉升途徑和發展目標；第四，高階人事經理要經常給職員的成長進行有效的指導。

用人當疑，疑人亦用

由於人員的使用是一個動態的過程。因此，「用人應疑」就是不管是什麼人，至親、好友、最信任的人、最親近的人，在上任之後，應以公正、公平

之心，實事求是對他們的言行時時進行觀察，經常檢查督促。做什麼事，都要按應有的手續、程序、規章辦事。尤其是在決策水準、思想作風、為人修養等方面反映出來的問題該提醒的提醒，該引導的引導，該督促的督促。當發現對方確已不能勝任，再繼續用下去後果將不堪設想時，則應毫不猶豫撤下來，斷不可再不「疑」。這樣，企業所有員工就會更加小心、自律，少出問題。所謂「疑人亦用」，即企業員工，如果有了一點失誤或問題，也不要大驚小怪，一辭了之。最主要的是要找到問題的癥結所在，加強制度的健全和管理，使之在客觀上不易出現漏洞，一般就不會再出問題。同時，還要加強員工的素養培養和職業道德教育，積極做一些引導工作。只有這樣，企業才會健康成長，並不斷發展壯大。

把員工個人的欲望和組織目標結合起來

企業應善於把員工對個人欲望的追求與組織利益系統結合起來，保護和調動他們的積極性。要做到這一點，可以從以下幾個方面進行：

首先，培養員工強烈的事業心。一切從事業出發，只要對事業有利，就不要計較員工的「非分之想」。不怕下級超過上級，不怕員工對物質的追求。當然利益的刺激要掌握好尺度，如果操作不當，容易助長員工「唯利是圖」的心態。

其次，建立有效的監控體系。一個人的貪欲如果太強，就會走向極端。這類員工會貪得無厭，輕則損害同事關係，重則給企業造成損失。為了控制員工貪欲的過分膨脹，必須建立一套控制體系，將員工的貪欲程度控制在一個合理範圍之內，防止員工見利忘義。

第三，要善於引導。教育引導員工正確處理好個人利益和組織利益的關係，樹立正確的「名利」觀念，使自己的行為對事業、對個人都有利。

建立三百六十度的考核方法。透過上級主管、同事、下屬和顧客等多角度，全方位、準確考核員工的工作業績。同時，員工透過來自各方面評論所回饋的資訊，可以清楚自己的長處和短處。所以，三百六十度考核不僅是一

種評價員工的工具，更是給員工以重要資訊回饋的來源。透過考評，所有的員工都同他們的上級坐到一起來討論個人的目標，它實際上成為一種重要的協調工具：一是有助於正確評價被考核者；二是有助於激勵和約束員工發揮其潛力，調動其工作積極性；三是有助於正確使用人才；四是有助於及時發現新的人才，促進人才的快速成長。

給新職員更好的呵護

對新職員的熱情接待本身就是有效的方法，使他很快適應並具有良好的精神狀態。最蹩腳的方法莫過於把新人單獨留在辦公室，讓他看關於公司介紹的小冊子。

◈　告知全體職員新同事的到來

在新同事到達的前一天，給全公司或全部門的工作人員發郵件宣布他的到來，並對他進行詳細介紹。這樣你的同事們就不會在他到來時感到驚訝，而他也會感覺是受歡迎的。一個訣竅：將你發給同事的郵件列印一份放到他的辦公桌上，這樣他就會覺得他的到來受到了所有人的關注。

◈　第一天，你的優先接待對像是他！

早一些到辦公室以便在他到來之前能解決一些存在的問題並回覆郵件。另外，要求新同事在第一天的九點三十分到十點左右到達，以便有時間處理突發事件或是接待一位很緊急的客戶。在迎新會面期間，把你的手機關閉以表示你對他的重視。最後還要避免在那一天開會以便他可以隨時來向你請教。

◈　請他喝杯咖啡並把他介紹給別人

告訴他飲水機的位置和哪裡喝咖啡或茶，並請他喝一杯。著名的安永國際會計公司就創立了一種介紹人制度。這個介紹人會向新人介紹公司的習俗，把他介紹給公司的重要主管，並在他的整個職業生涯中關注他的個

人發展。

◈　給他一份關於公司及他的工作內容的簡介

在他到達後再給他一份關於公司的產品服務的簡介，並給他一張詳細介紹公司結構和各個部門及子公司的圖表。別忘了告訴他公司老闆的個性及管理風格。特別是要提醒他的工作目標以及你對他的期望和時限。

◈　向他詳細介紹部門裡的每一位成員

你的同事們唯一的期待就是：看看新人的樣子！按照從個性較難處的到最易相處的順序向他介紹同事，如果他吸菸的話還要告訴他哪一位同事也抽菸。預先安排他與今後將在工作中直接打交道的人會面。最後，一旦有機會的話就把他介紹給總經理。

◈　教給他一些順利開始工作的方法技巧

最好是他能在第一天到達時就有自己的名片和 E-mail 地址。至少有一間辦公室、一把椅子和一部電話。但是你要為他提供更多的東西，給他提供一台電腦（不要已經用過的），確保他能上網際網路或公司區域網路。如果他的專線電話也準備好了，那麼他就可以馬上投入工作了。而更好的是在他第一天到達時能給他提供一部筆記型電腦。在一些大的顧問公司和會計審計公司都是這樣的。

◈　馬上教給他如何使用儀器和利用祕書

盡快掌握使用傳真機、影印機以及和你的助手互通 E-mail 是一個優勢。你的助手會告訴他哪裡可以申請假期和費用報銷，中午在哪裡吃飯……記住直接告知他洗手間在哪裡，這樣你就讓他避免了在誰也不認識時的尷尬問題。

◈　邀請他和其他同事一起午餐

對一位新人來說心理上最難過的莫過於中午單獨進餐。那麼你在第一天就邀請他共進午餐並建議其他同事和你一起吃飯。在吃飯時，讓他坐在你和一位較開朗親近的同事之間。避免談論工作或辦公室，因為他是新人了解較

少，會感覺很受冷落的。

◇ **讓他在短期內從基層做起**

在通用汽車有限公司，所有新到的工程師開始都要像工人一樣實習三個星期，然後在銷售點或修理廠進行為期兩星期的商業實習。而麥當勞或肯德基的高層管理人員則在開始工作之前被派去學做三個星期的漢堡。這種美式的管理方式能使新來的人員很快融入工作並受到下級的尊重，而且這樣還會讓他們對公司有更詳細的了解。

◇ **晚上離開之前別忘了他**

別忘了對他說再見並向他解釋第二天的工作計畫。問問他在任何方面是否有問題或在第一天遇到了什麼困難。最後為了顯示你對他的信任，把門口的密碼也告訴他。

做好以上這幾點，還要注意的是：對人才切勿六重六輕。

◇ **一是重外輕內**：對引進人才厚愛偏愛，待遇從優解決，而對本公司原有的人才則又是一種標準。工作上，只注重發揮外來人才的作用，不注意調動內部人才的積極性，在有意無意之中冷落了本公司原有的人才，久而久之，相互之間關係緊張，矛盾叢生。

◇ **二是重引輕培**：對引進人才熱情高、勁頭足，捨得花重金去挖人才，對培養本鄉本土的人才興趣不大，總是強調客觀困難。不是以培為主，以引為輔，從提高公司整體技術素養著眼，確保企業立於不敗之地。

◇ **三是重才輕德**：人才引進，重文憑、重職稱，而對政治素養、思想品德考查不夠。結果，有些人常在個人待遇上斤斤計較，稍不滿意就鬧脾氣，甚至一走了之，使公司在經濟上和工作上受到損失。

◇ **四是重理輕文**：不少公司對工程技術類人才比較重視，而對經營管理類的人才重視不夠。有的缺少管理意識，沒有把管理放在應有的位置；有的是缺乏容人的氣度造成「武大郎開店」，害怕引進經營管理人才，影響自己的「位置」。

◇ **五是重高輕初**：有的公司不懂得科學合理的人才結構應是高、中、初級各類人才按一定比例分配的群體，只對高中階人才厚愛有加，另眼相看。

◈ **六是重用輕管：**有的一提關心人才、重視人才，想到的就是物質激勵，而在政治上關心愛護則不夠。

企業老闆：總是輸在「用人」上

有些企業「用人」問題始終是一個難以突破的瓶頸，限制了本身的發展。然而，其背後有深厚的根源，主要涉及公司政治問題，進而牽涉到了公司文化。

企業家跟所聘用的人才之間並非一種簡單的「君臣」或者「主僕關係」，而是一種複雜的「博弈關係」，此種關係的維繫以利益分配為基礎形成一種平衡。在中小企業中，人才在進入公司後，隨著逐步對業務水準、顧客資源等的掌握，自身價值隨之提高，只要時機成熟，「人才」就會向老闆「要價」，提薪資、升職位，甚至可以離職相要脅，而老闆擔心的便是人才流入競爭對手企業，或另立門戶給本企業帶來更大威脅和挑戰，這樣，人才的心理線在一步步擴大，而老闆的心理線在一步步後退，結果便是由原先的合作轉入妥協，再由妥協變為不妥協，平衡狀態被最終打破。很多企業家在解決該問題時傷透腦筋，於是，「愚民政策」、「集權管理」浮出水面，在現代管理制度盛行的情況下，反其道而行之，內部資訊隔離，部門溝通阻滯，管理層級實質上只有兩層，即只有老闆（企業家）和員工（包括中低階人員）。所以，企業的發展實質上還是靠企業家在拉動，而沒能做到靠人才推動，至於能夠走多遠，則只能取決於企業家的能力、產業的狀況和市場的供求。

小型企業和微型企業在創立之初很多都採用家族式管理，大多數情況下也只能採用家族式管理。首先，創立之初企業家們對待自己的企業就像對待搖籃中的嬰兒，只想讓他活下來，而日後成長中的問題都是充滿變數的。這種先求生存再求發展的思維植根於很多企業家的內心深處，也是草根文化的一種深刻的沉澱。其次，有句話說「人才有用不好用，庸才好用沒有用」，

這裡面要解決的一個問題便是忠誠的問題，用人唯親在這個時候出來當了主角。企業誕生之初，最大的敵人也許就存在於企業內部，也許就是企業自身。只有在自己站穩了腳跟的情況下，談人才、論英雄才有意義。目前有些企業在稅收上都是存在問題的，撇開存在原因的探究和對做法的非議，總之，問題是客觀存在的，存在經濟問題的地方如果交予外人，無疑是授人以柄、引火自焚，所以，財務、會計、採購等環節都是老闆的親戚把持。股份制的企業，合作者往往是親戚，如果合作者是「外人」，則在利益分配問題上勾心鬥角，當然，自己人也會反目成仇，但畢竟中間夾了一層血緣關係，家族裡另有一份潛規則在約束著。

受儒家思想的影響，太在意權力，控制欲極強，官本位思想很濃厚。喜歡「指點江山」、「力挽狂瀾」、「扭轉乾坤」、「唯我獨尊」，推崇的是「個人英雄主義」，從來都是強調「首領文化」，三軍打仗先看帥，所以根本不需要團隊來做決策，首領只需要「唯命是從」、「唯我馬首是瞻」的能聽話、會解悶的下屬即可，要什麼合作夥伴？

必須知道的十一條用人之道

世界上最常用、最需要的學問恐怕就是識人、用人學問了。同時，企業對人的管理也要審時度勢，寬嚴有度。該管的要管、不該管的就不要管。要「一半清醒一半醉」。要知道，「水至清則無魚，人至察則無徒」。

在市場經濟的條件下，企業之間的競爭往往是決策水準和人才素養的競爭。

企業的擁有者是否能選好人、用好人，能最大限度的調動人的積極性、創造性和主觀能動性，能使企業的菁英力量形成一個團結合作、奮發向上的優秀團隊，是一個企業是否能夠在市場經濟的汪洋大海中乘風破浪、勝利前

進的關鍵。

很多人佩服得五體投地的清末名臣曾國藩在識人、用人的問題上可以說是研究了一生，還寫了一部人學專著《冰鑑》。一部浩如煙海的《二十五史》和司馬光主筆的《資治通鑑》都是透過大量的歷史事件，總結識人、用人和因而成敗得失的記錄。但是，這門最需要、最常用的學問，又是最深奧、最難學、變化多端、難以把握的學問。古今中外很多大人物因用人而成功或因用人而失敗的例子屢見不鮮。而其中很多事情往往壞在他最親近、最相信的身邊人身上。「除了上帝、相信自己」成了一些人的名言。

但是，要做成一件大一點的事情，不可能事必躬親，必須用人。不少人就認為「自己的親人最可靠」，「打虎還是親兄弟，上陣還是父子兵」。這種思想就使不少家族式企業應運而生。可是在發展到一定程度後，家族企業也會在內部產生各式各樣的問題，進而危及企業的生存或阻礙企業的健康發展。因而，識人、選人、用人就成了企業家們必須認真研究的學問了。

企業用人向來沒有一定的模式。都是根據企業、人員和外部環境的變化而變化。由於條件不同、兩個企業用同一種方法去用人可能有的成功而有的失敗。所以正像我前面帖子裡提到的，企業的用人既要講原則性又要講靈活性。用人問題因為涉及「權謀」、「道德」等問題，說者大都諱莫如深。因而，在下也只能將有些共通性的東西與網友們在這裡淺議：

1. 掌握企業的初創期、發展期和成熟期用人的不同標準和方法。初創期要的是「跨馬能夠闖天下」的人才。而發展到一定的程度後就需要「提筆能夠定太平」的人物了。企業在發展過程中，只有在保持基本穩定的同時，不斷「吐故納新」，淘汰那些個相形見絀的人員，企業才能保持旺盛的生命力。這種「吐故納新」有時是殘酷的，但是卻是企業發展所必需的。對於創業時的「開國元勳」可以用金錢、股份、閒職去安撫，卻不可以為了這些人的情緒和「面子」而影響企業的健康發展。

2. 切不可「大馬拉小車」或「小馬拉大車」。所謂「大馬拉小車」就是小企業用了大才之人。如三國的龐統當了知縣，非百里之才到任後終日飲

酒作樂，消極怠工。但是，「大馬」一旦跑起來，小車就有被顛覆或摧毀的危險。「小馬拉大車」雖然沒有這個危險性，但是，由於「小馬」氣力太小，拉而不動，企業也就無法前進。因而，多深的水養多大的魚，是企業選人用人的明智選擇。

3. 世上的人雖然是各種各樣，但是，以企業家用人的眼光去看，大致可分為三類：一是可以信任而不可大用者。這是那些忠厚老實但本事不大的人；二是可用而不可信者，這是那些有些本事但私心過重，為了個人利益而鑽營弄巧、甚至不惜出賣良心的人；三是可信而又可用的人。作為企業家，都想找到第三種人。但是這種人不易識別，往往與用人者擦肩而過。為了企業的發展，企業家各種人物都要用。只要在充分識別的基礎上恰當使用，揚長避短，合理分配，就能最大限度的發揮他們的作用。

4. 對員工萬萬不可太苛刻。該給員工的薪資、福利、獎勵一定要言必行、行必果。對有突出貢獻的要捨得給獎金、給職位，千萬不要吝嗇。真正做到獎得眼紅、罰得心痛才能收到恩威並重的效果。同時也要切記莫受個別員工的蒙蔽。因為管理和被管理始終是對立的，為了某種利益或者是為了取得你的信任和歡心，被管理者往往會自覺不自覺說出某些假話來蒙蔽你。你千萬不要信以為真，最好多問幾個「為什麼」。因為這些人因此獲得利益後，不僅不會感謝你，而背後會笑你是個「笨蛋」或「傻瓜」。

5. 不要計較下屬的缺點和小錯。作為企業用人，不是在尋求聖人、賢人，而是尋求對企業有用的人。員工中儘管有的人有這樣那樣的毛病，只要不危害企業的利益，不必過分關注和追究。西漢的陳平投靠劉邦後，就有人告他的狀。說他在家時與他嫂子私通，投靠項羽不被重用，投靠漢王后又收受賄賂等等。劉邦找到陳平問清情況。陳平說：「這些事都有。我哥死後為了侄子我娶了嫂嫂，項羽不重用我，我才離他而去，到你這裡你沒發酬勞我只好收禮養家。我可幫你打天下，但我不是聖賢，你要找聖賢我可以辭職。」劉邦還是把他留下了，後來當了丞相。在保漢室、滅諸呂中發揮了關鍵作用。

6. 尊重人的本性，不要追求員工們對企業的絕對忠誠。記得馬克思曾說過：人的各種活動，都是為了追求最大利益。你和你的員工走到一起

都是為了追求個人的物資利益或精神利益。雖然其中有感情、友情的成分，但在與根本利益發生衝突時，感情、友情就會被沖淡。山盟海誓的夫妻還能「大難來時各自飛」，某些員工口頭上對企業的忠誠只可一笑置之，不可信以為真。要寬嚴相濟、恩威並施，用物資和精神利益最大限度的調動積極性。

7. 大膽放權，分級管理。企業稍有發展後，就要採取分級管理。多當裁判員、少當運動員，切莫事事親自過問。這樣，一可以滿足中層人員的權力欲，調動他們的積極性；二可以客觀公正處理企業出現的各種問題，防止出現「不識廬山真面目、只緣身在此山中」；三是可以躲過與員工的直接對立，讓中階主管唱黑臉，你唱白臉，以顯示你的「寬厚仁慈」之心……

8. 雪中送炭勝過錦上添花。在目前社會就業形勢嚴峻的情況下，選人用人就有了很大的可選擇性。因而選人用人時，在同等條件下，最好選擇那些經濟條件較差，生活困難、急需工作的人。雪中送炭勝過錦上添花。這些人的積極性和對企業的忠誠大多都能令企業滿意。

9. 小事糊塗，大事聰明。作為一個中小企業的老闆，關鍵的技術、主要的客戶、原材料和產品的購買通路一定要親自掌握，定期或不定期親自參與。千萬不可被一、兩個人所控制，否則，一旦有所意外被掐住要害就後悔不已了。

10. 常用者多批評，短用者多表彰。要外鬆內緊的考查下屬。凡是準備長期使用或準備提拔的員工，要多多指出他們的缺點，使之適應企業；對不準備常用的員工，則要多多表彰，為「好聚不如好散」作準備。考查員工，切不可大張旗鼓。要明鬆暗緊，考查於無形之中。尤其是其對父母、落難者和對犯錯誤的同事的態度，往往能看出一個人是好心或是壞心、是君子還是小人。如果一個人對父母和落難者毫無孝順、同情之心，企業若有意外，這種人是依靠不住的。

11. 提拔重用員工不要論資排輩，要以知識、能力和對企業的貢獻而定。在同等條件下要把處在底層的員工提上來。比如企業缺一個部門經理，一個一般員工和一個副理條件相當，你如果把副經理扶正，他會認為這是順理成章的事；你如果提一名員工當經理，他就會感到額外施恩，對企業的忠誠和積極性都會比原來的副經理高得多。雖然原來

的副經理會受點影響，但是，這就給許多能力強、資歷淺的員工帶來了希望。

知人善用也是一種藝術

在人力資源管理中，用人和留人也許是最讓管理者們頭疼的兩個環節，而恰恰正是這兩個環節左右著企業的命運。實際上，人用好了，留人則成功了一半。

但是，作為一個人力資源管理者，不管是空降兵，還是從一線員工提拔起來的，在企業裡總會面對形形色色的員工，有初出茅廬一張白紙的應屆大學生，也有升遷潛力巨大的競爭者，甚至還有輩分比老闆都大的開國元老。如何用其所長，最大化發揮人力資源效用是每個管理者的核心目標，不過，前提是 —— 知人，才能善用。

不論來自什麼背景，有何過往經歷，或是出身於某某名牌大學，既然可以通過面試進入到企業中來，至少應該說明該員工的經驗或技能與空缺職位具有一定的匹配度，所以人力資源管理者或直線主管應該在新員工入職後十五～三十天內密切留意其工作情況，這段時間我們稱之為「觀察期」。觀察期內的主管應隨時隨地與新員工交流工作心得，給予工作技能指導，灌輸企業精神和發展遠景。因為面對陌生的工作環境，新員工都會面臨一個磨合適應的過程，若引導不當，很容易使其產生煩躁、茫然的情緒，這也就是為什麼大部分的辭職總是發生在到職後的三～四個月。

一般來說，透過觀察期的觀察與「密切跟蹤」，我們基本上可以把員工分為四種：A. 投入工作且有能力的；B. 投入工作但無能力的；C. 不投入工作但有能力的；D. 不投入工作且無能力的。這四種員工類型正代表了管理者和直線主管的四個工作重點。

培育高績效員工

這種員工透過觀察期的引導和磨合，會很快適應工作環境，充分發揮出自己的聰明才幹，全身心投入到該職位的工作中。在此情況下，管理者應制定出培養計畫，並幫助其做出與企業遠景相匹配的職業生涯規劃，在滿足其物質需求的基礎上增加精神激勵，用有價值的個人目標和組織目標促進其成長，使其認同企業文化，逐漸把企業的發展等同於自己的事業。同時，此類員工也是管理層接班人的最佳人選。

指導平庸者

面對喜歡該職位但卻因為能力問題無法取得高績效的員工，管理者應該側重於工作技能的培訓，甚至和該員工一起深入一線找出實際操作的不足和偏差，因為現場培訓和指導的效果要遠遠強於事後的總結。

我們可以看到，惠普之道的核心之一就是「走動式管理」，它在龐大的企業組織中造就了無比堅實的團隊精神和信任感。惠普的管理者被要求必須經常在員工當中走動，和有空閒的人聊天，這樣一來，基層員工都歡欣鼓舞認為自己的工作非常重要，自己總是被關注和關懷，因為管理者都希望聽取他們對公司、對工作的看法。與此同時，企業管理者也可以在走動中不斷觀察、隨時溝通、糾正錯誤，把偏差消滅在射線的起點處，而不是在偏差越來越大的射線末端。這樣一來，企業的運作流程可以得到最好的改善，問題可以得到防範和控制，管理者就可以從「救火隊」變為「防火隊」。

從另一方面看，此類型的員工也許本身並不適合該職位的工作，管理者應及時調整其位置，揚其長避其短，把最好的鋼用在刀刃上，讓該員工向 A 類型邁進。

培養忠誠度和向心力

有些員工具備取得高績效的能力，但個人發展願望與志向可能與所在職

位或企業遠景存在差異，所以該類員工總是這山望著那山高，只是把現有職位當作通往高薪的跳板。如果一個企業出現太多的 C 類員工，那麼則應該反思一下薪資制度、企業文化和企業遠景是否出現了問題。從馬斯洛需求層次看，擁有越高職位的員工對精神層面的追求就越強烈，企業在滿足其物質需求如薪資、福利的情況下，還要考慮其個人的夢想和成長的需要，而且，不同的員工有不同的需求。

在這一點上，全球最佳雇主之一的星巴克則是用人的典範。星巴克在業界中並不是薪資最高的企業，其中 30% 的薪資是由獎金、福利和股票期權構成的，的星巴克雖然沒有股票期權這一部分，但其管理的精神仍然是 —— 關注員工的成長。星巴克有「自選式」的福利，讓員工根據自身需求和家庭狀況自由搭配薪資結構，有旅遊、交通、子女教育、進修、出國交流等等福利和補貼，甚至還根據員工長輩的不同狀況給予補助，真正體現人性化管理的真諦，大大增強了員工與企業同呼吸共命運的信心。

淘汰不可救藥者

也許此類員工本來就不應該進入到企業中來，徵才面試的目的是挑選具備任職資格又擁有升遷潛力的人選，如果是觀察期後被鑒定為此類的員工，則應該立即調動職位甚至給予辭退，即使是立過戰功的開國元老也不能例外。因為這種員工在工作態度和行為上，會給其他員工帶來不良影響，甚至可能把有望晉級 A 類、B 類、C 類員工拖到 D 陣營中來。

在社會存在的組織中，不管職位高低，大多數人都是希望被關注、被尊重的，企業管理者應該分析員工失去工作興趣的原因，是因為無能力而丟失工作熱情，還是因為被忽略而低績效。正如垃圾可以循環再造一樣，世界上不存在沒用的人，而是人沒有用在合適的位置上，或者，企業沒有合適的職位。所以，辭退該類員工是為了殺雞儆猴、獎優罰劣，剷除「一粒老鼠冀可以壞掉一鍋湯」的隱患。在這裡面，管理者如何保持與員工溝通的連續性和有

效性就變得尤為重要了。

我們都知道，企業最重要的資產是人，「知人善用」四個字看似簡單，實際上做起來並不容易。近幾年來，許多人力資源徵才類電視節目如火如荼放映著，國外的像川普（Donald Trump）的「飛黃騰達」（The Apprentice），不管員工是否投入工作，只要結果是低績效的就要面臨被炒的境地；維珍（Virgin）老闆布朗森徵才CEO繼任者的一系列冒險活動，從膽識、組織、控制、團隊等等各方面評估人才；如絕對挑戰等等，這些考核無非都是讓企業家們在實戰中挑選綜合素養與任職資格最匹配的人才，因為只有對人才的認知越深，看得越透，你才能真正用好他。

運用之道，存乎一心。人性是最變幻莫測的東西，管理者如果能掌握其中的奧妙，所有管理問題都將迎刃而解。

唱好「用人之長」三部曲

用人之長是人所共知的事，但是如何做好用人之長呢，我認為應唱好以下三部曲：

找對人才之「長」

世界上沒有完全相同的兩片葉子，同理，人與人也是存在差異的。找準人才之「長」是用人之長的前提、基礎。在找人才之「長」前，筆者對這個「長」做了一個界定。「長」指一個人所具備的可為企業所利用，並能為企業帶來最大經濟效益的與眾不同的特點，這個特點可以是知識、技能、性格、價值觀等等，它是一個相對值，而不是絕對值。那麼我們如何來找員工所擁有的這個「長」呢？

首先相「長」者必須做到客觀公正、大公無私。每個人都有自己的好惡，

也會受到成見、偏見影響。作為管理者胸襟一定要開闊，一切從公司利益出發，不可讓一個人才漏網。

其次相「長」者應充分利用科學方法。人才如冰山，只有三分之一的特點浮出水面，三分之二藏在水面之下。如果不運用一些科學方法是很難一眼看出來的。方法有很多，如研究個人履歷、筆試、面試、心理測驗、情景模擬、評價中心等等，但應注意在使用過程中要靈活運用。

強化人才之「長」

找到了人才之「長」，我們還需要強化它，使其充分發揮效用。將人才放到合適的位置，為其提供發揮特點的平台，讓其在實際的工作中不斷鍛鍊、不斷反覆、不斷重申這一特點，從而起到強化人才之「長」的目的，是不錯的方法。不但人要適合職位，同時也應考慮職位是否對人才之「長」具有促進、強化作用。正如棉被的問題，如果它的位置沒放對，本應有的作用都沒辦法發揮出來，就更談不上強化其「長」了。其次，公司組織有針對性、個性化的培訓，培訓不但要補員工所短，同時應該培訓員工所長。讓員工之「長」更突出、更醒目，並讓其在公司內部形成一定的品牌。那麼當公司有需要時，一下子就能找出相應的「長」來。

優化人才之「長」

優化人才之「長」也就是實現人才的最優。香菜切碎，加以少量辣椒末入油鍋炒，然後將炒好的香菜與蒜泥攪拌後，再和童子雞一起放入壓力鍋，加少量水，接著用微火燉三～四個小時即成。該菜色澤上金黃、火紅、翠綠相映成趣，爭奇鬥豔；蒜、菜、雞三種不同的香味你中有我、我中有你，芳香繞梁，久久不散；脆得爽口的童子雞、辣得開胃的辣椒、融進了雞汁的香菜三味相輔相成，更讓人食慾大增、讚不絕口。該菜成就成在它的材料優化分配上，取各家之「長」融於一爐，並相互揚「長」、相互促「長」。

為了真正做到「用人之長」，企業應切實唱好用人之長三部曲，少了哪一部都不行。

對可重用與不可重用人才的把握

用人的藝術是企業永遠值得研究的課題和學問。企業是人創造的，財富也是人創造的，人是一切職業的成功前提和根本，而人才資源更是企業的財富。在競爭日趨激烈的今天，如何充分用人是當今管理者成敗之關鍵，也是企業發展興衰的關鍵。對一個成功的管理者來說是「全才」，但他之前所以成功，是因為他懂得適時「識才」和「量才」。

用人三方式：

利用的人

人才雖多，但並不是所有的人才都值得使用和重用。為了避免不必要的麻煩，對於這些人不如巧妙的加以利用。企業管理者為了實現自身及其利益考慮，常常對一些自己並不信任的下屬，予以暫時的有限度的「利用」，這種利用，一般具有以下幾個特徵：

(1) 授予的職權十分有限，不會影響大局。
(2) 嚴密監視要控制該下屬，任用有明確的期限。
(3) 一般很短，期滿需要重新任命。
(4) 一旦完成使命，管理者馬上可能對被使用的對象棄置不用。
(5) 具有一定的偽裝性，被利用對象往往察覺不出自己受到了利用。
(6) 管理者與被使用者缺乏共同語言，雙方互有戒心，但又各有所求。

使用的人

作為管理者，當然要最大限度的使用人才。也就是經常考慮怎樣才能合

理使用企業在數量上占絕大多數的員工，從而穩住絕大多數人的心，使他們真心實意為管理者所用。使用具有以下幾個特色：

(1) 達到 70% 以上的員工都是被使用對象。
(2) 管理者往往對被使用對象具有一定程度的信任度。
(3) 在一般情況下，對被使用對象具有寬容的態度。
(4) 考慮被使用者的相關意見和採取必要的關注。
(5) 注意在制度化的基礎上引入公正、合理的競爭等。

重用的人

重用是一種帶有策略性的用人抉擇。被重用的人才要求德才兼備，品格與素養的高低往往決定著這個企業管理系統和重要部門的業績。重用的恰當與否，通常會對事態的發展產生極其重要和深遠的影響。與利用和使用顯然不同，重用具有以下幾個特點：

(1) 信任度最高，感情因素居主導地位。
(2) 在動態過程中保持較深的理解程度。
(3) 下屬都有進一步得寵或突然失寵的可能性。
(4) 下屬事實上掌握著決定工作或專案發展的參與權。

不可重用的四種人：

有時管理者求才心切，發現某人有一技之長，便不加考查委以重任。不知，有些人雖然學有所長，但由於自身的某一方面存在「致命」的弱點，有朝一日說不定會因此壞了企業的大事。所以對這些人應量才而用，不可輕易重用。

投機者不可重用

投機型的人善於察言觀色，把自己作為商品，謀求在「人才市場」上討個好價錢，在工作上專好討價還價。這些「淘金者」往往以另謀更好的職業為由，而對當前誠聘他們的企業施加壓力，以使該企業管理者給他們以晉升或

增加薪資的機會。他們謀取、要求和利用「被其他企業錄用」等理由，來加速他們在原企業獲得更多利益。

自命不凡者不可重用

這種人根本無法容忍別人的建議或想法，對於這種自命不凡的人，高高掛起的心態只會引發人際關係的危機，對這種人的解決方法，最好是讓其嘗試「獨擔大旗」或做一些只有他自己也看不起自己的事情。

權利者不可重用

權力欲望過強的人渾身上下都散發著控制不住的野心，時時刻刻不忘在別人面前顯示自己的能力。這種人會以能力作為籌劃，不擇手段向上爬，不達到目的絕不罷休。這種人在工作中往往不利於團結，常常會帶來負面的影響，擾亂正常的工作秩序。

虛榮者不可重用

虛榮型的人渴望自己是權勢者朋友。這種人喜歡自吹自擂，缺乏務實精神，只要一有機會，就會滔滔不絕向別人敘說他與某些有權力者的關係。實際上，這種人目的會使出渾身的解數，使人相信他是具備做什麼職位的資格。實際上，其能力更多的是灌水或只會信口開河的言詞罷了。

提示：

對企業來說，如何把握重用的人與不重用的人，不僅僅是人力資源部門提供參議的責任，關鍵是從品格與能力上評估，以業績與人際來衡量，找到較對的事實和利於團結的理由。

第八章
拿什麼吸引你的員工

做一個出色的管理者

　　職員為什麼跳槽？是嫌錢少，還是嫌職位低？最大的原因是「我討厭這個老闆！」因為不滿老闆而跳槽，因為喜歡經理就來投奔，看來，「攻心為上」這句名言千古不變。如果你能留住並且不斷吸引人才，就說明你是一位出色的管理者。

　　一定程度的人員流動是不可避免的，它向企業進步和徵才新的優秀人才敞開了大門，使企業能夠充滿活力。然而，過多的人員流失將不可避免導致企業鬆散和成本增加。突然而來的意外人事變動，將會對客戶服務和公司運營造成重創。所有這些問題的關鍵在哪裡？答案卻是出人意料的簡單。公平合理的補償和個人發展的機會常常是非常重要的因素，然而大多數員工離開公司卻是因為另外一個原因：令人生厭的老闆。

　　員工不是離開公司，他們是離開老闆，有機構對兩萬名剛剛離開老闆的員工進行了一項調查，調查發現，落後的監督管理方式是員工辭職的主要原因。員工留在公司時間的長短，基本上取決於他和經理的關係好壞，如果他們的關係不好，就很難得到晉升的機會。來自蓋洛普的測驗顯示，75%雇員的離職是離開他們的主管而非公司。在一家跨國公司兩百名離職人員中，只有四十人在離職時進行了薪資談判，其中二十七人因公司加薪留了下來，這

二十七人中又有二十五人在一年後仍然選擇了離開，他們中大多數人離開的理由就是「令人討厭的上司」。

美國的一項研究報告也顯示，員工當初如果以薪資為理由向公司提出辭職，在他們離開公司三至六個月後跟蹤離職面談中，這一原因往往會讓位於其他主導原因，出現頻率最高的便是「對主管不滿」。很多人當初加入某個公司的主要原因，是衝著該公司在社會上的知名度和在該產業裡的主導地位。當分配到某個部門後，日常工作中更多的將是直接面對該部門經理，作為員工的頂頭上司，如果該部門經理不是非常優秀，或者該部門工作對公司整體來說沒什麼重要性，部門業務未見大的起色，那麼部門內的員工就會士氣低落，時間一長，優秀人才必然會萌生去意，另尋其他更好的發展機會。除了主管要求員工超量、超時工作、獨攬大權外，引起員工對主管不滿的還有主管任命隨心所欲，傷了員工的心；主管製造內耗，惡化團隊工作；主管不以身作則，常常以身試法；主管任人唯親，排斥異己等原因。至於「主管問題」為何會被離職人員隱藏不提，一是員工自己心裡不願承認或者接受，是因為與主管關係不和而導致自己辭職的事實；二是提出辭職後，像核准日期、有關薪資的結算，以及今後其他企業前來進行背景調查都可能和主管有關係，自己的命運還掌握在主管手中；此外就是怕暴露出自己人際關係處理能力的薄弱，影響將來的求職等。這些都導致員工會尋找另外的原因來作為離職的理由。

許多雇員流動或薪資調研報告中，人際關係在雇員流動原因中排在第五位後，導致「主管問題」沒有受到管理層的足夠重視。與其費力留人才，不如先培養優秀經理，公司如何才能留住員工？從更廣的範圍來說，如何才能提高生產效率和激發工人的工作熱情？透過培養個人和公司的關係，使員工對公司有一種家的感覺，其中包括個人的責任具體化、遠期學習的機會和大量的非正式的、不拘束的資訊回饋和交流。完成這項工作幾乎總是從同員工直接接觸的第一線的經理開始。現在是讓經理們負起責任的時候了。不少人力

資源專家都一致贊同這樣一個觀點：雇員真正想要的，常常是那些經理簡單就能給予的東西。

防止員工流失工作的公司，應該把重點放在使工作吸引人和對經理的培訓上，要把他們培養成有魄力、靈活和富於觀察的經理。讓我們看看國際知名公司的成功經驗。開放式溝通交流 —— Container Store 公司是以達拉斯為基地的一家著名零售商。它被財富雜誌評為全美國最優秀的工作場所。這裡的人員流動率只有20%，而大多數的零售業中的人員流動率通常在80% ～ 120% 之間。第一年，該公司全職員工要接受大約兩百三十五小時的培訓，並且向他們提供正式和非正式的與經理互動交流的機會。經理不但要讓員工知道做好工作的注意事項，並且還要定期接受培訓，如何為員工提供必要的援助。以經理主管主管層所稱的「直接溝通」經營管理哲學為指導原則，公司的兩千多名員工定期討論公司銷售額、公司目標和遠景計畫等，在確保開放和溝通的環境中闊步向前。胡蘿蔔比棒子有用 —— 金融服務業的巨頭美國花旗銀行也開始對經理進行培訓，使他們知道如何成為被公司視為作用「日漸重要」的員工們的良師益友。這些經理常常十分樂於使用內部晉升的激勵制度，激發員工的自信心和成就感，特別是在員工想另謀高就時能夠留住人心。

成為員工的良師益友 —— Autodesk Inc 是位於加利福尼亞 San Rafael 的一家著名電腦軟體公司。其人力資源專家和培訓專家最近設計了一項關於員工保持力的網上培訓計畫，經理們經過培訓之後將會掌握一定的技巧，運用這些技巧可以了解員工的個人事業日標，成為技能嫻熟的職業顧問。在特定時期內，他們可以根據實際情況制定一個同時適用於公司和員工的具體發展計畫，這樣的雙贏局面自然會吸引很多想在職業上有所發展的員工。

留不住人，就讓經理對員工流失負責。如何讓經理們對下屬員工的流動負起責任？這裡還有一個簡單而有效的方法：可以鼓勵和幫助經理們降低人員的流動性。把他們的福利補償和員工的流動率聯繫起來。如果保持了較低的流動率，那麼就對他們進行獎勵。反之，如果摩擦不斷，員工離職率很

高則對他們進行處罰。這是一個很行之有效的戰術手段，但是還有待於大家的廣泛關注。大多數經理都很討厭把他們的收入和其他的因素聯繫起來。但是，越來越多的公司正在認識到員工的去留關鍵在於他們的經理。這種事實正在被大家廣泛的實踐，因為大多數的保留員工的計畫在實施的時候都簡單易行且成本很低。當然，使經理們接受贊同員工保留計畫和方法並不那麼一帆風順。一些人說他們所做的努力對改變現在人員流動現狀的影響力太小。另外一些人則認為這將耗費他們太多的時間。但是，如果人力資源工作人員能夠給他們開始這項工作的機會，把他們引導到正確的方向上來，並且向他們展示和說明留住優秀人才他們完全能夠做得到，完全能夠控制得了，那麼經理們就會開始工作。

透過聯合最優秀的人才，並給他們分派有意義的工作、給他們提供發展機會和晉升的機會，使經理們能夠成為更出色的老闆。這是一個在競爭中生存的問題。

做好應該做的事情

採用正確策略，你就能留住人才。但要使企業繼續運作長期留住雇員，讓他們一輩子在一個地方工作的時代已一去不復返。人才在不停的流動，他們在尋找更好的機會。老闆該如何正確對待員工，以留住急需的人才呢？請記住這些資訊吧，這樣你就能更好留住員工。

公司可以從多方面建立信譽，使人們樂意為其工作。比如提供特殊的服務：包括衣物乾洗、免費餐飲、為非英語員工提供英文課程等。作為經理，你應當重新設計工作，使工作更有意義，並考慮你所期望的結果，以及你所需要的人才。在很多情況下，公司都錯誤的根據經驗和專門技術來僱傭員工，但徵才來的員工並非是真正的人才。匆忙僱傭，或者僅憑自己的感覺徵

才，這些策略都是不可取的。

優秀雇員的離去，經常是因為管理者沒能處理好員工的表現和報酬之間的關係。管理者應該幫助雇員尋求發展的契機和晉升的機會，讓員工感受到自身的價值或成績獲得肯定，即讓他們感受到自己獲得了尊重。

樂趣也應該是工作的一方面。作為管理者，你不必特意的製造樂趣，而是讓樂趣自然而然產生。不要壓抑笑聲，否則會造成環境的壓抑。只要不影響工作，樂趣應成為公司的一部分。隨後你會發現，樂趣也會提高生產力。你可能已發現最有價值的員工。但一些因素可能成為人才離去的原因：讓人看不到業績；很多雇員工作一年或三至五年後離去。再看一下他們的酬勞，如果他們的酬勞在市價以下，而且他們的技能在市場上很搶手，那麼他們就很可能離去。

查一下他們的忠誠度，若發現員工有意圖在別的公司尋找機會，那麼，他一定有離開的意圖，這時，你要想方設法挽留他們。你若無法確定他們對工作的渴望程度和願望，就直接問問他們。

另一方面，解雇員工也是件頭疼的事情。儘管有時非常必要，但管理層並不十分願意解雇員工。很多管理者在三週後或更短時間內，發現解雇員工的做法是錯誤的，但他們不會說出來。原因是害怕承認自己失誤而感到尷尬。他們可能會對一個錯誤的僱傭感到愧疚，因為雇員未能達到他們過高的期望。管理層不喜歡任何形式的直言衝撞。然而，解雇是管理者必須學會的技能，但若在徵才和管理時保持明智，相關策略也應用得當，那麼就根本沒有必要解雇了。

好的人才經理是成功的跳板

一些企業以靈活的經營機制吸引了大批人才。而今，人才流失的問題卻

日益凸顯出來。據某市商會統計，該市一千兩百家上規模的企業，去年一年經營管理層的經理人才流失率達六成以上。人才是企業制勝的關鍵，企業急需解決經理人的培養使用問題。

首先，摒棄「工具主義」的陳舊觀念，營造平等互利的企業文化。現代化企業是人才與資本的緊密結合體。作為企業老闆不能片面認為企業的業績都是所有者的，利益分配也全是老闆個人的，而專業管理人才充其量不過是企業賺錢盈利的「工具」。不可否認，企業老闆應是企業文化的核心，老闆的價值理念是企業文化的主導力量。問題是，如果企業老闆簡單的將專業管理人才當作自己實現企業目標的「工具」，而不把他們看成自己事業團隊中的一員，認同他們的價值，勢必導致離心離德，分崩離析。因此，企業老闆要改變自己的用人理念和價值觀念，樹立以專業管理人為主的員工是企業主體的文化理念，打造全新的企業文化，才能在激烈的市場競爭中立於不敗之地。

其次，認同企業經理人才的價值，塑造相互配合的團隊精神。企業的發展離不開全體員工的努力。專業管理人才在企業的發展中具有至關重要的作用。作為企業老闆，既要認同專業管理人才對於企業的貢獻，更要維護經理人才在企業中的地位和尊嚴。在現代企業中，個人絕對權威的地位正在下降，團隊的作用正在不斷提升，而團隊自然不是老闆一個人，是包括專業管理人才在內的全體員工團隊。只有把經理人才看作自己事業團隊中的一員，把他們當作自己企業整體中不可缺少的工作夥伴，認同他們的勞動價值，特別是尊重經理人的勞動價值，兌現許諾的激勵措施，才能充分發揮他們的聰明才智。

最後，尊重專業管理人才的個性發展，打造展示才華的發展空間。盲目自大，唯我獨尊，是許多企業老闆易犯的「常見病」、「多發症」，而這些正日益成為阻礙企業健康發展的制約性因素。提倡企業家注重平等互利，相互尊重，民主集中，共同成長的文化精神，就是要防範企業老闆任人唯親，獨斷專行的不良作風。維護經理人才的利益，尤其是尊重專業管理人才的個性發

展，為經理人才的職業生涯做好規劃應是企業老闆的「必修課」。

員工才是整個大廈的支柱

企業成功靠的是人才。一個人在進企業之前只是一塊「材」，策略型人力資源管理就是要塑造這塊「材」，激勵他把「才」發揮出來，變成「人才」，從而為企業創造更多的「財」。

「一方面，人事經理為找不到合適的人才頭疼；另一方面，優秀的人才卻頻頻提出離職申請。之所以出現這樣的局面，是因為企業未能形成良好的策略型人力資源規劃。」在一所大學總裁高級研修班上，該大學的特聘姚講師姚講師以「策略型人力資源如何為企業創造價值」這項話題，為學員上了生動的一課。

姚講師的另一個身分是創值企業管理顧問有限公司的創始人。在成立這家公司之前，他曾擔任過 IBM、TI、ICI 等多家跨國公司的人力資源高階主管，擁有近三十年的跨國公司人力資源管理經驗。

把「材」變為「財」

對於策略型人力資源管理的目標，姚講師形象解釋說：「企業成功靠的是人才，而對於一個人來說，在進企業之前是一塊『材』；被企業招了進來，策略型人力資源管理就是要塑造這塊『材』，激勵他把『才』發揮出來，變成『人才』，然後為企業創造更多的『財』。」

然而，要做到這一點並不容易。據姚講師介紹，前不久一所大學對一百五十位 CEO 做了一個抽樣調查，結果顯示：其中一半以上的人表示要在兩年內離開公司，原因是公司沒有長期規劃，企業沒有建立合理的績效制度；而 90% 的企業人力資源部門則表示，他們在面臨著同樣的問題 —— 企業人才

短缺，無法應付資訊時代的挑戰。

「人才不足本身不是危機，留不住人才是企業的危機。」對此，姚講師的建議是人力資源部門「盡量從事務性的工作中解脫出來，多向策略方向轉變」。

所謂事務性的人力資源工作，是指為員工辦理的繳納、發放勞資福利、管理員工檔案等日常工作。姚講師認為，這些工作完全可以外包給專業的公司，因為這些工作做得再好，充其量也只是能維持企業目前的競爭力，並不能提升企業競爭力，而只有建立好了策略型人力資源制度，完善企業用人、留人機制，才能對企業真正發揮強大作用。

人力資源策略從徵才開始

「制定有效的人力資源策略要從哪裡著手呢？」有些學員急切問。「其實這種策略從徵才員工那一刻就已經開始實施了，關鍵的是要與企業策略相結合。」姚講師說。

接下來，姚講師以他服務過的 IBM 為例來闡述他的看法：「IBM 的策略一直以來都是『讓強項更強』，核心競爭優勢在於其客戶服務能力和產品研發能力，所以他們在徵才的時候特別注重員工的服務意願和創新能力。」

IBM 認為，有服務意識的人對周圍環境的敏感度較高，具有一定的判斷分析能力，能在與人的交流中發現「弦外之音」；而有創新意識的人必然具有獨立思考能力，不會簡單的用「YES」或「NO」回答問題。所以面試時，他們經常會設置一些看似無關緊要而且無從下手的問題，來考驗應聘者。

譬如：他們會問前來面試的人員：「你知道美國有多少加油站嗎？」如果對方未經思索就回答「對不起，不知道」，那麼他一定不是 IBM 的考慮對象。如果該員工回答說「美國一共有多少輛車，按照需求計算，大概會有 × 個加油站」，那麼這一關就基本透過了。「IBM 要的並不是準確答案，而是考驗面試者是否善於思考，是否具有一定的邏輯推理能力。」姚講師說。

讓企業經得起員工的考驗

「找到合適的人才只是企業人力資源策略邁出的第一步，接下來是留住人才，那麼怎樣才能留人呢？」姚講師開始提問。「建立培訓機制」「提供充分的升職空間」……學員們紛紛給出了自己的答案。

「都很對，但最重要的還是給員工信心，讓他覺得自己在企業有所發展。這當中，上下暢通的溝通機制最為重要。」姚講師接著說，一般員工在進入企業的前三個月中，流動率高達30%，主要的原因就在於很多企業在徵才時講得天花亂墜，導致員工的心理預期較高，一旦發現事與願違，他們就會中途而退，也就是說，員工對企業有一個「考驗期」。

而IBM的經驗表明，如果在這段「考驗期」中，企業的管理者能經常與新員工溝通，及時了解他們的困惑，讓員工感受到公司的重視與關懷，這種情況會好很多。在IBM，這種制度叫做「無障礙」溝通，員工可以「越級」溝通。

不要紙上談兵

當然，企業的人力資源制度不是單一的，而是要有一整套流程。姚講師接著說，就IBM而言，除了「無障礙」溝通，還有新進員工的培訓計畫。一般新進員工在接受六個月的培訓後，就可以「大展手腳」，企業採取的是「放權式」管理。

對於表現特別出色的員工，又有「Dinner for two」，獲此殊榮的員工可以在某個價格範圍內帶家屬去「美餐一頓」；而「接班人制度」則是基於員工職業生涯規劃為其量身定做的發展計畫，「如果你沒有培養出可以接替自己的『接班人』，你就沒有升遷的機會。」

國際企業的生動事例讓在座的學員漸入佳境，眼看課程即將結束，又有學員提出：「要建立策略型人力資源管理機制，最關鍵的是什麼？」

「毫無疑問，那就是企業決策層、高管團隊和人力資源部門要達成共識。」姚講師提醒在座的學員：「各位都是公司高層，其中的道理想必都很清

楚。人力資源策略的效果歸根結柢在於執行如何，而執行是一個自上而下的過程，如果上述三者沒有建立配套的機制，一切都只是紙上談兵。」

找到問題的根源

一般人認為，留住人才並不需要什麼祕方，只需委以重任、給足薪水就行了。遺憾的是，員工「跳槽」的現象還是時有發生。下面列舉一些員工辭職原因及防範措施，供企業人力資源管理部門參考。

未能因才任用。員工的表現有時並不一定能反映他對公司的滿意與否，一些能力高強的人，時常可以把自己興趣不大的工作做得很出色。某家公司有位負責研發部門的主管，表現優異，屢創佳績，但他真正的興趣是產品銷售。以公司的觀點來看，他留在研發部門當然最好，但由於他一心嚮往銷售部門的工作，所以只要別的公司給他這樣的機會，很快就會「跳槽」。留住這類人才最常用的辦法是讓他身兼二職。如果他能勝任，兩方面都能做好，那將是一舉兩得的好事。

對管理者不滿。要談部屬為什麼對上司不滿，是一本書所有的篇幅也寫不完的話題，但不論什麼原因，如果上司能經常保持一扇敞開的門，進行平等溝通，就可以化解上司與下屬之間的矛盾。如果把善待下屬看成是管理者的責任的話，那麼下屬也有責任把自己的困惑與不滿告知上司。溝通是雙向的、多角度的、多層次的，也是複雜的、多面的、曲折的，切忌單向、直線、淺層次，避免簡單化。上司雖然不能完全看透員工的心思，但卻能使溝通的管道保持暢通。即使公司規模已經大到不能叫出每個下屬的名字的時候，仍需保持溝通。只要有人要見老闆，不管是三分鐘抑或是三小時，老闆一定要安排時間會見。溝通產生凝聚力，也許有些人不相信這一點，但很多聰明的老闆卻是這麼做的。

「千里馬」難安排。老闆偶爾會很幸運得到「一匹千里馬」，他兵貴神速，其能力遠遠超過他目前的職位。問題是他該跑多遠，又該跑多快？提升這樣的人要動腦筋，處理不當的話，不僅會失去人才，而且會惹惱被他遠拋在後的同事。曾經有一家彩色電視生產企業的銷售部門聘用了一位年輕人。沒過多久，大家就看出他是「一匹純種良駒」，而他的上司只是「一頭牧耕之牛」，公司老闆考慮，如果把他直接調到他上司的職位，就會影響公司的組織結構，放置不用又擔心他日後「跳槽」。老闆經過認真考慮之後，把他調至分公司，實際上是讓他連跳三級，而被他越過的人並未產生多少埋怨。

年輕充滿理想。剛從大學畢業的年輕人，通常在兩年之內最容易離職他就。他們年輕，充滿理想與期望，只可惜，他們的這些特點常被上司忽略。因此，作為一名管理者，你不必驚異於一個聰明而有抱負的年輕人，為求得發展而另謀高就。要避免這種人才流失，就要把他當作投資來看，第一年讓他有機會向公司裡最優秀的員工學習，交給他稍微超出他經驗範圍的工作，以後逐漸給他壓擔子。且如同所有的投資一樣，不要預期立刻獲利，要把眼光放長遠些。透過一段時間的實踐，他們的理想會變得更加實際，一旦發現所從事的工作適合自己，就會在工作中找到樂趣，拼命工作。

受高薪的誘惑。更高的薪水，當然是一般人「跳槽」的最大原因。對此，管理者還真沒有什麼解決的好辦法，尤其是在你覺得他們的薪水已經很高的情況下，更顯無能為力。對這種人，你可以嘗試著再加薪挽留，但這種做法通常不會對公司或員工有什麼好處。日前，一家國際獵頭公司分析了450位企業主管另謀高就的情況，在40個以加薪方式挽留的公司中，只有27人接受了加薪留在原公司，但在一年半內，這27人中有25人不是自動離去就是被企業解雇。由此看來，這些人的問題並不是單單用錢就可以解決的。

聘用雇員只是企業人力資源管理的開始，如何使雇員為企業發揮持久而高效的作用，才是最重要的。要留住人才，除了為其事業與生活創造優越條件外，努力改善企業的工作環境及人文環境，也是必不可少的手段之一。

為什麼流失的是能人

如果您留意，或許會發現：企業中離開的，往往是能人，而不是普通人。究其原因，企業組織、能人自己和外界環境均難辭其咎。

老闆 —— 你會正確給能人授權嗎？

對於能人，主管常常偏愛有加，久而久之在不經意間授予過多的權責，而超出了他本人所在職位應該對應的權責。其實，授權是一門藝術，它直接關係到企業組織的規範有序和工作效率。我們在授權時應注意以下四個方面：

首先，授權要責任權利統一；其次，同樣的權利只能授予一人，授權不能交叉；第三，忌諱授權過度和授權不足；第四，同級別的人授權要均衡，級別低的不能大於級別高的。

然而，不少企業出現責任權利不統一，除了體現在領導團隊成員之間外，還表現在中下層之間，尤其在有些家族企業表現得最為明顯。為什麼會造成如此的局面，原因就在於領導者對某一部門經理的信任，包括能力和感情，這樣一來的結果是中層經理的責權很大，而利小，累了大半天，也沒有得到應有的回報；其他經理有利（指錢沒有少拿）而無對應的責權，同樣也不舒服，很多工作沒有人做，很多人沒有工作做，整體的工作效率低下。

能人 —— 你明白恃才傲物的代價嗎？

能人自認為本事大，深得老闆的信任和賞識，結果口無遮攔，出盡風頭，招致嫉妒，和他人工作上的不配合。另外，能人恃才傲物，瞧不起下屬、同階級的人員，甚至瞧不起主管，而且往往把這種瞧不起他人的心態情感體現在口頭上，落實在行動上。結果就會導致上下左右人的反對嫉恨。更有甚者，素養不高，德性低下，往往授人以柄，成為眾人攻擊對象。再加上能人做事情多，出錯的機會也多，這更成為他人攻擊的軟肋。

環境 —— 是誰在慫恿你跳槽？

能人往往人面廣，外界有很多機會向能人暗送秋波，這些能人在這些外界因素的誘惑下、鼓噪下，有時會過高估計自己的能力，本著希望而去，其結果很有可能是希望而去失望離開。能人做不長久，頻繁跳槽，與此關係很大。

宿命 —— 為何能人總是犧牲品？

在上述綜合因素的作用下，作為能人往往由剛開始的熱情、大膽獻計獻策、忘我工作，到意見不能完全實施，到滿腹怨言，到四處放炮，到語言攻擊，到直接正面衝擊，到失望至極，到放言要離開，有的離開後再對公司造成傷害。作為企業組織，從最初對能人充滿希望，寄予厚望，到委以重任，到親見其工作中的失誤，到聽到對其不滿的意見，到見到他與其他人的不滿和他與其他人的衝突，看到他對主管的不滿和衝突，甚至與團隊大多數人的衝突，與整個組織的衝突、對抗，最後不得不逼他離開組織。

作為老闆對能人的態度也是從最初的欣賞，到支持，到不舒服，到抱怨，到失望，甚至到矛盾對抗。最後面臨團隊和能人的選擇時，老闆自然會毫不猶豫選擇團隊，而拋棄能人。能人便成為組織利益的犧牲品。

忠告 —— 能人如何保護好自己？

因此，告誡能人，尤其是涉世不深的能人，無論加入哪一個組織，要想發揮出自己的能力，彰顯出自己的智慧，牢記三條：首先，保護好自己，躲在戰壕裡戰鬥，不要輕易跳出戰壕衝鋒，防止流彈、冷槍、黑槍。第二，要與人多溝通，包括與下級、同級和上級，只有多溝通，大家才會相互理解和共鳴，只有理解了，才有可能獲得多方面的支持。沒有周圍環境的支持，靠站在老闆一人給你搭起的空中木板台上獨舞，是很不可靠的，因為老闆隨時有可能撤掉你腳下的板子。所以，英雄獨舞，不僅不能做成事業，而且還是

十分危險的。第三，要循序漸進，不要剛到一個組織就急急忙忙發表高見，要知你所謂的高見很可能在組織其他人看來要嘛是老生常談，要嘛是笑話，甚至是某一個重要人物（很可能是老闆本人）的傷疤。更不要急於建功立業，要耐心觀察了解，練習基本功，做到知己知彼、知天知地後，趁機借勢巧立功勳，累積資本，千萬不要沒有機會硬搶他人機會或創造機會，因為這樣的機會立下的功績還沒有負面因素大。弄巧成拙、偷雞不成蝕把米就是這樣出現的。

各式各樣的留才方案

越來越多的企業開始關注員工的福利，因為日漸高漲的薪資已使企業不堪重負，而且，單靠漲薪資這一短期（甚至是瞬間）效應已無法讓員工感受到企業的長遠計畫和關懷，某些企業的勞資關係似乎被彙聚在「你出一份力，我付一份薪」這種赤裸裸缺乏人情味的操作層面上。對企業來說，為少花錢多辦事，並讓員工感受到企業凝聚力，現在很樂意透過提供各種福利來增加職工地位的穩定性，增強職工的向心力，最終提高勞動生產率。於是，專為客戶設計福利方案亦即所謂「留才方案」便成了許多顧問機構津津樂道、積極參與的話題和課題。

客觀的說，留才方案在吸引和穩定員工、提高企業在員工和其他企業心目中的地位以及員工對職務的滿意度方面，確實大有裨益。員工的福利一般不須納稅，緣於此，相對於等量現金支付，福利在某種意義上對於員工就更具價值。

按常規劃分方法，福利通常可分為強制性福利和自願性福利。前者即根據政府的政策法規要求，所有在註冊的企業都必須向員工提供的福利，如養老保險、醫療保險、失業保險、公積金（即「四金」）、病假、產假、喪假、

婚假、探親假等政府明文規定的福利制度，還有安全保障福利、獨生子女獎勵等；後者則是企業根據自身特點有目的、有針對性設置的一些符合企業實際情況的福利。正是在自願性福利的設計上，許多企業不惜重金延聘企管顧問精心企劃，特別是那些效益好、人才流動率高的企業，福利方案更是成為阻止員工跳槽極為有效的「殺手鐧」。

歸納五花八門的福利方案，一般均含有如下內容：

住房貸款利息給付計畫。這是目前眾多企業普遍推行的較先進的一種方案，即根據企業薪資級別及職務級別確定每個人的貸款額度，在向銀行貸款的規定額度和規定年限內，貸款部分的利息由企業逐月支付。也就是說，員工的服務時間越長，所獲利息給付越多。

商業人壽保險。除正常的退休金之外，企業通常還為關鍵職位的員工購買商業人壽保險，並允許職工自行投保再增購一定數額的額外保險。

醫療及有關費用的支付。一些效益良好且屬於智力密集型的企業沿襲了過去全民所有制企業醫療費用全額報銷的方法。當然，仔細探究一下，不難發現這些企業均為成立年限較短、員工普遍較年輕的成長型企業。

帶薪休假。並非新興事物，但一些智力型企業放寬了帶薪休假期限，最長的已達三十天。

教育福利。對員工提供教育方面的資助，為員工支付部分或全部與正規教育課程和學位申請有關的費用、非在職訓練或其他短訓，甚至包括書本費和實驗室材料使用費。

法律和職業發展顧問。為職工提供法律及個人職業發展方面的服務，充分利用企業延聘的法律專家或顧問，為員工及其家庭提供服務。

子女教育輔助計畫。目前中小學甚至幼兒園日益高漲的贊助費已成為工薪階層十分頭疼的一項支出。企業適時推出「投資大人才，留住小人才」的計畫，正好迎合了他們的需求。除此之外，許多跨國企業實行雇員股票所有權計畫（ESOP），此舉尤受一些績優企業雇員的歡迎，不少雇員為保住股

票持有權甚至拒絕其他企業的高薪誘惑。值得關注的是，現在許多企業採納自一九八〇年代起風靡美國的「自助風格福利組合（Cafeteria-style Benefit Packages）」方案，也有人稱其為「綜合福利計畫」，即公司把花在每個雇員身上的附加福利數額告訴雇員，允許雇員在公司指定的多項福利計畫中選擇，直至花完其個人額度為止，但對某些重要福利則規定最低額度。此舉雖然甚受雇員歡迎，但也有不少缺點：管理和登記手續較麻煩、瑣碎，易引發管理成本上揚；雇員可能因缺乏專業知識和急功近利而造成選擇不當；易產生「逆向選擇」現象，即選擇自己較易發生問題的部分來進行保障，可能引發成本上揚。總之，在經歷高薪的陣痛之後，企業經營者痛定思痛，但深刻反省的結果，仍是必須留住優秀人才。五花八門福利方案的出台，則成為企業經營者在留住人才方面而奏效的法寶之一。

發現問題就要想辦法去解決

一直以來，各家公司都密切關注競爭對手的一舉一動，以防他們把自己的客戶搶走。而如今，各家公司還要隨時警惕競爭對手把自己的菁英人才挖走，至少要能招到並留住較為優秀的員工。我們已經進入爭奪人才之戰的一個新階段。

肆虐世界各地爭奪人才的戰火永不止息，使跳槽現象成了家常便飯。最近一項調查表明，大約 45% 的就業人員有過跳槽經歷。這比例在都市同樣很高，該市有 56.3% 的年輕人表示，希望能找到更好的工作。

關心人才關係到公司的根本利益。聘用和留住人才就等於降低了公司的徵才成本和前期培訓費用。此外，能夠留住人才的公司往往能更好把精力集中在客戶服務方面，而競爭對手則整日疲於徵才和培訓新員工。

那些能較長時間留住人才的公司往往有著較高的工作效率。公司如果留

不住菁英人才，就會喪失推出新產品或實施新制度所必不可少的技術和經驗。

所以說，爭奪人才對公司的未來發展具有重要意義，而且此役在所難免。但是，公司怎樣才能贏得這場人才爭奪戰呢？正像所有管理難題一樣，在人才之戰方面，也沒有一件簡單的、放之四海而皆準的法寶供各家公司來運用並能確保戰無不勝。

然而，世界許多大公司的經驗表明，這方面的確存在一些具有共通性的觀念和行為，經理人員若是能夠採納，情形便會大不相同。以下所講的就是這樣一些規律，一些可用來贏得人才之戰的武器。

有競爭力的薪資福利

有關如何贏得人才之戰的話題，往往要從「錢」字說起，也就是薪資待遇。

德勤管理顧問公司（Deloitte & Touche）的一位總監說：「錢是很重要的。如果薪資待遇沒有競爭力，那麼你在此基礎上所搭建的高樓大廈就會倒塌。」

要想在薪資方面具有競爭性，你就不能按照公司的內部章程制定薪資標準，或每年只是漲個固定的百分比，而是要看某類人才的市場價格是多少並至少向這一標準看齊。

但是，保持薪資待遇的競爭優勢僅僅一味看齊還不夠。對一些非留不可的頂尖人才還要在私下另行額外獎賞。正像美國羅森柏斯國際有限公司（Rosenbluth International）的 CEO 羅森柏斯所說的，「你對自己所有的孩子都會喜歡，而不想讓其中一個孩子感覺高人一等，可話雖如此，有的孩子拿回家的學業成績就是比別的孩子好。」

員工福利所具有的長遠意義也不能忘記。研究常常表明，豐厚的員工福利會增加員工的忠誠度。員工們看重的不是具體某個福利本身，而是這些福利說明了公司實行的是什麼樣一種企業文化，以及公司主管是如何關心員工利益的。

例如：總部設在美國的酒店管理公司 Sivica Hospitality 就規定，各部門的總經理只要為公司服務了五年，就可以享受九十天的帶薪長假。這樣一來，該公司員工的流失率一直是零。

當然，福利方面的投入會是很大的。但是，那些提供了豐厚福利的人說，就員工的積極性、工作效率、參與意識以及流失成本而言，回報也是巨大的。

SAS 軟體研究所（SAS Institute）在這方面的做法就值得借鑒。其具體待遇包括研究所為員工提供全套免費健康保險、健身中心和洗衣設備，並規定一到下午六點，全體員工一律下班回家。在 SAS，任何有關福利待遇的提議都必須滿足下面三個條件才能採納：是否符合該機構的企業文化？是否符合絕大多數員工的利益？所期望獲得的價值是否起碼能達到投入水準？

在爭奪人才這場戰役中，不應該視錢過重，但又很容易出價過高。任何保住人才的策略方案如果僅僅是基於福利待遇的話，從長遠來說都是不會成功奏效的。而要想成功，這樣的方案就必須將符合市場價格的福利待遇，與吸引人才的獨特工作環境結合起來。

提供高薪資只能使你具備了一定的競爭實力，而並不能夠保證你將贏得這場戰爭。下文介紹的其他做法便是要解決這個問題。

未雨綢繆的留人計畫

正如商場的競爭一樣，如果做了有條不紊的規劃，你就會在爭奪人才的競爭中取得佳績。

正是有了規劃，Boardroom 公司的副總裁海納（Sarah Hiner）才能制訂出她所稱的「自衛戰術」。她的建議是，要為某些個別員工的離職做好打算。她說，「每當員工辭職時，我手頭總有一些應對方案。這樣，真是遇到燃眉之急的時候，我會知道該怎麼做。」

要做好人才規劃，必須了解員工到底為什麼要換工作。那人員為什麼要

換工作呢？很多人都以為是由於經濟方面的原因，但並不總是這樣。有九成的情況是因為員工想要更具挑戰性的工作。他們想要那種生動有趣、非常職業化和頗具挑戰性的工作環境，使他們能夠有所發展並更能把握自己的前途和命運。

員工無論年齡有多大，一般是在一家公司做到第三年和第八年之間最有可能與獵頭公司聯繫。據一家獵頭公司的人說：「這些人在一家公司做到這種程度，可謂事業有成，經常跑來跑去，他們會覺得自己的工作成績沒有獲得認同，於是就想，也許應該接一接獵頭公司的電話，至少聽聽他們會說些什麼。」

制訂保留人才策略的第一步是要做出一份商業計畫，目的是說明經理人員弄清員工流失所造成的損失和後果是什麼，是否存在人才流失問題，並確定解決問題所付出的代價是否比人才流失造成的損失還要大。

CEO 的親自溝通

《Leading the Way》一書的兩位作者甘多斯（Robert Gandossy）和埃弗龍（Mark Effron）都建議說，領導人需要「親自與他人進行溝通交流。領導人的職責就是領導，而且要親自領導」。

舉個例子，IBM 公司普及計算部門的總經理阿德金斯（Rod Adkins）為三十多位非直接下屬提供輔導，而且他提出每三個月和每一名員工交談至少三十分鐘。他還實行了一種逆向輔導流程，即：讓一位新員工來輔導他。這樣，他可以從另一個角度得到回饋意見。

賽普拉斯半導體公司（Cypress Semiconductor Corp.）總裁羅傑斯（T.J. Rodgers）把留住人才當作他這位 CEO 一件個人的事情對待。在他寫的《No Excuses Management》一書中，他解釋了當一位重要員工說他想辭職時，他所採取的「回應策略」：

1. 立即回應，在五分鐘之內做出。沒有比處理員工辭職更重要的了。

2. 立即向上級彙報。如果賽普拉斯公司有人辭職，我希望這種事情直接報到我這裡來。

3. 認真傾聽員工是怎麼說的。

4. 將你的反駁意見構思準備好。一旦了解情況之後，就制訂方案，看如何能說服這名員工留下來。

5. 透過解決員工問題贏回他的心。

6. 防止此類問題再度發生。這也是第一步：想一想你的員工，盡量預想到將來他們哪些地方可能會出問題。

為員工考慮的經理人

世界各地的經理人不光把留住人才作為個人的事認真對待，而且還在想方設法透過新穎和賦有創意的形式把此事做好。有些公司制訂的計畫，要求經理人到他們員工的職位上做一段時間。例如：美國佛羅里達棕櫚海灘的四季度假酒店（Four Seasons Resort Palm Beach）就為酒店經理人員實行了「工作交換日」制度，使他們能夠了解和體會不同職位的日常工作情況和員工平日遇到的各種問題。該度假酒店的經理戈斯塔恩（Harry Gostayn）說：「這樣可以使他們進行換位思考。去年，我自己做的是洗衣房工作。」

戈斯塔恩說，員工流失現象本身減少了，但這項投資的最佳回報是員工的士氣提高了。他說：「幾個月之後，人們對此事還在津津樂道，因為我們已經體驗了他們的工作，也就不會讓他們做無法做到的事情了。」

良好的職前培訓

員工上班的第一天，你留住菁英人才的努力就已經開始了，而最具體的體現就是為他們提供的職前培訓。

我們不妨研究一下聯邦快遞公司的經驗。在二○○○年，聯邦快遞公司徵了了三萬五千名員工，他們大多數是補充離職員工的工作空缺。這足以使該公司主管人事的副總裁想要了解一下為什麼會這樣。經過專案小組的調查

發現，員工流失問題實際上可以追溯到他們上班的第一天。目前所實行的職前培訓流程不光效果不佳，很多時候根本就沒有。

為改變這一狀況，聯邦快遞公司推出一種「新員工培訓套件」，內容包括CEO來信、事項清單、經理人員可以簽字和進行個性化處理的歡迎信，以及可根據具體情況進行修改的各分公司情況。該套件也是為經理人員準備的一種管理工具。套件還包括三十分鐘的影片，向新員工全面介紹公司的各種情況。影片所傳達的中心思想是：這家公司值得你長期做下去。

認識到正確為員工提供職前培訓意義重大的公司絕不止聯邦快遞一家。在許多大公司中，一個頗具共通性的最佳舉措就是建立一套出色的員工職前培訓計畫，而最新研究結果證明，這樣做是何等的英明。

康寧玻璃公司（Corning Glass）的一項研究發現，經過正面職前培訓的新員工三年後繼續留在公司工作的可能性比沒有受過類似培訓的員工高69%。

研究指出，如果職前培訓計畫做得出色，新員工會覺得自己是團隊中一位受到重視的重要成員。同時會對公司遠景有大致了解。並使新員工相信，他們都會受到耐心細心的培訓。也為新員工與同事、上級和管理層之間發展友好關係提供了機會。

第一印象是永恆的。如果你能充分發揮職前培訓的作用，那麼當你的員工在不可避免遇到挫折後仍能保持積極向上、忠誠不渝的精神時，當你同樣不可避免遇到競爭對手的進攻，要把這些人從你的公司挖走時，你才能感受到職前培訓的意義有多麼重大。

同事友誼

研究表明，員工若是和上班同事成為好朋友，一般情況下對工作都比較滿意，而且效率會更高。根據蓋洛普有關工作滿意度的調查，在最重要的十二個滿意條件中，有一項就是員工說「我同事中有我最好的朋友」。

不難理解，員工若是和同事建立了深厚的友誼，工作起來就會更加舒

心愉快。為了營造這種友好協作的氣氛，經理人員需要開展各種活動，增進員工之間的友誼。有些公司還擅長鼓勵員工推薦自己的朋友來填補公司的職位空缺。

發展機遇

無論是馬斯洛還是明茲伯格，人事問題專家早已提出了提供發展機遇的重要意義。正像一位躋身高待遇公司的員工所說的，「假如我的工作沒有挑戰性，那麼公司為我做的其他事情再好，對我來說也是無所謂。」

根據某報紙做的一項調查顯示，有 63% 的年輕人換工作是因為他們認為這樣做將有更多的發展機遇。接受調查的一位年輕專業人士說：「如果發現現在的工作沒前途，我會毫不猶豫選擇離開。」年輕人更關注所做的工作是否能夠使他們展示自己的才華，而不是薪水有多少。

Success Labs 的總裁菲利浦（Bill Phillips）表示：「我們每年研究員工調查時都會發現，員工們關心的首要問題其實是發展的機遇，而不是能夠拿多少薪水，說白了就是能否學到吃遍天下的真才實學。」

員工歸屬感

許多公司都擅長擴大工作範圍，比如：賦予員工更多的職責等等，但是很少有公司在豐富工作內涵方面做得同樣出色，也就是更能使員工感到與公司的奮鬥目標息息相關。那些能夠提供這種歸屬感的公司更容易留住菁英人才。

很多公司的員工經常和公司的目標或發展前景脫節，而埃克森美孚石油公司（Exxon Mobil）使員工對自己在整個公司中所扮演的角色有了一個更清楚的認識。該公司為那些操作工廠設備的流水線工人制定了一套培訓計畫，使他們可以看到公司的發展前景。

有一家生產手提包的工廠中，工廠經理的一個最大的創意就是把完成的

手提包樣品掛在工作區域。這種看似很小的舉動卻使工人們有了一種更強烈的自豪感。

類似這樣的做法可以使員工積極動腦筋，想到他們本職工作以外的事情，比如：如何解決問題以及如何以批判的眼光看待問題等等，這些都能使員工有一種主人翁的自豪感。

一個關心員工的好老闆

研究表明，員工喜歡某個工作，五至六成的原因是他們有一個好老闆。其實，人不是衝著公司工作的，是衝著人。而且老闆如果非常好，別人會死心塌地跟著他做。

好老闆會對自己的得力幹將關懷備至，會時時注意哪些舉動將有助於員工的事業更上一層樓並指引他們遠離錯誤決策。好老闆讓員工參與決策，想員工所想，急員工所急。

這其實就是平易近人。很多情況下，員工真的只是想和你聊一聊。領導者可以透過問下屬這樣的問題來積極傾聽員工的心聲，「事情好在哪裡呢？」「我怎麼能幫到你？」等。

如果員工和上級有這樣的談話，他們就知道，作為個人來講，老闆是體諒他們的，願意傾聽他們的意見，理解並感謝他們這樣做。而公司要想使員工滿意並留住人才，這些都是很重要的。

領導技巧培訓

公司要想有出色的老闆，就必須把他們培養成這樣。你可以創建一家優秀的公司，但如果到頭來員工的老闆太差勁，他們很快會走人。Synovus Service Corp 的總裁詹姆斯（Lee Lee James）說：「對大多數員工來說，老闆就是公司。」

在孟山都公司（Monsanto），足足有半數高階經理人的獎金是根據他們管

理員工的技巧而確定的。

為了增加留住菁英人才的機會，Synovus 要求它的所有經理人都必須參加公司舉辦的「領導力之根本」（Foundations for Leadership）研討會。他們還必須符合公司的「領導能力模型」（Leadership Expectations Model），該模型要求經理人在以下四個方面都要取得優異成績：體現公司價值；與員工分享公司遠景；幫助員工事業有成；以及管好公司各項業務。

研討會的一個重要內容是學習如何處理好矛盾衝突，因為若不及時解決矛盾，一旦積壓，就足以使員工逃之夭夭。其他內容包括溝通技巧、主動傾聽技巧以及人際關係技巧等等。

競爭對手出高價怎麼辦？

不要覺得他漲價你也得漲。Robert Half International Inc 的研究人員曾經問過 150 位最出色的經理人這樣一個問題：優秀員工離職原因何在。有 41% 的被訪者認為，原因是員工覺得發展機遇渺茫；有 25% 的經理人把此事歸咎於員工的業績缺乏認可；只有 15% 的人認為，薪資是主要因素。

我們不能忽視為了錢而跳槽的這 15% 的員工，但是從總體上講，金錢不是驅使人們走入市場的主要原因。實際上，經驗豐富的獵頭人士認為，如果促使某人換工作的唯一原因就是錢的話，那麼此人是很危險的，因為會有其他錢袋更深的公司出來，再次把他挖走。

當然，也有例外情況。假如某名員工對公司的運營狀況至關重要的話，那麼你可能要考慮和競爭對手一樣出高價了。然而，正像 Summit Consulting Group Inc 總裁韋斯（Alan Weiss）所說的，「你必須確信這是一位不可多得的人才，否則，就不要這樣做。」

韋斯說：「在作回應出價之前，一定要肯定這是錢的問題，而沒有其他原因。如果給他們漲 15% 到 20% 以後，他們還是要走，那就不是錢的問題了，而是另有原因。比如：他們覺得工作沒有前途，或不喜歡老闆等等，都有可能。」

而一旦做了回應出價，就要確定所有促使員工離職的問題都已得到解決。還可以考慮提供其他額外的福利，提供升遷，給予更多的職責，換換工作，由公司出錢提供培訓教育或員工提出的其他公司吸引他的其他任何東西。

為非全日制員工提供福利

若貴公司依賴很多非全日制員工的話，考慮一個建議：如果為非全日制員工提供全日制的福利，會徵才到並留住更優秀的人才，最終得到回報。其實，由於世界各地非全日制員工的數量在增加，因此為他們提供一定的福利正成為吸引和留住優秀員工而普遍運用的手段。

像優比速和星巴克這樣的公司在這方面已經小有名氣，它們為其非全日制員工提供了各種慷慨的福利。

隨著非全日制員工比例的增加，尤其是假如像預計的那樣，五十年代出生的人在跨入退休年齡前仍然以非全日制工作為主的話，那麼向非全日制員工提供福利待遇就可能成為吸引和留住高素養人才較為普遍運用的手段。

麻塞諸塞大學（University of Massachusetts）教授蒂利（Chris Tilly）認為，為非全日制員工提供福利待遇的公司已經成為高素養人才青睞的去處，而這些人又反過來透過優質服務幫助這些公司成為更有力的競爭者。他說：「這樣的公司現在很吃香，它們服務好，但要價也高。而要想提供優質服務，就得聘用長期合作的優秀人才。」

第九章
送上一片真誠，留下一顆忠心

高薪不是人才激勵的唯一辦法

一份來自企業的調查表明，排在第一位的是承認工作成就，排在第二位的是參與感，高薪只排在了第五位。

激勵不一定花大錢

美國國際管理技術公司的著名彭培訓師，日前在給企業高層管理人員授課時出了這樣一道題：請學員按照激勵因素的重要性排列出一個單子。就在許多人將高薪排在第一位、參與感放在最後一位時，彭老師公布了一份來自企業員工的調查結果：排在第一位的是承認工作成就，參與感為第二位，高薪則排在了第五位。「激勵並不一定是花大錢的。」儘管彭老師的結論使在場的高層經理人員滿頭霧水，但我們仍然能夠為那種「花大錢」的做法找到反對理由：

其一，人才成本決定產品單位成本。一個產品的價值由 C ＋ V ＋ M 構成，其中 V 代表員工的薪資即人才成本，這類成本是一次性轉移到新產品上去的，顯然，人才成本即企業員工的薪資越高，分攤在單位產品的成本就越

大，從而在同類產品中的市場價格就越高。在如今價格競爭依然十分激烈的情況下，企業的產品市場銷售勢必由此受到影響。而一旦出現這種事實，就會反過來阻滯和延緩企業的正常資金流動，增大了人才的風險成本，即企業若無力或不按時兌現薪資時，很容易出現人才的背叛。

其二，邊際效益遞減作用。現代企業報酬已經超越了工業文明時期「出多少力，給多少錢」的計件薪資式的分配內涵。因為對於人才而言，工作績效主要取決於對企業的忠誠度，事實證明，再多的報酬並不一定買到人才的忠誠和對事業有所成就的渴求。相反，對人才以過多的報酬競爭將產生負面效果，就像某些職業體育給人們的警示：在一定時期內，給某些運動員付成倍增加的薪水並不會提高競技水準。這也符合邊際收益遞減法則，報酬提高到一定程度就失去了其作為激勵因素的價值。

其三，人才創新能力的弱化。心理學認為，低薪資或適宜的薪資水準有利於人們去繼續爭取更高的報酬和晉升，從而激發人的創造欲望，相反高薪容易形成享受者對企業的過分依賴和優越感，進而沖淡人才的創造本能。這也許就是經濟學家熊彼得為什麼提出已開發國家企業將在「創造中死亡」和摩托羅拉、IBM 公司在他們同行中所支付的薪資不是最高但卻吸引了他們所需要的優秀人才的另一種解釋吧。

據此管理專家建議，在制定薪資政策時，企業應主要從三個方面來考慮，即薪資的對外競爭性、薪資對內公平性及公司本身的支付能力。

用福利軟「手銬」套住人才

在，企業要與人才建立起「長遠契約關係」，除薪資等硬手段外，還得有效運用福利措施。是一個重關係的社會，再加上過去半個世紀國有企業體制在員工心中養成了一種慣性思維，即員工比較看重企業給予的福利。薪資一般被看成企業對人才勞動的補償，而福利則表示企業對人才的重視。如果企業能很好運用其福利手段，在建立「長遠契約關係」上可能達到事半功倍

的效果。

在惠悅公司二○○二年薪資福利報告中的福利專案達二十項之多，幾乎包含了員工的吃住行、生老病死等各方各面。當然，過多的福利不一定能夠達到很好的效果，反而會加重員工對企業的依賴程度。如何有效管理福利便成為企業關注的焦點。

從惠悅公司的報告來看，二十項福利中有 50% 的企業在實施的占 10 項。排在第一的出差計畫所有企業都在實施，其後依次是培訓計畫（98.8%）、醫療福利（97.6%）、退休福利（94%）、固定獎金（94%）、失業保險（94%）、超時工作政策（90.5%）、工傷保險（71.4%）、非固定獎金（63.1%）和政府住房基金（52.4%）。

由此可見，培訓在企業中受到非常的重視。這一方面反映了知識經濟時代知識的更新日益受到企業的關注，另一方面也說明員工對自我發展的重視和對自我提升的渴求。

要想福利有效，首先，必須讓你的福利專案很好滿足人才的需求。在美國，領先的公司如甲骨文（Oracle）、波音（Boeing）和萬豪（Marriott）利用網路和自助呼叫中心讓員工自己管理和選擇自己的福利方案。這方面可以大大減少企業為員工設計福利方案的繁雜任務。另一方面可以讓員工自己選擇更個性化的福利方案，從而更有效提高員工滿意度、加強員工忠誠度。其次，福利要有彈性。貝爾公司他們的福利政策，始終隨著人才市場及員工的需要變化在改變。公司員工平均年齡二十八歲，正值成家立業之年，購屋置業是他們生活中首要考慮的問題，貝爾推出了無息購屋貸款，給員工在房價高漲之下的購屋助一臂之力。而且員工工作滿規定年限，此項貸款還可以減半償還。再次，實行薪資福利的方式也在不斷創新，除了讓員工參加到自身的福利設計以外，還可以按照員工的福利需要推出「福利組合」。其中包括健康諮詢、心理諮商、健身運動、特色保險、購物卡、出國旅遊，員工可以根據擁有的額度自由選擇。

給予人才認同感

　　德國著名管理學家赫爾茲伯格透過發給工人調查問卷表格得出結果，提出了「動力保健」理論。他認為，在工作中有兩類激勵因素：第一類因素是與激勵有關的因素，它們是成就、讚譽、工作本身、責任、進步和成長。這些因素積極激勵著員工去工作和生產。但是，第二種被稱為「保健因素」更是必不可少。這些因素從本質上與激勵是毫無關係的。但是，如果缺少這些因素將會造成員工的不滿。這些因素是管理、公司政策、與管理人員的關係、薪水、工作條件、地位、安全和個人生活。據此他認為，薪資是吸引人才的一個重要因素，但決定員工最後選擇的往往是企業整體的環境，即人才對企業的認同感。在一些企業，他們的薪資政策是給最優秀的人才支付最有競爭力的薪資，他們認為他們的人才是最優秀的，薪資當然是最好的。但在另外一些企業裡，他們可以支付很高的薪資，但是它們在薪資支付上不占先，卻同樣可以吸引到最優秀的員工，企業的文化、企業的名氣、員工在企業的發展機會、企業經營業績，這些使員工並不會因為企業的薪資不是最高而不加入這個企業。

　　如何增強人才和員工對企業的認同感？國際著名管理顧問尼爾森（Bob Nelson）為我們提供了五個不需任何花費的方法：

1. 有趣及重要的工作：每個人至少要對其工作的一部分有高度興趣。對員工而言，有些工作真的很無聊，管理者可以在這些工作中，加入一些可以激勵員工的工作。此外，讓員工離開固定的工作一陣子，也許會提高其創造力與生產力。

2. 讓資訊、溝通及回饋管道暢通無阻：員工總是渴望了解如何從事他們的工作及公司營運狀況，管理者可以告訴員工公司利益來源及支出動向為開端，確定公司提供許多溝通管道讓員工得到資訊，並鼓勵員工問題及分享資訊。

3. 參與決策及歸屬感：讓員工參與對他們有利害關係事情的決策，這種做法表示對他們的尊重及處理事情的務實態度，當事人（員工）往往最

了解問題的狀況、如何改進的方式以及顧客心中的想法；當員工有參與感時，對工作的責任感便會增加，也較能輕易接受新的方式及改變。

4. 獨立、自主及有彈性：大部分的員工，尤其是有經驗及工作業績傑出的員工，非常重視有私人的工作空間，所有員工也希望在工作上有彈性，如果能提供這些條件給員工，會相對增加員工達到工作目標的可能性，同時也會為工作注入新的理念及活力。

5. 增加學習、成長及負責的機會：管理者對員工的工作表現給予肯定，每名員工都會心存感激。大部分員工的成長來自工作上的發展，工作也會為員工帶來新的學習以及吸收新技巧的機會，對多數員工來說，得到新的機會來表現、學習與成長，是上司最好的激勵方式。

尼爾森認為，為順應未來趨勢，企業經營者應立即根據企業自身的條件、目標與需求，發展出一套低成本的肯定員工計畫，他的看法是，員工在完成一項傑出的工作後，最需要的往往是來自上司的感謝，而非只是調薪。

尼爾森並特別強調，讚美員工需符合「即時」的原則。管理者應能做到在每天結束前，花短短幾分鐘寫個便條紙對表現好的員工表示稱讚；透過走動式管理的方式看看員工，及時鼓勵員工；抽空與員工吃個午餐、喝杯咖啡；公開表揚、私下指責等，管理者只要多花一些心力，員工卻能受到莫大的鼓舞，使工作成效大幅提升。

企業留人，事業留心

對於「高薪為何留不住人才」的話題，許多管理者提出了他們獨到的看法，有讀者認為：當人的基本生理、安全等需要得到滿足時，運用「需要的普遍性原理」激勵已經過時，應運用「需要的層次性原理」，並且人的需要是分層次、成階梯式逐級上升的。筆者認為，這項觀點存在兩個根本性的局限：

1. 這項觀點是假定在較低層次的需要滿足後，才能逐級上升到較高層次的需要。雖然在技術上這是真實的，但事實上人的各種需要還具有並

存性。儘管他還沒有滿足安全需要（普遍性），但他可能已經滿足了自尊自豪感（層次性）。

2. 這項觀點的前提條件是假設各種假設需要的順序是準確的和適用的，但是事實上，文化教育的不同會使這一假設產生差異。美國人可以在滿足生存需要（普遍性）後，才去追求自我實現（層次性），印度人卻儘管貧窮飢餓，也要去實現自身價值。

高薪為何留不住人才？因為人的需要不只是高薪，作為管理者沒有真正了解人才的心。心不在焉，人在曹營心在漢，外界產生動心的誘惑，人才也就被挖了過去。所以，應該創造足夠的溝通機會，從言談中、從生活工作交往的瑣碎中去充分了解人心的迥異需要，建立個人的需求庫，以個人需要為基礎進行激勵，並利用相應的留「心」手法，配合高薪，便能留才。

1. 領導層留人。領導層對下屬的態度、看法、評價，領導者的人格、信譽、信用，員工會憑此自我判斷他在公司的地位和值不值得留下，不要讓他們活得很窩囊很沒面子。

2. 企業留人。現在，雖然沒有人會計畫在一間公司做一輩子，但也沒有人願意幾個月就跳槽一次，沒有人願意在一間平平凡凡的公司工作，也根本沒有人願意跟一個窩囊的上司。

3. 福利留人。薪資福利制度仍是現階段的主要留才手段之一。包括康樂活動，圖書報刊，進修學習，醫療保健，安全保險，勞工保險，電話郵政，年終獎勵，春節假期，班車服務，旅遊計畫，住房計畫，家屬安置，無息借款，員工持股等。

4. 事業留人。工作是否具有挑戰性、趣味性？是否真有一個大舞台讓員工大展拳腳？別讓他們甚至連海市蜃樓都見不到。無聊絕不是件容易的事，沒有人是想做混混，公司損失的不過是微不足道的金錢，員工付出的可能是一生的賭注。

5. 機制留人。可能你常聽到這樣的抱怨：「他憑什麼升任主管？」「我倆表現一樣，他的待遇就是比我高。」要檢討公司的用人機制、晉升機制、評估機制是否合理公正。

6. 情感留人。情感投資具有潛移默化的感恩效果。除了日常生活點滴

外，最佳時機是員工最需要幫助的時候。

7. 人際留人。有近乎一半的人是因為不能正確處理好上下級之間、同事之間、客戶之間的關係而令他們陷入四面楚歌的困境，並以跳槽作為解脫的第一選擇。

留不住人才的私企

據一份企業人員流動狀況的調查資料顯示：在各種組合形式的企業類型當中，私人企業人才的「跳槽率」是最高的。很多私人企業一年甚至要走掉「幾撥人」，這種現象在內地的企業裡表現得尤為明顯。私人企業是未來經濟發展最活躍的因數，但企業內部人員的頻繁流失無疑會給這些私人企業帶來人力資源上的缺口，使企業發展嚴重「供血」不足，但私人企業為何會出現留不住人的現象呢？

原因一：企業對人才的「占有欲」強，造成工作環境較為惡劣

私人企業不僅資產、資本私有，而且還總是想把人才私有，以實現對人才的「全擁有」，突出表現在以下兩個方面：

1. 工作時間無休止。一位從事快速消費品的朋友告訴筆者，他所在的一家中型規模的私人企業，工作起來從沒有時間「概念」，不僅禮拜天、節假日不明晰，就是一般的請休假也不准許，至於一天的工作時間，除了正常的上班、下班之外，就連晚上也不放過，通常是吃了晚餐後，還要工作到十點以後（該企業提供食宿），一天二十四小時，除了吃飯、休息，基本上都在工作，平均工作時間是十二～十五小時，此種作息時間，讓人長期處於疲勞狀態，以致這位同仁「衰老加快」，苦不堪言。

2. 工作範圍無界限。私人企業較為鮮明的特點就是一人身兼數職，還要隨時聽命企業臨時安排。一個私人企業的行銷人員，不僅在市場前線

「衝鋒陷陣」，回來後，還要做些裝貨、打掃甚至到生產線「充當工人」的事情，讓人不明白他們到底是行銷人員，還是「裝卸工」或「生產線工人」。

工作時間、範圍不明確，讓人不得不昏天暗地、沒日沒夜的做，工作環境異常險惡，久而久之，人員的厭惡之心頓起，人走也就不足為怪了。

原因二：企業運營不規範，有「法」不依人茫然

私人企業的運營往往是規而不範，有「法」不依，讓人不知所措，表現在：

1. 機制不健全，有「法」似無「法」。很多私人企業不是沒有「法」，而是也有一些零散於各部門的「法」，只不過這些「法」是擺設，沒有用機制去「串」起來，實現「連動」而已。比如：有的企業制度不少，但缺乏執行力，權利義務不清晰，同工不同酬，獎罰不分明，執行沒有組織，或者就是制度制定者、執行者同為一個部門，不能有效「傳輸」和公平執行，使企業看似有「法」，但實則無「法」。

2. 人治大於「法」治。即人大於「法」、情大於「法」。企業在經營過程中不僅「投機倒把」，蔑視「法律」，而且企業內部運營，也不是靠「法」治，靠機制、靠系統，而是個人靠權利、靠命令、靠指揮，來使企業正常運轉。一家私人食品企業，從產值幾千萬，到目前的兩個多億，一直都是「人治」天下。不可否認，私人企業在創業初期，「人治」因靈活、決策阻力小而使企業「船小好掉頭」，從而更容易獲得發展機會，但企業再上一個台階和層次之後，「人治」大於「法治」便暴露出諸多弊端：首先，用命令和指揮手段去操控企業越來越不靈，原因是企業大了，部門多了，命令有時「鞭長莫及」。其次，「人治」大於「法治」，使員工產生越來越多的不滿情緒，他們迷茫、困惑和抱怨，而積怨一旦加深，人也就離走不遠了。

原因三：企業任人唯親，人才「四面楚歌」

一位在私人酒廠擔任行銷總監的朋友給筆者打來電話，說企業裡一些部門要職被老闆親戚占據，身邊「底細」頗多，他說話、辦事都得小心翼翼，生怕說錯了什麼、做錯了什麼，他感覺他現在的處境是「煢煢孑立，形影相弔」，快要面臨「四面楚歌」了，這讓他很惶恐不安。

在私人企業，類似這位朋友的遭遇很多。由於私人企業剛開始大多都是家族企業或合夥企業，為了「安全」起見，使用的基本上都是與企業負責人有「血緣」關係的「自己人」，這些「大伯、二叔」、「三姑、四姨」等等親戚，一旦在企業擔任職務，外面的人才便很難施展開來，理由是：

1. 沒有言論自由。基本上都處於被監控的狀態，甚至連他們使用的辦公電話都可能被「竊聽」，使人「噤若寒蟬」，心理備受壓抑。
2. 行為處處受限。每個人都想在新的企業、新的環境「建功立業」，而要想實現這一切，就必須要對企業的「詬病」大動「手術」，也就必然要觸及一些部門及人員的利益。而私人企業由於各部門都是親戚連親戚，「牽一髮而動全身」，一旦他們感覺有人動了他們的「乳酪」，便會聯合起來，調集一處，「群起而攻之」：或向老闆打小報告、說壞話，或對其大加威脅和恐嚇，以致讓人「孤立無助」，最後不得不憤憤而含恨離開企業。

任人唯親，是私人企業最大的特點，也是讓人才流失的根本原因之一，正是因為任人唯親，所以人才倍感能力發揮無望，不得不「逼下梁山」，一走而解脫之。

原因四：企業用人「短視」，導致企業「惡名遠揚」

一些私人企業之所以長不大，與這些私人企業老闆的用人「短視」有關，他們在用人上的只看眼前，不顧將來，對人才「敲骨吸髓」，「民脂民膏」，使企業惡名昭著，臭名遠揚。一家私人飲料企業，在對於人才的使用上，其「精細」程度可謂「空前絕後」：

1. 對在職人員，總是想方設法「剋扣」薪水，並且很少告訴你「扣發」的原因，讓人感到不舒服。

2. 對離職人員，即便薪水不高，也要讓你「鐵公雞」拔出「三兩毛」來。不是扣你培訓費，就是罰你離職不提前打報告，要嘛就是讓你三個月後來取薪資，理由是看你有沒有「遺留問題」，總之一句話，罰你沒得商量。而其「招數」之多，「罰沒」之狠，真讓你望而生畏而又佩服得五體投地。但也正是這些短視行為，致使企業發展了十幾年，仍然亦步亦趨，掙扎在瀕死的邊緣。

「得道者多助，失道者寡助」，企業用人上的短視行為，最終會使企業「搬起石頭砸自己的腳」，不僅人才留不住，甚至人才也招不來，可謂咎由自取，失莫大矣。

私人企業是經濟發展的主力軍，也是未來經濟成長的新生力量，但市場經濟競爭的本質是人才的競爭，私人企業只有擯棄用人機制上的管理「短板」，不斷給企業注入新鮮「血液」，優化人力資源，做到人盡其才，人盡其用，私人企業的快速發展才有希望，私人企業才能迎來欣欣向榮、萬象更新的發展「春天」！

企業拉攏人的四種方式和兩大利器

社會的不斷進步和發展，離不開人類的勤勞和智慧；同樣，企業的繁榮與昌盛離不開企業的全體員工的努力和拼搏。人作為世界的主宰者，同樣也主宰著企業的興衰成敗，所以如何最大限度的開發員工的工作熱情及能力，如何減少公司優秀人員的流失，已成為全體企業管理者所冥思苦想的問題。

企業要善於發揮自己的優勢，抓住一切合適的時機，有效、充分利用企業所有的資源，以各種方式努力創造吸引人才的各種條件和環境。

企業吸引人才的四種方式

福利引人

結合企業自身的實力和實際條件，制定一套有自己特色的靈活的薪資福利制度。

(1)基本保障

也就是「底薪＋獎金」模式。「底薪」可以與企業原有的薪資制度統一，基本上差距不大，而「獎金」可以根據工作性質和人才層次的不同，採取不同的計量標準和評價方式。這樣，就滿足人才日常生活的基本需要，使他們可以專注於本職工作，也可以提供充分調動人才積極性所必需的物質激勵。既有利於增加企業對人才的吸引力，也符合企業的實際。

企業應積極參與社會福利制度的改革和建設，按照法律的規定，根據自身條件，努力建立較為完善的福利保障制度。並盡可能為人才解除後顧之憂，例如幫助解決配偶就業、調動、子女教育等問題，以增強人才對企業的歸屬感。

(2)股權贈予

這種模式，具有很強的人才吸引力，能最大限度吸引高素養、高品質人才。當然，這種模式一般針對中高層管理人才，而且適用於集團企業等。

發展留人

人是有各種各樣的需求的。根據馬斯洛的需求層次理論，人不但有物質的需求，也有精神上的需求。

創造恰當的非物質的條件，也是吸引人才的一種重要的手段，使人才在工作中得到滿足是一種行之有效的方法。根據人才自身的素養與經驗，結合企業內部的實際情況，依照企業的目標策略，給人才設置挑戰性的工作或職位，使其能夠在工作中得到發展的空間，不但滿足了人才自我滿足、自我實現的需要，同時，也使得人才在工作中得到了鍛鍊，反過來也有利於企業

的發展。

在企業內部形成一種良好的人才競爭機制，可以依據「能者上，庸者下」的原則，採取公開競爭，讓職位形成一種動態的、互動的人才培養機制。

同時，企業根據內外環境的實際情況，因地制宜制定相應的人才策略，並在實際中不斷改進、完善。

遠景誘人

隨著宏觀經濟環境的改善，企業面臨著越來越多且越巨大的發展機遇。同時隨著經濟開放程度的提高，企業面臨的競爭也迅速加劇。人才也已成為企業確立競爭優勢，把握發展機遇的關鍵。可以說「重視人才，以人為本」的觀念已被廣泛接受。

那麼如何吸引人才？

這就要求企業要樹立不斷發展、持續發展觀，讓人才看到企業的宏偉策略藍圖，看到企業的未來遠景，使雇員有一種嚮往和期待，促使他們一起為企業的未來遠景而努力奮鬥。

人失去目標，就會無所事事。企業也一樣，沒有規劃，企業就會陷入漫無目的的經營狀態，會渙散人心，這樣，企業就會失去凝聚力，失去發展的機會，如何還能吸引人才，留住人才？

文化招人

良好的企業文化，能夠吸引高素養人才。

企業必須給雇員提供一種寬鬆、祥和、溫馨、人文的文化氛圍。要培養一種自覺、主動、友好、協作、互助的工作環境，消除互相排擠、欺上瞞下、官僚主義、霸氣主義的不良作風，宣導和諧、協作、互助的互動精神風尚。

這樣，企業就會長期保持歡樂、祥和、繁榮的景象，作為雇員也一定感到身處這樣企業的自豪感和榮譽感，同時，使雇員有一種榮辱與共的感覺。

這是雇員的精神支柱。正所謂：留心更強於留人。

企業不但要留住人，還要留住他們的心。

企業留用人才的兩大利器

一是感情留人。人是有感情的動物，自古以來，就不乏忠肝義膽之士為了自己的信仰和追求「上刀山、下火海，而在所不辭」；更有「人生自古誰無死，留取丹心照汗青」的名言來印證感情留人而勝過一切良藥的道理。對於企業怎樣做到感情留人？可以考慮以下幾個方面：

1. 尊重每一名員工。管理者不要因為他們的職位或職位低下，認為「不重要」而忽視了他們的存在或對他們予以輕視，應該把每一名員工都看成構築企業宏偉大廈的重要基石，尊重他們的人格、工作及成果。
2. 信任每一名員工。自古以來就有「用人不疑，疑人不用」和「士為知己者而死」的名言來說明這個道理。
3. 建立平等、溫馨的企業氛圍。平等對待每一名員工，加強部門之間，人與人的溝通協調。營造溫馨和團結的企業氛圍，打擊和解決勾心鬥角的小團體。我們提倡對工作對錯的討論和追究，但堅決反對公報私仇及謀求私利的鬥爭。
4. 確保員工的合法權益。員工該得的不要刻意剝奪，我們強調公司員工應有奉獻精神而不提倡公司對員工強權剝奪及剝削思想。
5. 重構企業的主人翁思想。這是一個說起容易做起難的問題，塑造員工的主人翁思想，除了企業自身塑造吸引力外，更需要一系列完善的激勵機制和宣傳機制。真正讓每一名員工都能敬業、忠於公司。
6. 建設企業內部的良風美俗。企業必須建立自己完善、公平、公正、公開的獎懲機制，不斷賞善罰惡，從而使企業走向良性循環，從而達到建立良風美俗的目標。

二是事業留人。人是必須為著目標和追求而活著的動物，否則，就是行屍走肉；人是一個時刻體現自己人生價值的動物，否則，他是一個不成功的人。所以，營造好的事業前景和追求給每一名員工是企業留用人才的另一重

要利器，對於如何做到這一點，同樣可以考慮以下幾點：

1. 企業的持久繁榮和發展。公司的領導者們必須帶領公司不斷創造利潤及發展壯大，因為任何人都不希望待在一個不能不斷進步和發展的環境中。
2. 塑造企業的美好形象。一個有著良好的口碑及聲譽的公司，會同時提升員工形象及榮譽感，加大凝聚力和吸引力。
3. 為員工開闢廣闊的發展空間。提供員工不斷進步和發展的機會，健全企業完善的職位晉升機制相當重要。
4. 建立公平／開明的用人制度。主要原則有：「能者上，庸者下」，「機會面前，人人平等」。要做到這些原則，必須拋開長期以來已在企業及政府形成的人情觀及關係論，要求領導者有「出汙泥而不染」的氣質和魄力。

「獎」好出路留住人才

在一次企業管理講座上，當一位成功的企業家被問及一個敏感的話題：在激烈的人才競爭中，你們公司是依靠何種方式和機制吸引和留住人才而保持目前良好的發展態勢？他沒有絲毫的迴避之意，異常鎮定和自信脫口而出：給員工「獎出路」！

看著大家滿臉困惑和不解，他侃侃而談起他們的具體做法。所謂「獎出路」，就是把那些有上進心、肯吃苦、愛動腦筋又勤奮好學的員工，由企業出資送他們留職上大學、進修。這樣既激發了員工學習、鑽研業務的熱情和積極性，又培養了他們積極向上、奮發圖強的進取精神，增強和提高員工的知識理論水準和技能素養，同時也為企業培養了各種急需的人才，可謂一舉多得！再退一步講，讓大家多學點本領，即使公司垮了，也可以用所學的知識和技能獲得謀生的出路……迎接他的是一長串久久不息的掌聲。

職業發展比高薪更有吸引力

全球著名人力資源顧問機構翰威特公司目前對一千零七家家在亞洲設立業務的公司進行了調查，結果發現，在回饋的跨國企業中，有 57% 的公司表示留住員工的問題令他們關切，這個比例在調查所及國家中排在第一。

留住人才不只是錢的問題。不久前，由《亞洲華爾街日報》和知名人力資源顧問機構翰威特聯合進行的「亞洲地區最佳雇主」的調查結果顯示，雇員一致將培訓和職業發展列為雇主應該提供的兩種最重要的東西，其熱衷程度甚至超過了對薪水和福利的渴求。雇員對企業有著很高的期望值。另一家知名人力資源公司辦公室的負責人海倫說：「他們希望自己的職場事業有所發展，更希望能被提升。如果他們看不到近期的前景，那他們就會掉頭離開，另找前途。」藥品分銷商 ProFex 的首席執行官 Philip 告誡說，不要為了留住員工而展開薪水戰。如果某人開始考慮其他機會，那他就不會再全身心投入，或者已經沒有投入工作的感覺了。如果公司以更高薪水來挽留，那個人通常也會在六個月內離開。

員工願為給予指導的公司出力

還記得你剛加入一家公司，認準發展之路便開始攀扶的時候嗎？然而，稀裡糊塗的晉升和部門調動已使你迷失了方向。因此，員工需要一張地圖指點迷津，免得今年做個市場經理，明年是研究主任，五年後呢？誰知道。

基本上，員工更願意為那些能給他們以指導的公司賣命。「留住人才的上策是，盡力在公司裡扶植他們。」Allied Van Lines（艾麗文公司)的銷售推廣部主管 Debra Sieckman（戴布朗)說道。

他常在員工業績評估和日常談話中問員工，他們心中有什麼職業發展目標，然後就幫他們制訂計畫以到達目的地。比如：代布朗常與一名銷售經理 Jourja Coulter（庫爾特)談話，發現她想成為公司兩千名銷售員的培訓員，而不想做一位生產線主管。「於是，我開始觀察她在聚會中的表現，發現她的言

談舉止是個十足的老師樣。」他說，「這才是她至愛的職業，所以我們將她調到培訓部。現在，她負責全部銷售培訓，工作十分出色。」

企業為員工提供的培訓，特別是國外培訓向來是眾人眼饞的「美差」。通用汽車去年幾乎將四分之一雇員送到國外培訓，並將其四家合資公司的很多技術人員送出去培訓。「出差旅行是一個很重要的吸引因素。」通用汽車的人力資源主管 Yap 說。一些通用的職員說，海外工作和旅行是他們工作中最重要的兩項待遇。很多企業也利用外資企業雇員的這種感覺，以進入高層主管職位的條件吸引外資企業的中高層管理人員。Yap 承認，通用汽車也成了目標。他說，留住員工最有效的說辭就是：你是想當一艘小船的船長，還是一艘遠洋巨輪的大副。

捨得為員工發展花錢

美國 FEDEX（聯邦快遞）的員工似乎要幸運許多。創始人弗雷德‧史密斯在創業之初就把企業精神概括為「員工至上」，所以，很多人完成了在同一個公司，從普通的職員向高階經理的蛻變。每一名員工每年都可以沒有附加條件的獲得高達兩千五百美元的獎學金，其用途由員工自行選擇進修和工作相關的課程。

在 FEDEX 已工作三年的方先生，剛用獎學金拿到了 MBA。他坦言，之所以很安心，就是喜歡這個獎學金制度，「很少會有老闆願意出大錢為員工的培訓買單，這實在很冒風險，說不定就會給他人做嫁衣。既然這樣，員工會心存感激、努力工作的。即便今後換了工作，也不會忘記前老闆的好。」

對如此冒風險的「人性化」政策，FEDEX 太平洋地區陳副總裁用自己在 FEDEX 近二十年的親身經歷表示，「員工 —— 服務 —— 利潤」的核心理念能讓員工感受到，公司對他們是多麼關心，以心換心，員工就會從內心感到應該把自己的工作做好做出色。公司把員工看作家庭成員，員工把公司看成自己的家，雙方都會希望家業興旺。但他也表示:「雖然員工非常珍視受訓機會，

但如果員工有更好的發展機會而選擇離開，我們也會尊重他們的選擇。」

用「個人發展」留住人才為我們展示了一種全新的人才觀、用人觀和管理藝術 —— 更加注重人的主觀能動性的調動和引導。相對於其他企業為吸引、激勵和留住優秀員工而採取的名目繁多的嘉獎方式和手段，說明員工「個人發展」，無疑顯得棋高一籌，它更容易使職工產生一種歸宿感和信任感，成為最具誘惑力和「殺傷力」的祕密武器。面對就業前景和市場的激烈競爭，幾乎沒有人不為能得到繼續深造的機會，並掌握一門真正的謀生技藝而心甘情願兢兢業業、踏踏實實工作和學習。

心理契約防「人流」

很多企業都遇到過下面一些尷尬情景：優秀員工不顧挽留，翩然而去；潛力員工不顧期待，悄然遠去；甚至重點培養的員工也不顧重託，撒手而去。

一項對員工十大離職原因的調查結果表明，除了「對薪水不滿」和「公司福利不佳」這兩項外，其他八項均與「經濟利益」無關，它們分別是：想嘗試新工作、公司沒有提供學習成長環境、與當初所期望工作不符、追求升遷機會、對公司看法與上司不一致、工作單調、職業倦怠、與公司理念不和。以上這八項原因可以歸納為員工與組織的心理契約遭到破壞，從而導致了人才流失。

在主張人本情懷時代，企業不但要與員工簽訂一個約束雙方勞資關係的書面契約，還需要與員工建立起組織的心理契約，這個契約需要讓員工明白企業的目標和自己的目標，雙方達成一致，員工才會賣力工作，同時降低員工流動的不確定性。

概括來說，心理契約就是指員工個體對僱傭關係及彼此對對方應付出什麼同時又應得到什麼的一種主觀心理約定，其核心成分是僱傭雙方內隱含的

不成文的相互責任。心理契約的內容相當廣泛，而且隨著員工工作時間的累積，其範圍也越來越廣。

在面試之初徵才人員必須清楚意識到，口頭的沒有保障的承諾會造成員工不切實際的期望，降低了員工對組織的信任感並會產生較高的離職率。所以在面試過程中，徵才人員要盡量提供真實可靠的資訊，把對員工的期望、職位的要求、組織的責任和義務等資訊進行明確公示。在徵才時對職位的有利方面和不利方面做一個實事求是的全面的介紹，這樣有助於維護雙方的心理契約。

由於心理契約是處於不斷變革與修正的狀態，需要組織和員工雙方不斷調整已有的期望。只有透過廣泛的溝通與交流，才能使員工與管理者詳盡地相互了解組織與個人的精神、理念和事業追求。從而不斷調整雙方的認知和利益，產生滿足相互需求的、步調一致的行為，建立起穩定的僱傭關係。

具體可以透過建立一種上下溝通的良性機制，定期或不定期與員工進行深層次會談，關心員工的成長，輔助員工作出理想的職業生涯設計。對員工存在的問題，積極引導、分析，找出對策，並創造機會讓員工發揮個性和自主意識，參與決策，反映建議，使他們在關心組織的發展過程中，自我價值得到認可。

健康向上的企業文化能在企業中創造出一種奮發、進取、和諧、平等的企業氛圍和企業精神，為全體員工塑造強大的精神支柱，形成堅不可摧的生命共同體。建立以人為本的企業文化，實現人盡其能、人盡其用，高效開發員工的能力和潛力。這無疑給達成與維持「心理契約」創造了良好的氛圍、空間，增強了員工努力工作的熱情與信念，激發了企業組織與員工信守「契約」所各自對應的「承諾」的信心。從而，實現企業心理契約的建立，達到培育和諧的僱傭關係和發展企業的目的。

組織中心理契約的建立與維持是管理者和員工之間相互支持與信任的紐帶，是實現員工對組織熱愛和奉獻的管理理念的有效措施，也是企業吸引、

激勵和保留人才的有效工具。

外商留人有絕招

一些國外名企的留人招數很有參考價值，尤其對「留人先拴心」頗有幾分心得。現介紹幾例，以便對我們的企業有所裨益。

微軟公司用「內部 E-mail 系統」把員工的心拴在一起

美國微軟公司是 IT 產業的菁英人才庫，它的成功固然有多方面的經驗可以總結，但就其對內部員工的民主化和人性化管理來說，一個不同於其他企業的特色是公司為了方便員工之間以及上下級之間的溝通，專門建立了一個四通八達的公司「內部 E-mail 系統」，每名員工都有自己獨立的電子信箱，上至比爾·蓋茲，下到每一名員工的 E-mail 代碼都是公開的，無一例外。

作為微軟的員工，無論你在什麼地方、什麼時間，根本用不著祕書的安排，就可以透過這一「內部 E-mail 系統」和在世界任何一個地方的包括比爾在內的任何一個內部成員進行聯繫與交談。這個系統使員工深深體驗到一種真正的民主氛圍。

微軟的員工認為，「內部 E-mail 系統」是一種最直接、最方便、最迅速、也最能體現尊重人性的工作溝通方式。透過「內部 E-mail 系統」，除了上層對下層布置工作任務，員工們彼此之間相互溝通、傳遞消息外，最重要的是員工可以方便使用它對公司上層，甚至最高當局提出個人的意見和建議。

一名員工想多放幾天假，就利用「內部 E-mail 系統」直接向謝利總裁提出建議：既然公司的經營取得如此大的成功，為什麼員工不能多放點假休息，為什麼不能把假日累積到一起，讓大家都有連續的假期可放。這個建議後來就得到了公司的採納。

當然，並不是說只要員工提出要求，公司就必須採納，關鍵在於創造了一條有效的溝通管道。一次，不少員工透過「內部 E-mail 系統」紛紛要求在總統宣誓就職日全體放假，謝利幾經考慮，最後還是決定不放假。

事後，謝利對比爾說：儘管大家不太滿意，但公司與員工間的溝通管道還是暢通的。此外，員工還可以利用「內部 E-mail 系統」來約會。有位女員工非常仰慕比爾，但很少有機會與比爾直接見面，她就透過「內部 E-mail 系統」約見比爾，比爾當時很忙，就說：等我有時間，我再約你。後來，比爾果真透過「內部 E-mail 系統」與她約了會。

由此可見，微軟的「內部 E-mail 系統」為公司員工和上下級的交流提供了最大的方便，為消除彼此間的隔閡，保持人際關係的和諧暢通了管道，為拴住人心、留住人才發揮了極大的作用。

摩托羅拉透過「肯定個人尊嚴」來體現對員工的尊重

摩托羅拉公司的企業文化是它的一大優勢，其基石是對人保持不變的尊重。蓋爾文家族在某個階段也許會放棄一些業務，但他們從不放棄凝聚全球的員工，始終把「肯定個人尊嚴」的人才理念作為指導企業發展的最高準則，強調企業要發展，首先必須尊重人性。他們非常注重與員工的溝通，令員工深切感到彼此之間都是朋友。

公司總裁每週都會發一封信給員工，把他這一週會見的客戶、所做的事情告訴員工，包括他這週帶孩子去釣魚這樣的事也會在信中與員工交談。總裁不是以高高在上的口氣與員工對話，而是以一個普通人的身分，把自身的經歷、經驗寫給員工，信中還經常提出希望員工們要關心自己的家庭等等。摩托羅拉把人的尊嚴定義為：實質性的工作、了解成功的條件、有充分的培訓並能勝任工作、在公司有明確的個人前途、及時中肯的回饋、無偏見的工作環境。為了推動「肯定個人尊嚴」的活動，每個季度，員工的直接主管都會與員工進行單獨面談，交流思想與感受。

他們通常要問員工的問題是：① 你覺得自己的工作有沒有意義？② 你的工作是否讓客戶滿意？③ 上級或下級對你是否有回饋，你從中有沒有收穫？④ 你有沒有職業發展目標？⑤ 你在工作中了解不了解成功的因素？⑥ 工作環境中是否有其他的因素（如男女平等、宗教信仰等）阻礙你的上升發展？員工的意見與建議會被輸入一個全球性的電子系統傳送至總公司匯總並存檔，在談話中發現的問題也將透過正式的管道得以解決。

此外，摩托羅拉的員工還享有充分的隱私權。員工的機密記錄，包括病例、心理諮商記錄和公安調查清單等都與員工的一般檔案分開保存，公司內部能接觸到雇員檔案的僅限於「有必要知道」的有關人員。在沒有徵得本人同意的情況下，任何人不得對外公布員工的私人資料。這種對員工隱私的周密保護也充分體現了公司尊重人性的原則。

西南航空公司用「最佳雇主品牌形象」讓員工實現自由承諾

美國西南航空公司在激烈的人才爭奪戰中，用獨樹一幟的「最佳雇主品牌形象」吸引和留住了符合企業核心價值觀的員工。「最佳雇主品牌形象」是公司對員工做出的一種價值承諾，一種與客戶服務品牌同等重要的內部品牌。在二〇〇〇年，美國西南航空公司的每一名員工都收到了一份包括保健、財務保障、學習與發展、變革、旅行、聯絡、工作與休閒、娛樂等八項自由的「個人飛行計畫」，該計畫將「最佳雇主品牌形象」透過警句的形式傳達給廣大員工：「西南航空，自由從我開始」。

西南航空公司認為每一名員工都是實現自由承諾的要素。他們透過建立「最佳雇主」的內部品牌來激勵員工，為員工提供充分的自由，不僅使員工與公司之間產生了強大的親和力，而且有效激發了員工創造優質客戶服務品牌的熱情。該公司員工福利與薪資總監說：「我們希望透過自由承諾進一步加強優秀人才的敬業精神，『優秀雇主』這一稱號使我們在吸引和留用優秀人才方面獲得了更大的競爭優勢。」

大眾公司以「時間有價證券」給員工更多的自主權

德國大眾汽車公司實行的是另一種全新的現代人力資源管理辦法——「時間有價證券」。公司透過制定「時間有價證券」計畫，鼓勵員工利用時間和資金參與這一計畫，並挑選資本投資公司對「時間有價證券」基金進行專業性管理，謀求「時間有價證券」達到大大超過個人儲蓄的增值。

員工持有「時間有價證券」可以靈活的進行消費，既可以透過使用增值的「時間有價證券」增加退休後的養老保險待遇，也可以將「時間有價證券」增值的資金轉換成時間，用來縮短一生的工作時間，並得到免除工作的薪資收入，其標準是按兌現時其本人的薪資水準發放免於工作時間的報酬。

有人算過這樣一筆帳：一個月收入為 700 元的 35 歲職工，每月投入「時間有價證券」一百元，在基金年利率為 8%、職工收入年成長率為 2% 的情況下，儲蓄到 57 歲時，他的「時間有價證券」大約相當於 69,200 元。按他此時薪資水準計算，則相當於 64 個月的時間，即他可以提前 64 個月退休而繼續領取薪資。

在具體操作過程中，若員工要調離企業，或要與企業解除勞動關係時，如果勞動合同沒有到期，可以利用「時間有價證券」的累積提早離開企業；如果合同到期，所累積的「時間有價證券」則用資金方式全部發還給員工；若員工因故年資中斷，可以用「時間有價證券」代替工作時間並領取報酬，使工作時間的帳戶不會因此而作廢；若員工遭遇傷殘、死亡或者陷入特別嚴重的困境時，儲蓄的「時間有價證券」和增值的部分可一次性全部發還，從而增加一種風險保險。

大眾公司別出心裁的「時間有價證券」，最大的意義在於企業員工可以靈活安排一生的工作時間，或者藉此增加退休後的養老保險待遇，提升風險保障，從而極大調動了員工的積極性和創造性，增強了員工對企業的向心力，成了企業留住人才的一種有效手段。

豐田公司以「沒有許諾的終生僱傭」贏得員工的忠誠

豐田公司的準則是:「雇員總是忠誠於那些忠誠於自己的公司」,為了表明公司命運與員工命運的緊密相繫、不可分割,公司以「沒有許諾的終生僱傭」向員工表明對他們的忠誠。一方面,公司文件和經理的談話中不斷提到終身僱傭。比如團隊成員手冊中就寫到:「終身僱傭是我們的目標 —— 你和公司共同努力以確保豐田成功的結果。我們相信工作保障是激勵員工積極工作的關鍵。」

但在事實上,雙方並沒有簽訂什麼保證書。例如:在團隊成員手冊中同時清楚寫到:「所有員工同豐田的勞動關係是基於就業自願原則的。這意味著無論是豐田還是公司雇員,在任何時候,因為任何理由都可以炒對方的魷魚。」但是豐田公司的員工有理由相信他們的工作是有保證的。

有位雇員在接受香港記者採訪時說:「公司是永遠不會將我們解雇的。即使不景氣的時候,我們也將被留在這裡,和公司一起渡過難關。」這種自信並非是盲目的。公司總裁多次公開表示,在公司困難的時候,公司不會裁員,而是將勞動力「重新分配」。

「我們將利用這個機會來進一步培訓我們的團隊成員 —— 我們這樣稱呼我們的員工。團隊成員將利用這個機會來繼續提高,而這是他們在繁忙的工作上做不到的。」

渡邊次郎是豐田公司的一個部門主管,他已經在這個職位上做了二十多年。他說:「我在這裡待這麼長時間的主要原因並不是豐厚的酬賞,更為重要的是在這些年的工作時間裡,我已經建立了自己的威信,確實不想再到別的公司去從頭做起了。我感覺我已經在很多情況下對公司做出了影響並且我也得到了認可。對我來說,這些事情是比金錢更重要的事情。」

渡邊次郎的這段話,真切反映了人們在基本物質生活得到滿足的情況下,將不再把金錢作為主要的工作動機,對大多數人來說,「個人價值的實現」、「受人尊重」遠比金錢更重要。

因此，高薪資並不能買得員工的永久性忠誠，唯有情感的投入才能讓員工無法抗拒企業巨大的磁力。

創業容易守業難

對於一個創業型企業來說，想吸引人才、留住人才是創業者最頭疼的問題，許多的風險投資商對於一些專案投資，其看好的不僅是專案本身，更重要的是看好創業團隊，他們認為一個好的創業團隊是成功的關鍵。對於一個新建立的創業型企業來說，想做到吸引人才並留住人才，要做好以下幾方面的工作。

個人利益與團隊利益相統一

傳統的思想認為，天人合一是人們追求的理想境界，其主導的觀念就是讓人與自然的和諧相處。在企業內部，也要創造一個天人合一的環境，按照西方管理學的思想，人的需求也是有層次的，只有低一級的需求滿足了，才會有更高層次的需求，所以，首先要滿足個人利益的需求，當然不只是金錢，讓個人的利益與團隊的利益相一致，只有個人的利益與企業的利益相統一，員工才能以一個事業參與者的形象投入工作，而不是以一個打工者的姿態做完本職工作了事。

當前利益與長遠利益相統一

對於團隊的每一個成員來說，都要承受很大的壓力與風險，而他們也存在著很大的期待，就是創業取得成功之後，無論是個人的成就感還是收益上都會有豐厚的回報，學習型組織的一個特點就是創建共同的遠景，只有讓個人的當前利益與長遠利益相結合，才能把個人的潛能發揮出來，顯而易見，

如果一個人在一個公司中拼命工作，而等待他的是空中樓閣，那他還會全身心的投入嗎？如果常遇春事先知道得天下後，等待他們的是慶功樓的爆炸，相信他們誰也不會拼命追隨朱元璋打天下。

個人魅力與企業文化並舉

對於一個創業型團隊來說，團隊的領導者（Leader）是需要有一定個人魅力的，否則很難吸引優秀的人才，尤其是市場上最活躍的管理類、市場類人才，當初史老闆就是靠自身的魅力在帝王大廈倒下之後，保留下了自己的創業團隊，這些人後來都成了菁英，可想而知，如果當初沒有這些人才，史老闆靠自己的力量很難成就事業。

當公司發展到一定的程度，只靠個人的魅力是不夠的，還要有自己的企業文化，讓大家在理念上、價值觀上達成共識，才能讓這些人長期服務於一個企業，未來的人力資源管理將逐步由經驗型管理、科學化管理向文化導向型過渡，企業留人更多的是文化，而不是我們現在常說的制度或薪資。

留人要有公平的競爭環境

企業內部的環境對於每一個創業者來說都應該是公平的，有少數人才市場化程度還不是很高，企業內部的人才環境也僅是開展了公開競爭和選拔，而人員評價、工作評價還是比較落伍的水準，有些企業雖引進了平衡計分卡等績效考評的手段，但還處於初級階段，目標不僅僅是向好的企業學習，更重要的是找到實用的，能夠解決企業問題的東西來，與國外先進企業相比，差距之一就是缺少一個公平競爭的環境，所以創建公平的競爭環境對於人才的成長來說是至關重要的。在某些企業內部，人們對企業的不滿往往是認知上的不平衡，而不是能力上的差異，最終將導致人才的流失，而留下的人也不會因此就獲得平衡，如同一個天平，缺失了一方，另一方仍會有不平衡感受產生。

留人也要鼓勵個人參與社會的分工合作

企業在留人上有一個誤解，就是要求員工在一個企業就要為這個企業負責，不能朝秦暮楚，這種思想實際上是把人當作一種資源來看待，但人是活化的資源，不是物。個人的能力也是多方面的，在一個企業內不可能得到完全的發揮，作為社會的一分子，在有能力的情況下，應該允許他們參與社會的分工與合作，此種觀念正在被越來越多的人所接受，在工作時間以外，人們有更多的自由，只要遵守職業道德準則，就應該允許人們到更廣闊的天地去施展才華，畢竟人不是某一個企業所獨有的財產。

留人要建立以人為本的發展觀

建立以人為本的發展觀，是以人為核心來分配其他資源，在社會上的物質資源稀缺的情況下，人力資本的分配必須服從和服務於物質資源的分配，而當物質資源豐富到一定程度的時候，人力資本又變成了木桶原理中的短板，在這種情況下，物質資本的分配就要圍繞著人力資本而進行，人力資本占據了統治的地位，企業的社會價值，企業的內部分配都要以人為中心展開並體現人的主導作用，社會的發展也會轉到以人為中心的軌道上來。

管理之道：人在故企業在

在業界內有一句知名的格言：「即使我的企業一夜之間全都沒有了，但我把人留住了，那麼幾年之後，我還將是這個產業內的翹楚！」

其實這段話講的就是在殘酷激烈的市場競爭當中，企業與企業之間的競爭不是產品，也不是價格，最根本的競爭是在於人才資源的競爭與管理。那麼，最為直接的競爭可能來自於銷售人才，體現於銷售人才。銷售人才真正掌握了市場人脈，也就是管道中最為關鍵的人的因素。

我們發現，越是小的企業銷售人員的穩定性就越差，因為中小企業沒有更好的機制穩定人才，甚至對人才的認識僅僅停留在口頭上。相當部分的中小企業在銷售人才管理方面存在著一些具有共通性的問題。這裡將部分中小型企業銷售人才管理的現狀，較為突出的，具有代表性的問題一一列舉出來，以供探討。主要有以下幾個方面：

銷售人才是企業策略的一個部分

許多企業的行銷人員感嘆到：為企業創造效益時，老闆就笑臉相迎；一旦效益滑坡，老闆的臉拉的像「長白山」。這說明，許多企業為了完成銷量、在市場立有一席之地，對銷售人員的需求、管理和規劃過於看重眼前利益，力求簡單實效，立竿見影。

還有很多中小企業在進入市場初期時，採用人海戰術攻擊市場，的確取得了很好的效果。當企業基本確立市場地位後，考慮到費用等諸多因素，大量裁員，甚至拿銷售人員開刀。這種「純銷售指導」的管理模式，已逐漸跟不上企業的發展步伐，甚至成了制約企業進一步提高發展空間的瓶頸，形成了「制約因素」。

銷售人員被炒或跳槽造成企業在人力資源管理的精力和財力上的大大浪費，也為企業帶來了不穩定因素。也許企業會說，對這些銷售人員在培訓方面花的錢他們早給賺回來了，但你有沒有想過，他們緊接著就可能為你的競爭對手賣命。這些為你打江山的兄弟太了解你了，當他們把你看作敵人時，你可能會死得很慘。

這樣的人才管理模式無疑與企業策略經營發展的宗旨相悖，隨著市場競爭勢態的進一步加劇，勢必導致企業先期所構築的市場競爭優勢也會逐步喪失殆盡。

如何選擇銷售人才

二○○一年筆者在為幾家企業提供服務專案的過程中碰到過這種情況：在以往企業的人才徵才活動中，有相當一些學歷較高、各方面綜合素養都比較好的人才，透過過五關斬六將千辛萬苦好不容易進入了企業之後，卻沒有表現出應有的能力出來。對此企業深感困惑，明明是經過千挑萬選的優秀人才，但為什麼卻沒有發揮出應有的作用為企業所用？其實問題的根本是在於企業對人才的需求和標準的界定沒有一個統一、明確的概念。

例如：對行銷經理這一職能職位人才的挑選和使用上，正確的做法是企業應按照事先擬定好的職位職責、行為標準以及相關資質、履歷等為框架，從而制定出一個適合企業現行發展相適應的「人模」標準來界定所選人員。這樣便可以使得所選擇的人才在經過短暫的環境適應之後，盡快進入角色為企業創造出應有的價值。

相反如果在人才的徵才、錄取和使用上沒有與企業自身的發展和需求相掛接，就會直接導致人才的使用不當和浪費。造成這些問題的主要原因是：

◈　**對企業現階段銷售人力資源的全面需求分析不足**

我們的企業老是犯這樣的低級錯誤，招來一批學歷高、經驗豐富的員工，結果又沒有相應的職位給他們發揮能力，最後消極怠工，企業和員工都不滿意。舉一個例子，銷售人員不一定要大學學歷，有高中職就足夠了。你請來一個大學生，薪資要開得高，他還認為是大材小用，何必呢？

給企業提一個醒：根據需求找人才，人才根據職位需求來定。不是人才就要，要來又用不好，那才是傻子所為呢！

◈　**是對企業整體銷售管理體系中的相關職位的職責、職能認識不清**

這是一個麻煩的問題，很容易在辦理具體事情中不知道該由誰說了算。我做銷售員的時候就遇見這樣的問題，一個老客戶信譽很好，但一下子資金困難周轉不靈，我們的產品正好缺貨，希望能發一些貨就急，十天之內一定

付款。打電話請示上司甲，甲說你找上司乙好了，問上司乙，乙說這個事情最好由甲來定奪。誰都怕擔責任，最後我說服這個客戶讓他相信，因為我用一年的收入為他擔保，事情才勉強答應下來。

你說，任何一個銷售人員在外面為企業賣命，你這裡還推三讓四的，能不惱火？為什麼企業不能就給我設一個頂頭上司，或更明確劃定誰來管這個事情？這樣是不是能更好減少企業內耗？

相關職位的職責、職能認識不清，別說導致了效率下降，還傷了銷售一線員工的心，真是不值得！

由於企業目前可提供的資源有限，人力資源管理還未形成完整的系統化運作模式，因而對管理經營型人才（特別是銷售人員）的需求分析，往往顯得籠統而不具體，對人員的安排與調配主要由企業領導人的喜好與意願而決定，缺乏科學性的指導與分析來作為依據。

用人情拴住你的銷售人員

企業的效益好時激勵政策的隨意性也大，企業主憑藉自己的感覺大發獎金，不注重形式感。結果有的員工拿到獎金非但沒有榮譽感，還不斷懷疑自己拿的夠不夠多。反過來，一旦效益下滑，連過年的一點小禮物都沒有，搞得員工怨聲載道，直罵老闆不仗義。

這種做法就是典型的以利益驅動來作為調節槓桿。事實上，在企業效益不好的時候，更應該在節假日給予員工一些溫情的獎勵，這時反而讓員工有「同舟共濟、士為知己者死」的感覺，進一步增加對企業的認同感。

多數以銷售為導向的企業，在人員激勵方面主要有以下的形式：制定銷售目標獎勵制度、建立銷售業績獎金標準以及一系列的利益驅動型的激勵政策。因此這樣的激勵手段都顯得生硬有餘、親情不足。

事實上，大多數中小企業與銷售人員之間在關聯式結構的問題上，也都缺乏足夠的重視，特別是對大多數人員的生活、工作、住房及家眷等問題

上，更是關心不足，缺少溝通。

如果我們的企業後勤工作能夠幫常年出差在外的業務人員做一些服務，比如換煤氣罐、護送家人看病、把企業發放的福利送到員工家裡而不是讓他的家人來取……這些小舉措或許比每年多發幾千塊錢更能得到銷售人員的心。對於中小企業這些看上去婆婆媽媽的事情做起來並不困難，因為你的銷售人員的數量是有限的。

銷售人員難以真正融入企業的發展之中，對企業的價值觀普遍缺乏認同感，在「打工者」與「主人翁」之間搖擺不定。這些問題是真正形成對銷售人員管理的「激勵障礙」。

培訓，也是給銷售人員的福利

我們在徵才銷售人員的時候，經常還會遇見這樣的情況，應聘人員總是很關心公司是否會為員工提供培訓機會。對培訓的關心有時候僅僅比對薪水的關心程度低，看來一個真正有潛力的銷售人員，關注的是在企業工作對他整個職業生涯的影響。

而我們在為企業進行行銷顧問服務的過程中，我們也遇到這樣的事情：一個企業的行銷經理，他竟然至今仍然把培訓看作僅僅就是學習如何賣東西。可見，連企業中層菁英對在培訓上的認識如此之低，其他的專項培訓就可想而知了。

培訓在現代企業經營管理中是一種重要的管理手段。同時也是企業員工職業發展的推動器，它能使員工對企業文化和企業目標有深刻的體會和理解，能培養和增強員工對企業的認同感。透過培訓提高員工各方面的職業素養和專業技術水準，從而達到任職資格的要求，使個人和企業雙方受益。

對企業員工的培訓和開發的認識不足主要體現在：

◈ **企業在成長發展的進程中，沒有制定出與之相匹配的員工培訓計畫，對銷售人員的培訓需求不甚了解。**

這樣的事情在我們的中小企業特別多：很多企業對銷售人員進行培訓，但並沒有仔細研究老銷售人員和新加入的銷售人員對培訓需求的不同。結果一刀切，很多內容是老銷售人員都聽過很多次了，他們真正的需求有沒有得到滿足。企業既浪費了錢，培訓效果也差。聽過很多次的東西誰願意聽？而培訓是企業紀律，要打出勤，你說老銷售人員能認真嗎？他們不認真的態度肯定要影響新員工。

所以要針對不同的銷售人員做好完善的培訓計畫，培訓的效率才能有真正的提高。

◈ **在培訓的對象、內容的確定、方法的選擇方面均缺乏行之有效的方法，更多的是以教會員工具體工作的技能為出發點，殊不知銷售人員的進步與企業整體素養的提高還包括了企業文化、職業道德、專業知識以及積極向上的工作心態等內容。**

比如一個企業請來專家為自己的企業文化進行定位，並做了認真的設計。結果呢？我們的銷售人員連企業的宗旨是什麼都不知道。不相信，你明天對你的銷售人員進行一次突擊性考核，如果有一半人不知道根本不要覺得奇怪。因為，我們很多中小企業整天忙著產品推廣，沒有意識到企業文化要向員工灌輸，甚至那只是對外公關的問題。這樣的企業哪裡有向心力呢？

◈ **無法為企業員工的個人職業生涯規劃提供完善的幫助和輔導，使企業在整合銷售人員對企業的忠誠度、對工作的積極性和提升職業技能等方面缺少了有效的管理手段。**

如果我們的企業樹立一個觀念：培訓，是企業給員工的福利！這是不是可以「一箭雙鵰」，既加強了銷售人員的業務水準，又提高了銷售人員對企業的忠誠度。

心急吃不了熱豆腐：留人不要有敗筆

如果企業能成功留住最優秀的員工，就可以大大降低徵才成本和職前培訓成本；同時從長遠來看，也有利於建立更好的顧客和供應商關係，提高運營績效。在今天日益艱難的商業競爭環境下，所有企業都不得不試圖努力用最小的人力資本來實現最大的產出效益，破解如何留住優秀員工的密碼比以往任何時候都更加緊迫。可是，即便如此，企業中還是存在著一些會將優秀員工掃地出門的敗舉：

1. 不能識別出他們。一些組織讓那些善於自我推銷的員工春風得意，卻讓真正的明星員工暗自神傷。所謂的績效評估儀式更多也是流於形式，不能讓員工主動參與進來。績效評估不能做到透明公正、公開公平，不具有決定性意義。獎勵那些績效差的員工只會挫敗那些優秀員工的士氣。

2. 為露臉買單。對員工的激勵應建立在真正差異化的績效上，而不是政治，不是自我推銷，不是一人來一點的「花生醬」策略。

3. 忽視人員更新。市場競爭的法則是「優勝劣汰」，所以企業員工也應該有一定的合理流動，保證留下來的都是績效不錯的員工。這一方面可以保證企業的運營效益，節約不必要的成本，同時對於優秀員工也是一種肯定。

4. 誤解忠誠的爭議。現在的經理人每天都奔走於滿滿的行程之間，認真吸取那些來自一線員工的意見估計比以往任何時候都要困難。但很多商業創新似乎都來自於那些看起來微不足道的小爭議，似乎就是這些小爭議擦出了靈感的火花。讓那些優秀員工感覺到他們在推動商業創新，這個激勵作用不亞於增加薪水。

第十章
成功的企業，離不開對人才的經營

人才經營也要有長久性

　　如今這個社會，是個講時尚、追潮流的時代，「變」似乎又是這個時尚潮流的不變主題，「瞬息萬變」、「日新月異」形容它有過之而不及。隨著全球經濟一體化的發展，世界同化進程的加速，一切需要與世界經濟並行的體制、法規就自然而然走上世界前台，不得不與國際接軌。而作為經濟微觀主體的企業，因變亦變，尋求可持續的發展也就在所難免。那麼經常被諸多專家、企業家定義為企業第一資源的人力資源也無可厚非熱論起來。

　　當人力資源真正被看做企業最重要的資源時，對於怎樣吸引到優秀人才，如何留住合適人才及做好人力資源的開發、管理、分配等問題，日益變得重要起來，並且也有諸多成熟的、完善的、科學的理論、案例，被著書立說，成為我們參考學習的依據。然而，在這些問題背後，我們又不得不面對人才流失（braindrain）的狀況。因此，人才流失的問題，也使眾多正為怎樣做好 HRM 而大動干戈的企業家們頭痛不已。其實，在如今這個社會，一切的不可能都會成為可能，人才流失也無可厚非戴上正常甚至有益的光環 —— 當然是要在科學合理的比例之內。正如通貨膨脹、失業等一直困擾世人的永久性

問題一樣，在一定的比例範圍之內會起到相當積極的作用。或許當我們清楚了解這些情況之後，都會心平氣和面對人才流失問題。但是，在正常、合理的人才流失情況，不同的企業卻有著不同的結果：或造成種種損失、或無傷大礙、或從中得益。為何在相同的情況下，卻有著如此差別的不同結果？其實不同的是對待流失人才的態度。

著名的跨國企業 HP 公司在其為世人所稱道的「the way of HP」（惠普之道）中闡述：我們不會為有人離開 HP 而惱怒痛苦，然而我們更高興和歡迎這些人的回歸。在談到原因時，「惠普之道」又告訴我們：有些人離開，是有其緣故的，而他回來是透過比較發現 HP 更優秀，並且，走出去的他們給 HP 帶來了更多更新更好的東西。

從 HP 之道中，我們是否應該悟出來點什麼。當我們正視了人才流失問題之後，更要有一種積極的態度、長遠的目光、策略的手段，改變通常正視之後的「無視」為「正視＋重視」，我們得到的將是別樣的令人意想不到的結果。用 HP 之道來解析，我們會發現，有人選擇離開，是有其原因與問題：或是感覺自己不適合企業的發展要求，或是認為企業界並非自己的專長所在。對此，如果我們強制留下，則對企業發展無益，最終造成雙方的損失；而若對這些人採取敵對態度，不讓其舒舒服服離開，又或許會造成雙方反目，甚至對簿公堂，此舉也會傷元氣名譽。此時，就要提到作者要談的正確合理的態度和手段問題了。

首先，企業應大度對待這些問題，與其坦誠交流，詢問問題原因所在，一來可以發現企業存在的某些問題或在人員徵才中的不當，二來給這些人造成積極的影響。雖然選擇離開，仍存感激之情，甚至把企業介紹給其他適合的人才或廣為宣傳。

其次，積極關注這些人的發展態勢。這些人離開後，會選擇一定產業的相關職位，隨著時間的進展，經驗的累積，知識面的擴大，或許將成為一個優秀、合適、為企業所需要的人才。如果我們不定時透過一定的方式與其保

持聯繫（這就是我們的 HRM 工作者去做的事情了），詢問關注其發展動態，以一副關心者的姿態時時去影響他，使其在心中也時時做出與現在所在企業的比較，並會鞏固我們企業在其心中的地位和形象。

最後，歡迎優秀流失人才的回歸。正如「HP 之道」中闡述，他們重新選擇 HP 是因為覺得我們更優秀。此時的他們既有著原有的 HP 理念，又有著一腔感激的心情、積極的幹勁及合適的發展之路，可謂是一舉多得，一石多鳥，一箭多鵰，百利而又少害，又何樂而不為呢？！

如今，越來越多的企業透過自己在人力資源管理中也逐步意識到並採取了相應的措施，並在實踐中制定相應完善和科學的體系，使 HRM 工作真正兼顧人才流失後的種種環節，切實做到人力資源的持續發展和合理經營。「亡羊補牢，猶未晚矣」，因此，對於人才流失問題的認識、分析並採取科學的解決之道，是需要及早清醒的。當然，防微杜漸，建立一套對於人才流失分析的預警模型體系，以使企業的人力資源管理能夠以最低成本運作而能獲得最大收益。

以某家著名的大公司為例，公司組建近十個年頭，時間不算很長，但卻一直健康良好成長發展，並取得了傲人業績，規模也一直不斷擴展。與之相應的是公司的人力資源管理體系也是持續科學並行發展，對人力資源規劃、員工徵才、檔案合同、出勤管理、績效考核、員工培訓、薪資福利、離職管理等環節，充分做到和體現「以人為本」的思想意識，以服務、協調的姿態配合企業各部門的正常運作，使人力資源管理工作真正以一種健康科學的模式發展。特別值得注意的是對公司離職人員的處理方式和態度：有自己的留人用人激勵體制；有職位人員的工作分析和能力分析備案；有充分詳細的企業各種職位、職位、組織結構分解圖和所有員工的詳盡檔案；更有自己的預警體系和複雜完備的離職人員資料，並且還透過各種方式與這部分人員進行一定的交流和溝通。值得稱道的是有過交流溝通之後的人才回歸案例，而且這部分人才也切實為公司做出了其應有的貢獻。作為一個企業的人力資源管理

者，我們都清楚，使員工能夠表現出對企業最大的貢獻度與忠誠度，能夠使企業健康持續發展，是最終目的也是本質目標。因此，企業對 HRM 工作者的要求也越來越高，使工作完善，使體制詳盡，也只有這樣，才能使企業與人才都能持續發展 —— 那麼作為 HRM 工作環節的終端（並非終點)的人才流失管理，也是合乎情，在於理，識與時，順與勢了。

所以，正確對待人才流失，積極關注流失人才，最後做到熱烈歡迎人才回歸，我們得到的將是意想不到的驚喜和收穫 —— 因為，可持續經營的人才策略，定會使我們做到可持續的企業經營。

其實，當我們以另外一種心態考慮問題時，就會發現一直困擾我們的事情，原來是「只緣身在此山中」的緣故。這就需要站在一定的高度，「一覽眾山小」時哪還有「橫看側看」的煩惱。

那麼怎樣才能做好持續經營的人才策略呢？ 主要的一點就是要提倡：科學到位進行績效考核。

我們經常會聽見銷售人員滿不在乎說：「考核，還不是主管說了算，愛怎麼評就怎麼評！」大凡在中小企業待過的銷售人員都有這樣的體驗。一個銷售人員對業績考核都是這樣的態度（那可關係到他們的切身利益），我們就不知道他對企業還能有多少責任心了。

對於銷售人員，多數的企業都建立了一系列相應的制度，如規章制度、職位工作責任制等。但由於所建立的制度本身操作性不強，與企業的實際現狀不符，在實際的執行過程中也不嚴格，非常容易產生人為因素的偏差。

因此不僅未能體現考評的初衷，反而容易導致部分銷售人員產生無所謂和不服氣的態度。同時由於未能建立起與績效評估相配套的人力資源資訊管理系統，對銷售人員在實際工作中的能力管理方面沒有考核依據，這也是導致績效評估在實際執行的過程中無法做到真實有效的癥結所在。

既然不知道怎麼樣才是好的？ 什麼才算好？ 該怎麼做？ 剩下的只有混混嘍！ 績效考評落實不下去，長此以往嚴重制約了銷售人員的工作效率和積

極性。那麼如何解決上面的問題呢？

首先，要根據企業實際發展的需要，找準自己的定位，量體裁衣，對銷售人員制定出一個切實可行的中長遠人力資源規劃。

其次，對近期和中期的人力資源需求做出分析和預測，尤其對銷售菁英力量的儲備、培訓、提高，應該做出具體的安排。

第三，加強績效考核的透明度，讓銷售人員多參與，不要只是主管的事情。

這樣做的目的是為了使企業在銷售人力資源的開發和合理利用上提供一個健全的保障機制，同時可以促進企業的人力資源管理模式向著規範化、科學化邁進，逐步形成企業「人才庫」的建立。

同時在實際實踐中不斷調整企業的各項管理標準，對銷售人員在知識、技能、工作態度等方面，實施動態跟蹤記錄管理制度，為企業的考評機制提供系統有效的依據，也只有這樣才能使企業對銷售人員的管理逐步進入一個規範的、系統的良性循環的運行模式，人才才會發揮出所應有的價值為企業所用，企業才會在日趨激烈的市場競爭中立於不敗之地。

「逆向人才」有沒有可取之處

常有人撰文論述逆向思考，很少有誰提及「逆向人才」。其實，逆向思維多發自「逆向人才」的頭腦，既然有逆向思維，怎會沒有「逆向人才」呢？

具有逆向思維的人，思考問題往往好獨闢蹊徑，分析問題常常見解獨到，善於提出與眾不同的觀點。思維上的逆向，又促使他們品格上的「逆性」、行為上「逆態」的形成，成為「逆才」。「逆才」多不完全信奉上級的指示，不拘泥於主管上的老傳統，好在工作中變化花樣，標新立異。正因為如此，他們有時難免表現得固執、自負甚至恃才傲物，難以迎合主管的心理、

順從主管的意圖。

有些主管喜歡順從聽話的人，對愛自作主張、好頂撞上級的「逆才」常疏遠之甚至棄而不用，從而導致一大批確有真才實學和發展潛力的佼佼者受壓抑、遭排斥、被埋沒。在世界各國爭搶人才的當今時代，這種歧視「逆才」的現象理應得到徹底的改變。

不要以為凡是「逆才」，都屬於對立面，都是有敵意的。殊不知，「逆」中有「敵」，「逆」中亦有「友」。「逆才」未必都是正義事業的叛逆者。在許多情況下，能夠傾吐逆耳忠言者，往往正是表裡如一、襟懷坦白、才華出眾的能人賢士。唐朝貞觀年間的諫議大夫魏徵，就是一個典型剛正不阿的「逆才」。他經常針對唐太宗的缺點和錯誤犯顏直諫，多次讓唐太宗下不了台。他於貞觀十三年所上《十漸不克終疏》，尖銳指出唐太宗十個方面的過錯和缺點，令唐太宗非常尷尬。可唐太宗一直將魏徵作為難得的賢士善待之，重用之，甚至於尷尬之後，將《十漸不可終疏》列諸屏風，朝夕瞻視，以作為當朝執政的座右銘。正因為有魏徵這樣的「逆才」賢相輔佐，唐太宗才坐穩皇帝的寶座，使唐王朝有了貞觀盛世的出現。魏徵死後，唐太宗思念不已，歎息道：「以銅為鏡可以正衣冠，以古為鏡可以見興替，以人為鏡可以知得失。魏徵歿，朕亡一鏡矣！」

一味順從頂頭上司的人，也不一定就與領導者志同道合。順從的背後，不見得不隱藏禍心。春秋戰國時期，齊桓公的近臣豎刁為取悅桓公，自宮為閹人，服侍桓公極為周到；易牙為取悅桓公，不惜殺了兒子，做成羹湯獻給桓公；開方為取悅桓公，父母死了也不回家奔喪而臣於桓公。豎刁、易牙和開方對齊桓公可謂順從至極，他們也因此得到了齊桓公的信任和重用。可等到齊桓公年老體邁、臥床不起時，豎刁、易牙和開方三位奸佞之徒一改往日的順從，欺上瞞下，胡作非為，最終釀成齊國內亂。結果，曾先後滅掉三十餘國，「九合諸侯，一匡天下」，位列五霸之首的齊桓公不僅喪失了霸主地位，還落得「其身被囚，食粥不得，病餓而亡，屍腐蛆生」的悲慘結局。

人們常說「人言可畏」。其實，對主管幹部來說，聽不到人言，聽不到群言，特別是聽不到「逆才」的逆耳之言，那更可畏。要成就一番正義的事業，切不可錯待剛正不阿的「逆才」——對他們提出的不同意見，只要符合實際，只要對改進工作、發展事業有利，即使再尖刻、再刺耳，也應認真聽取、虛心接受。他們只要主流不偏、本質不壞，能做事、能做成事，即使不順從主管，頂撞了主管，也應予以理解，也應放手使用甚至重要。再進一步開創改革開放新局面，全面建設小康社會的今天，尤其應這樣。

「去」與「留」——一個不可迴避的抉擇

人才的流動是雙向的，有較多的流出必然導致更大規模的流進需求，有較多的流進必然要求企業疏通出口創造更加有序的流動機制。無論是流進還是流出，都是為人才的留用準備前提與提供條件。人才的留用實際上存在一個篩選的過程，這一過程必須依靠科學合理的人才流動機制。因此，我們可以說，企業人才的「留」與「流」，是一個既對立又統一的矛盾體。「留」必須要有更好的流動機制，必須著眼於更科學、更合理、更可控的人才流動；「流」則必須要有更好的留用人才的機製作為導向，必須著眼於更好留住人才。

「流」應著眼於更好「留」

企業與人才的選擇是雙向的，企業希望能夠使用到更好的人才，人才則希望找到更適合自己發展的企業。科學合理的人才流動是有利於企業改革與持續發展的，關鍵是我們在把握人才流動的過程中，必須著眼於更好的人才留用。要根據企業的發展需求、調配社會人力資源的實力、平衡企業與社會之間人才流動的能力，有計畫實施人才流動策略。一方面，要疏通人才的進

口，最大限度的引導企業最需要的有用人才流入企業；另一方面，要疏通人才的出口，讓步分不適應或跟不上企業發展需要的人員（以前或許是人才）自然剝離於企業和職位，透過有效的人力資源策略機制，促進企業員工綜合素養的提高，使公司全體員工隨時隨地保持昂揚向上、奮發有為的精神狀態。在這方面，國有企業為了提高人力資源分配效率而全力推進的減人增效、離職分流和再就業工程，就是一個有益的嘗試：一是採取內部提前退休退養逐步收縮的辦法；二是對部分素養較低、技術單一、知識面較窄、適應能力較差、轉職有一定困難的人員進行離職分流；三是實行自願買斷計畫；四是透過控股、收購、兼併、轉讓等多種方式，使第三產業蓬勃發展，吸收安置了部分人員。所有這些辦法，既為企業減輕了負擔，又較好體現了激勵的正向作用，使更多更適合公司改革與發展方向的人才能夠更好團結到企業中來，使更多徘徊在公司門外的能夠給公司未來發展帶來更大推動作用的社會上的人才，能夠看出實現自我價值的希望並彙集到公司中來。

「留」必須著眼於更良性「流」

　　企業對人才的留用，必須堅持正確的用人導向。用什麼人，不用什麼人，對整個企業的人才策略具有舉足輕重的示範作用。用錯一個人，打擊一大片；用好一個人，激勵一大片。堅持唯才是舉，無功便是過，平庸就是錯，堅持能者上、庸者讓、劣者下的用人機制，讓有為者有位、做事者吃香，讓優秀人才脫穎而出。正確的用人導向不但能夠激勵廣大員工各盡所能、各展其才，為企業的改革與發展盡心、盡力、盡能，而且可以吸引更多企業外的各類人才為我所用。留用人才其實反映的是一個企業的用人價值取向和綜合管理水準，因此必須慎之又慎，該留的就留，不該留的就不留。留用人才應注意以下幾個方面：一是同步性。人才的潛力、發展空間與人才的悟性、學習能力是緊密相關的，而且人與人是不一樣的。在留用人才時要考慮人才的潛力、個人發展空間是否能與企業發展的步伐相同步，能夠與企業發展趨於

同步成長的人才長期留下來的可能性較大，個人超前於企業太多或個人滯後於企業都會留下人才難以長期留下來的隱患；二是合流性。人才進入企業，首要的是流動進來的人才的思想意識要盡快與企業的文化、企業員工的思想等相融合，同流合進，防止人才的思想意識流與企業員工的總體思想意識流存在逆流現象而給企業的發展帶來漩渦、阻力；三是實用性。選才就是知人善用，要留用對企業發展真正有益的人才。一個「留用」，說明不能讓人才閒置起來，而要因人而用、因事而用；一個「留用」，好比一把尺規，標示的是所用人才和所需人才的「突出要素」，只是這種「突出要素」必須與其職位的能級和能質相對應。在這「留用」的背後，企業可以根據人才的實際能力、特長、績效等全面因素，綜合分析、評價調整，操控有利於企業發展的人才流動；人才也可以根據自身特點和需求，對自身的價值進行重新定位與思考，選擇更適合自己的發展方向。

企業人才的「留」與「流」，是一個辯證統一的關係。一方面，企業為了實現既定的管理目標，需要根據不同職位的能級和能質，以類相求，以氣相引，選擇具有相對應的德才能級和能質的人，並進行企業內部人力資源的優化分配，推動企業的健康發展；另一方面，由於在其他地方的預期收益與發展機會會優越於現在的企業，難免會有一些優秀的人才根據自身特點，為求最大限度的發揮自身價值而另攀高枝。就企業而言，正確認識與把握人才的「留」與「流」，就是要進一步深刻領悟它們之間的辯證關係，以變應變，建立良好的人才流動機制，引導人才的變化朝著有利於企業發展的方向變化，引導人才有序、有意義、有效益流動，並在這種流動中，最大限度的留住企業所需的人才。

一要重視員工的職位培養。企業培養人才的方法有許多，但最有效的培養仍是工作實踐，沒有什麼培養場所比工作更理想。工作即是培養，培養又是工作，這本身就體現一種辯證觀。企業可根據實際工作需要，調整分工，讓人才去從事從未做好或沒接觸的工作，讓其動腦筋、積極思考，提高工作

能力，同時也可以從中發現其缺點和弱點，採取有針對性的培養措施。例如：要培養他們具有堅實的思想作風，可安排他們到艱苦職位、複雜環境和涉及切身利益的場合進行鍛鍊，看他們是否具有奉獻精神，是否具有實事求是說真話、不圖虛名做實事的品德。對那種大體熟悉和掌握現職位工作要領，並能較好完成工作任務的員工，要不失時機交給他未曾接觸過的新工作，同時進行適度的指導，對陌生工作感到危難的人，要教育他們樹立只有做才能提高能力的觀點，樹立全力以赴、全心全意投入新工作的思想，並在取得進步和成功時，給予及時鼓勵和表揚。

人才不是天生的，人的成長和進步離不開實踐培養和鍛鍊。實踐的過程，既為他們提供了廣闊的舞台以充分施展聰明才智，同時也有利於擇優汰劣的競爭選拔，使人人進入緊張的競技狀態，激發調動起內在動力和積極性，促成內在潛力的釋放。經驗證明，一個真正重視員工職位培養的企業，不但能提高組織內部的工作效率，更重要的是能夠讓關注它的人們看到前景與希望，這一點對希望留住人才的企業尤其重要。

二要讓人才安心樂業。企業要想留住人才，一個最基本的因素就是讓其滿足安全、安定和保障的欲望。求安全、安定是人生的基本要求，一個「安」字，代表多少安慰與幸福。孔子希望我們用「患不安」來消減員工的不安，因為「安」乃是激勵的維持因素。人境互動產生愉快的工作環境、可以勝任的工作、適當的關懷與認同、同仁之間融洽與合作、合理的升遷機會、良好的福利、安全的保障以及合乎人性的管理等等，都是人才最根本的追求。企業不能做到職位靠競爭、收入憑奉獻，過分相信面試及測驗，以致不知如何識才、覓才、聘才、禮才、留才與盡才，人才就會感到不安；企業不了解真正適合員工個性的領導主管、溝通、激勵方法，不能人盡其才，也會引起人才的不安；企業的經營方針不明確、缺乏技術開發能力、勞務政策不能因應時代的潮流、或者不能重視整體發展，人才更會感到不安。作為一個期望持續健康發展的企業，在形成自己的用人機制時，至少應該思考以下兩個問題：

一是企業樹立什麼樣的人才觀。人才是分層次的，大致有高、中、低三個層次。都是高層人才，費用花不起，而且效果不一定好，因為對企業來說，各層次、各樣式的人才都是需要的。為此，應調整人才結構，大才者大用，小才者小用，無才無能者不用。二是如何使用人才，並最大限度的挖掘人才潛能。當今企業可能在引進人才方面有許多高招，但在挖掘人才潛能方面顯然做得不夠。這就需要企業真正能夠做到讓人才安心樂業，並充分體現出競爭性、公開性和民主性。

三要合理的利益分配制度。成功的企業支付的酬金在其所在的產業部門中往往是屬於最高水準，這並非是由於經營上的成功而使他們有能力支付高薪資，而是因為他們認知到提供最高的報酬是吸引人才的一種最有效方法。有一項研究資料表明，員工的教育程度越高，對企業的忠誠之心就越弱。大多數受過高等教育的人，都是為了獲得物質方面的成功而工作，他們最不可能從工作中得到滿足。所以，支付高薪往往能留住所需要的人才。但一味的高薪政策也是不對的，真正能夠留住人才並讓員工心動的，是合理的利益分配政策，或者說，是能否做到合理取酬。對於公司的員工而言，其實他們關心的不僅僅是公司的薪資標準有多高，因為你給的薪資高，一定還有比你更高的。人向來有「不患貧，而患不均」的習慣，因此，在一個企業內部，大家更關心的是在同一個集體內利益如何分配，並且在這個集體內做得好與做得不好是否有差別，是否真正做到透過自己的（勞動）能力獲得自己的報酬等等。

留住優秀的人才並不是一件很困難的事情，只要企業在工作中、在生活上給人才營造公正平等與融洽的環境，使他們能在企業中不斷追求與實現自我價值，不斷擁有一種榮譽感和成就感。關鍵的一點在於，企業必須從實際出發，固本求源，不斷創新與完善自身的用人機制、培養機制、評價機制和激勵機制，堅持用目標激勵人、用事業團結人、用成就鼓舞人，留住自成一格、自成特色的適合企業長遠發展的全方位、多層次的人才。

顧客是上帝，員工也是上帝

「謀事在人，成事在天」，企業興衰，關鍵在人。人，是引領企業成功的關鍵，是企業興衰的核心因素。新經濟時代的人力資源管理的一項重要課題就是如何正確處理好企業與員工之間的關係。

每一個企業，每一個老闆都夢寐以求能夠擁有一支忠誠服務企業、團結勤奮、敬業服從、高素養高水準、能與企業榮辱與共、同舟共濟的員工團隊。因為企業的生存和發展是離不開員工的。員工才是企業的第一資源。任何員工都是企業內平等而且重要的一員。老闆要把員工看做是企業最重要的資產，堅持以人為本的信念，確立依靠全體員工辦好企業的主旨，正確處理好老闆與員工之間的關係；理解、尊重、依靠員工，對於充分發揮員工的聰明才智創造更大價值、更多財富；對於加強企業人力資源建設，加強企業凝聚力，做大、做強企業，提高企業核心競爭力，推進企業走健康、高速、可持續發展之路都具有非常重要的現實意義。

企業老闆與員工之間應該建立一種什麼樣的關係呢？

對於老闆而言，公司的生存和發展需要員工的敬業和服從；對於員工來說，需要的是豐厚的物質報酬和精神上的成就感。企業在發展之初可能幾個人就可以搞定很多重要事情，但隨著企業規模的擴大和人員人數的增多，需要更多的人參與到企業管理中來，全員參與的思想貫穿於企業的整個過程，這種全員參與思想需要每名員工從思想上達成共識和認知。員工需要被企業老闆承認，老闆要相信員工的能力和水準。

在今天有很多企業，名為擴大企業規模，進行人才儲備而廣招人馬，可是人才是來了，卻被老闆放在一邊「十年難得一見」或沒有足夠的能力對他們進行系統的培訓和鍛鍊，從而沒有對人才有足夠的重視和了解。使這些人在自己的思維中摸索中前進，前進中摸索，哪裡是對，哪裡是錯，從而本來就陌生的環境和領域變得更加模糊和生疏，以致到最後連自己的專長都丟在

了腦後，鬱鬱不得志。這些只能說企業老闆沒有足夠的重視這些人才，沒有和這些人才建立良好的員工關係，沒有使這些資源有效的融入企業中去，從而害人害己。從表面上看員工是給老闆打工的、是為老闆服務的，彼此之間是雇主與雇員的僱傭關係，存在著對立性。在一些老闆和員工的眼中，員工對企業來說只是過客，老闆才是企業真正的主人。但是，在更高的層面，兩者又是和諧統一的、相互依存的魚水關係。老闆需要有才能的人說明自己發展自己，員工需要老闆提供足夠的重視和豐厚的物質保障。公司和老闆需要忠誠、有能力的員工，才能生存和發展，業務才能進行；而員工必須依賴公司的業務平台才能發揮自己的聰明才智，實現自己的價值和理想。企業的成功意味著老闆的成功，也意味著員工的成功。只有老闆成功了，員工才能成功，老闆和員工之間是「一榮俱榮、一損俱損」。因此，老闆和員工之間的關係應該是建立在這種僱傭關係之上而超越僱傭的一種相互依存、相互信任、相互忠誠的合作夥伴關係。

員工在企業發展的同時也是發展了自己的能力，學識得到了提升，能力得到了鍛鍊，這種「息息相關」的裙帶關係是企業與員工間的真正關係，企業應建立與員工親密的合作關係，才能吸納更多的員工投入到企業中，而不是招了人不聞不問，放置高閣，最終人會選擇放棄企業，企業也會放棄員工，雙方不歡而散。

在企業發展過程中，需要大批有識之士加入團隊中促進企業發展，但企業究竟如何對辛苦招來的員工進行培訓和再教育以適應企業的發展規劃，我想應該是企業人力資源部首先要考慮的問題，在沒有考慮清楚這個問題之前，企業應慎選人才，特別是剛畢業的大學生。

抓住員工那顆「躁動的心」

怎麼能抓住員工那顆「躁動的心」，讓他們看到個人的工作業績和公司效益之間的關係？所有的雇主都想知道這個問題的答案。雇主們面臨著更多的挑戰，可是在現在的經濟狀況下，他們手中的資源卻大為減少。

越來越多的公司從有的放矢的浮動獎金專案和薪資策略中找到了答案。這些政策都強調了一種聯繫，即員工最出色的工作與公司最出色的業績之間的聯繫，然後根據這種聯繫來獎勵員工。

「到目前為止，我接觸過的組織中有一半都在試行浮動獎金專案，特別是在股價衰落之後。」HR 管理顧問公司 Astron Solutions 的總監麥其維說，「我現在至少有 80% 的時間在做獎金專案。」

獎金專案的有效設計與實施包括多個步驟。在每一個步驟中都需要制定重要的決策，採取重要的行動。雖然各公司的問題可能各有特色，不過專家們還是總結出了一些有共通性的主題。

關鍵的聯繫：準星

在設計獎金專案時，很多公司面臨的一個最大的問題是，如何能讓一個掃地的人看到潔淨的地板與公司效益之間的關係。專家說這都在於準星。這是薪資專家所使用的一個概念。它被用來描述工作績效與公司成功之間的關係。

「你必須從對個人有意義的資訊開始。」一家薪資管理顧問公司的業務總監邁克考伊說，「如果有人在掃地，準星會告訴他們，保持地板清潔會降低事故的發生，從而提高公司效益。」「準星讓員工關注業務的結果。」麥其維補充說，「它將人與工作和公司聯繫起來。」

以有效的準星建立起浮動獎金專案，這既是科學，也是藝術，邁克考伊說，這一過程非常複雜，所以很多公司請了管理顧問公司。

定義獎金公式

在剛開始設計獎金專案時，需要慎重對待的重要內容還有一項。那就是評定獎金的績效，是看個人的，還是團體，或是全公司的。這個問題的答案要看「工作中獨立與相互依賴的成分有多大」，美世公司負責美國薪資顧問的領導人格羅斯說：「你必須要了解工作的組織方式，確定你需要多少團體。」根據公司業績來分配的集體獎金是大多數公司最初的選擇。「大多數組織不知道如何分析和確定個人業績指標，所以他們建立起公司獎金，因為這要容易些。」邁克考伊解釋說：「但是，如果人們不知道自己如何能對獎金的分配產生影響，公司獎金的效果就會大打折扣。公司獎金基本上不能推動業績。這種獎金是最差的激勵工具。」

格羅斯表示同意：「如果你根據公司業績來評定獎金，你強調的是有福同享，有難同當，但是對個人並沒有激勵作用。」

與之相反的是個體化的獎金計畫。它適用於某些工作，但同樣有一些副作用。「當人們有不同目標時，個人獎金時不錯的。」惠悅公司負責策略性獎勵的領導人薇茲曼說，「賺抽成的銷售，或是按件計酬的員工，個人獎金顯然是最合適的。」

另一方面，「個人獎金破壞了共同工作的概念。」麥其維說，「有很多工作，比如組裝線，績效來自整個集體。」

「個人獎金鼓勵的是僱傭兵式的思維方式。」邁克考伊補充說，「你的員工是雇來的人手，而不是業務夥伴。」很多雇主在試行過集體獎金與個人獎金之後，開始認識到團隊獎金的價值。「大多數組織因為團隊獎金的良好效果——人們互相幫助，而採用了團隊獎金。」邁克考伊說。

薇茲曼也同意。「團隊獎金產生出更好的跨部門行為。在團體獎金的體系下，會有更多的輔導，更多覆蓋整個組織的指導，同時內部競爭會減少。」

有的雇主採用多層次的獎金計畫，將各種獎金模式混合在一起。公司獎金、個人獎金與團隊獎金各占一部分。

267

一旦雇主決定採用這種混合的方案，下一個問題就是決定各部分的權重。

「工作的級別越高，反映公司業績的部分就應該越大。」格羅斯說，「CEO 的薪資應該百分之百決定於公司成功與否。對於經理，應該一半是公司，一半是團隊，因為經理個人的成功就是團隊的成功。對於前台祕書，混合的比例應該是 80% 個人，20% 公司。」

薇茲曼補充說，個人重要性與公司總體業績的關係決定了權重的方式。「你所評定和你所支付的，就是你所得到的。」

溝通是根本

為了保證獎金計畫運行良好，雇主必須要與雇員進行明確的溝通。「如果員工缺乏理解，公司缺乏溝通的行為，獎金計畫多半要失敗。」麥其維說。

為了避免挫折，公司應該向員工解釋，並提醒經理們，他們不可能一夜之間就看到效果。「每個人都必須學會訣竅。」麥其維說，「你現在要讓人們為不同的事情努力盡職。這個過程可能有一年半載，甚至兩到三年。你要有耐心。」

案例：波士頓兒童醫院

波士頓兒童醫院為了改進現金流而設計實施了新的獎金計畫。在此過程中，他們所遇到的種種問題非常具有代表性。

醫院的收款部門「剛剛更換了收費系統，新系統有很大的缺陷。」醫院的行政與人力資源副總裁漢凱絲說，「員工對此很有意見，士氣大受影響。」

事實上，患者金融服務部的總監尼克爾說，帳單發出後，金融服務部要用一百多天才能收回帳款。

醫院下決心縮短收費週期，改進現金流。為此，他們請麥其維幫助設計相關的獎金政策，讓金融服務部的員工認識到季度現金流與單據處理天數之間的關係。

在獎勵範圍上，醫院決定以團隊為基礎。醫院的高層必須確定誰會得獎，以何為依據，然後他們還要向有關的員工解釋獎金計畫的內容和金額。

他們給團隊成員設定了三種目標：最低限、目標和最佳。這三個目標都具體為未支付帳款滯留在金融服務部裡的天數。完成每一個目標所涉及的獎金數額都在獎金計畫中做出了明確的說明，每季度的金額分別為五百元、一千元和一千五百元。根據每個團隊成員工作的小時數，獎金會按比例分配給每個成員。為了賺到這筆獎金，團隊成員必須相互合作，一單一單加速處理所有的書面工作。尼克爾說，員工從工作中看到了自己的個人利益。獎金會在季度結束之後的三十天之內和薪資一起發放，並作為一種勝利並在醫院裡進行慶祝。

在獎金計畫鋪開之前，醫院還得讓金融服務部的員工清楚他們會付出哪些代價，清楚他們在團隊成功中所承擔的角色。所以尼克爾與首席財務官以及患者金融服務部的經理們一起，與員工進行了兩次會議。

「我們說明了獎金計畫的內容，解釋了實行獎金計畫的原因，以及獎金計畫對員工會產生怎樣的影響。」他說。他們還解釋了帳單在金融服務部每滯留一天所帶來的金錢上的損失，以及現金流，特別是現金流的缺乏對醫院的影響。然後他們說明，如果整個團隊不能完成目標，團隊的成員就不能得到獎金。

當金融服務部的員工認識到自己對醫院的現金流的影響，更不用說認識到額外努力對個人現金流的影響時，他們開始團結協作，並很快看到他們的企業獲得了結果。

「我們實施這項獎金計畫之前，員工缺乏為醫院賺錢的個人興趣。」麥其維說，「實施獎金計畫之後，他們開始發揮個人動力，跟進病人、保險公司或是記錄就診情況的那些人。忽然之間，這些員工變得很重要，他們獲得了自主權，變得充滿活力。」

而且，尼克爾補充說，沒有人抱怨。「如果有人不自覺，同事之間的壓力

會讓他不得不盡職工作。」企業的目標已被員工內化，並在群體中得到加強。此時，高層管理者不必再扮演施壓者的角色。「員工間的協作非常顯著。」麥其維說。在獎金計畫的第一個財務年度結束時，員工把帳單滯留在金融服務部的時間從 100 天降到了 75.8 天，然後又降到了 60 多天。

「員工每週都會收到進展報告，從而可以對自己的績效進行監控。」他說。

這個獎金計畫還為醫院帶來了其他的好處。

「獎金計畫對我們的徵才和留用幫了很大的忙。」尼克爾說，「我們一度有很多員工流失到了競爭對手那裡。現在不再有這種情況了。」另一家醫院的 HR 總監主動告訴我：「我招來人，進行了培訓，然後你帶走了他們。」

HR 總監瓦薩說，醫院正在考慮把這個獎金計畫擴大到其他部門。

專一與統一

波士頓兒童醫院的團隊獎金向員工表明了個人工作與企業成功之間的關係，這一做法的結果令雙方獲益。公司聞令股票期權名聲受損，很多雇主為此煩惱不堪。團隊獎金的成功對他們來說無疑是一個好資訊。如果能讓員工明白為什麼發獎金，以及怎麼發獎金，那麼浮動獎金計畫就可能成為股票期權的一個替代品。

「我認為我們正在進入一個透明度的新階段。」薇茲曼說，「良好的業務結果應該是透明的。我們看到對所有人都透明的獎金方案正在復古，這會重新贏得員工的信任，傳遞承諾。這些都是點燃業績之火的工具。」

促使企業發展才是最終目的

將對員工成本的關心轉移到對員工產出的關心上來，提高生產力和效益才是人力資源管理的真正目的。

　　科學、合理的價值定位永遠是吸引和保留人才的前提。在此次走訪的八家公司中，均對此有足夠重視，員工薪資主要由三部分組成，即基本薪資、年終紅利與長期福利。

誘人的薪資制度

　　摩根和高盛兩家證券公司員工的薪資還要加上股東回報率（股東回報率 = 總效益 ÷ 總股本），基本薪資的確定主要依據市場供需量、職位對公司效益產生的重要性、員工從業經驗和學歷水準，當然還要考慮員工的技能水準。員工薪資一般由部門經理在給定的範圍內劃定。為了達到吸引和保留人才的目的，再保、摩根和高盛等公司均將自己公司員工的定位置於不低於 75% 的同業公司水準。

　　在美國，某個職位的基本薪資的高低並非由公司自己做出，而是請管理顧問公司進行市場調查，給出該職位的市場平均價格，最高價格和最低價格，然後公司再依據自己的經營策略、應聘者情況確定該職名員工的最終定價。還需指出的是各個公司在確定位位薪資水準時，很少在公司內進行橫向比較，而是將其拿到市場中去做比較。比如：電腦部門某一職位的薪資的確定是在考慮了市場上該職位的定價而做出的。

　　為了抵消通膨（inflation）所造成的損失，各個公司每年對所有員工薪資均有 4% 左右的自然成長，當然公司會依據自己當年的經營情況在一定幅度內（一般在 3% ～ 5%）進行定奪。由於已成慣例，在一九九七年，通貨膨脹呈負成長時，各個公司依舊按比例增加了員工薪資。

　　年終紅利對各個公司而言，均占有相當的比重，在證券公司（摩根與高盛）更是占到員工全年薪資的 80% 左右。在美國再保，從前只有達到一定級別的員工才能拿到紅利，而今天，公司正在做出改變以使全體員工都能享受公司的成功。紅利所得的多少是依據地位而逐步在比例和絕對值上同步成長的。即地位越高，拿到的紅利數目和占薪資的比重也越高。為了激勵基層員

工中的佼佼者，美再保還設立了專門的表現優秀獎以促進員工發展。

隨著人本管理的深入人心，長期福利已越來越為各個公司所關注。其中一般包括健康險、意外傷害險、牙科保險等。在美國再保，員工每年僅需支付 5% 的保險費用，其餘均由公司承擔，公司每年平均為每名員工支付的保險費用可達六千美元。為了體現親情，公司還為員工家屬提供保險。

為了解決帶嬰員工的後顧之憂，高盛公司還為他們準備了臨時性幼兒園。

對於像高盛這樣的全球性公司也常常會遇到幹部外派的問題。他們的做法和特點是：

外派幹部均有相應的薪資與福利補貼，提供津貼以平衡員工遠離家鄉所造成的物質與精神損失。

短期外派享受優等地區的薪資和福利待遇，長期視情況而定，一般如超過六個月，則按當地水準支付薪資。

外派員工福利實行彈性制，如在英國以優惠價提供汽車，到香港則提供住房補貼。

總之，各個公司在員工薪資方面的投入是毫不吝嗇的。因為他們認為這是最值得投入的地方。美國再保公司每年拿出經營費用中的 75% 用於支付員工薪水與各種福利，總數大約在一億七千萬美元，人均為十一萬三千美元。

面向「觀眾」的組織架構

高盛公司人力資源部門的架構與職能令人深省。其總部人力資源部門共有二十人。

在講究功能多元化的今天，高盛公司卻將僅有二十人的人力資源細分為八個室（Section），其中最重要的原因只有一個，即扁平化和最大限度的滿足「顧客」，即員工的各種需求。誠如管理大師彼得・杜拉克所說，「人事部門要轉變觀念和行為模式，首先必須調整方向，將對員工成本的關心轉到對員工產出的關心上來，提高生產力和效益才是人力資源管理的真正目的。」

親情管理激發人的潛能

這其中，高盛公司和美國再保公司做得尤為突出。如果說摩根、麥肯錫等老牌公司仍在一定程度依靠其品牌來招攬人才的話，高盛與再保則正以其潤「物」細無聲的親情管理在建立和強化其今日與明天的品牌。從在校園中舉行面試到暑假「短期打工」；從建立多種獎學金到採取切實措施「滋潤」其員工成長；再從員工與經理共同制定考核與發展目標到員工不同意經理評價可簽不同意見；還從為外派員提供各種津貼到車子或房子的彈性福利制度……，這一切無一不透露出人本管理的精髓。而這一切也正是工作與生活、財務價值與人力資本的真正平衡。人的潛能的裂變也正始於此。

關鍵是「土壤」問題

所有公司均視新人品質為其明天能否生存和發展的關鍵。各個公司均把重點放在名牌大學，這不僅是這類學生素養好，還因為他們是時代精神的代表者，更是未來的創造者。他們最不保守，最具想像力與創造力，他們敢於挑戰權威……一個不斷容納新鮮血液同時又能「吐故」的公司怎能不快速發展和成長呢？

然而事實上並非所有美國公司都能做得這般好，記得某國際型大公司中一位來自銀行的員工將一個合理化建議向其主管彙報時，得到的回答卻是「你有資格到我這彙報嗎？」竹節文化與大企業病從來就是世界五百強不斷變更的主要誘因。這給我們的深刻啟示是要保證新人品質必須有能夠吸引人才的文化與機制，同時更要有適合人才成長和發展的「土壤」。

公平公正的競爭機制

在我們所到的八家公司裡，員工的薪資均是嚴格保密的，這麼做的動機在於引導員工眼光向前，看誰為公司創造了更多價值，看誰的技能和素養成長得最快，做到這一切的前提是公正或基本公正，從更深層次分析則是員工

對企業文化的認同和信賴，員工的認同與信賴就是企業的核心競爭力，因為它代表員工的向心力與凝聚力。很難想像一個喪失了員工向心力與凝聚力的企業能夠成功。

公平公正的激勵機制還反映在給予員工充分解釋的機會，甚至允許員工發表可能是片面乃至錯誤的「解釋」。從擬人的角度去看，公司實際是個「巨人」，而「巨人」的信譽與度量常常決定了他能有多少朋友，他能走多遠。相應的企業文化就好比「巨人」的「情商」，它必定要為人們所認同和接受，要有先進性，要順應時代潮流……

公平公正的激勵機制更突出表現在考核內容上。雙方認同的、以客戶為導向的、切合實際的和可隨形勢變化而做出調整的考評指標正是公平與公正的具體體現。

公平公正的激勵機制的另一特點是鼓勵人們說真話，要盡力做到坦誠。在走訪的幾家公司，他們均做得很好。這固然與東西方文化的差異有關。但隨著世界村全球經濟一體化的逐步實現，東西方先進文化必將會進一步融合。

認同市場是根本

對於美公司薪資體系的調研，給我們最深刻的體會是公司在制定政策時，認真遵循市場價值規律，然後再結合公司實際情況確定自己的薪資定位。較為典型的是職位不在公司內部作橫向比較，而是拿到市場中去與同行相比較。

其次是盡可能減少非生產性開支。在西方，各個公司均不惜成本，在依從市場價值定位的前提下保持自己在人才競爭中的領先地位。對於傑出的人才則更是如此。此外，公司還在福利方面大做文章，如自從一九九二年以來，在美以公司名義開辦的旨在方便公司員工的各類幼兒園已從幾十家、幾百家暴增到三萬多家。在他們看來，盡力關心員工生活是令員工與公司保持和諧的最佳方法；在他們看來，提供反映市場價值定位的薪資是對人才的基

本認同與尊重。

美再保公司重視員工與經理的溝通，並巧妙的將員工考評與發展系統結合起來，從而既促進了員工技能的提高，又使日後安排的培訓更具針對性和計畫性。

高盛公司格外重視員工的培訓工作，而所有提供的免費培訓均是以尊重員工的意願為前提的。這種以公司價值導向為先，結合員工實際需要，不斷「滋潤」員工的方法至少在高盛是成功的。

第十一章
知名企業留人大法

沃爾瑪：每一名員工都是合作夥伴

　　現有員工是最大財富，留住他們。提供培訓計畫與發展機會，培養他們。

　　沃爾瑪是目前世界上最大的零售企業，連續兩年榮登財富五百強榜首。同時，沃爾瑪在全球多個國家被評為「最適合工作的企業」之一。真正重要的不是這些：「沃爾瑪不是很介意在外面有沒有評到最佳雇主，而是真正做一些事去超越其他雇主，在員工心目中真正成為最佳雇主。」

留住人是第一位的

　　留住人才、發展人才、吸引人才，是沃爾瑪開展人力資源工作的指標，為什麼將留人放在第一位？

　　這其實是沃爾瑪人力資源的一個策略。沃爾瑪最早的時候是吸引人才、留住人才、發展人才，這個策略出來之後，第二年沃爾瑪覺得可能需要先留住沃爾瑪的員工，相對來說吸引人的工作量不會那麼大。現在競爭那麼激烈，市場人才庫就這麼大，你要吸引人，會是非常大的挑戰。那些優秀的人才，已經在為你或者其他頂尖雇主工作，有誰能保證當你的員工離開後，你一定能夠找到同等或者更好的人來頂替這個空缺？

　　而且員工流失，會給公司帶來很大資本損耗。人員要走，要帶走你的文

化，要帶走他的一些能力。重新徵才也需要費用，交接過程中會流失費用，而且新人需要培訓，需要一段時間磨合才會有貢獻，所有這些沃爾瑪都有一個公式計算。從這裡可以看到，當沒有很好去留住人的時候，或者說在發展方面沒有留住人的話，這些人就會流失，一流失，公司成本會非常大。

沃爾瑪公司還有個比較重要的概念，為沃爾瑪工作的人都已經是市場上非常好的人了。如果沒有留住他們，就把本身僅有的資源都流失了。

沃爾瑪留人有什麼特別做法？

沃爾瑪有個挽留政策，很多公司稱為離職面談，沃爾瑪稱為挽留面談。

沃爾瑪跟其他公司不一樣的是，要求每一個層級都要跟員工溝通，想辦法從這個層級裡把他留下。比如他的上司能夠留下他就不用到上一級，如果他的上司留不住他，再上一級會跟他談，甚至人力資源部會跟他談。沃爾瑪會從不同角度去跟他做分析，比如有時候，再上一級的上司會從另一個角度去看，你如果工作方面不滿意的話，我不一定在這個團隊裡考慮你的職位。比如到人力資源部，沃爾瑪可能會考慮，你在這個部門不合適，其他部門正好要人啊。

談到哪一個層級，看你的職位

除了員工提出離職後的挽留面談，平時有什麼措施留住員工，避免他們提出離職？

做法很多。沃爾瑪希望讓部門擔起責任，控制流失率。沃爾瑪每個月都跟部門負責人分析流失率，各部門流失率都是在一張表裡，一看就知道自己比較整家公司的流失率，比較其他部門，是怎麼樣的。沃爾瑪每個季度還有個流失率的總和，對流失率最高的三個部門會做一個分析給他們，這個分析裡包括員工流失的真正原因。

有時候員工來人力資源部會說實話，在部門裡他可能不會說跟上司搞不攏。還有些時候，他們不會當時就說實話。但是沃爾瑪有個措施，就是員工

離開三個月後沃爾瑪會跟蹤，你去了哪裡啦，現在感覺怎麼樣啊。一方面了解員工流失的真實原因，幫助部門改善。還有一個，沃爾瑪建立一個網路，看以後有沒有機會讓他們回來。不是每名員工都這樣，對主要經理這麼做。沃爾瑪這些分析，都會很直接給到部門，讓部門正視這個問題。

這個舉措效果很好。我看到因為沃爾瑪分享了這個東西，好幾個部門在員工培訓、員工活動上有非常大的提高。

還有，公司有個 ERM（Enterprise Risk Management），就是企業風險管理。沃爾瑪每十八個月就定義一次：這個時段，企業最大的風險在哪裡？根據風險的重要性和緊迫性進行排名。在最近一次排名中，人才領導力方面無論重要性還是緊迫性都排在第一位，你可以看到公司對人的關注。這個計畫由美國總部和公司總裁直接領導，並且是由各個部門的負責同事舉手表決出來的。公司會針對前六位的專案，在接下來的十八個月，做出非常具體和定期跟蹤的人員行動計畫。

沃爾瑪也會把有限資源放到重點人員上去，比如說沃爾瑪有個新錄用經理跟蹤計畫：新就職的副總經理級以上的人員，沃爾瑪會有半年的跟蹤時間，主要針對培訓進度及其是否適應沃爾瑪文化。沃爾瑪的資料表明，很多員工會在試用期內離開，因為他當時不能磨合。沃爾瑪會傾注比較大的力量去跟蹤你在這段時間裡的培訓，對文化的吻合。

沃爾瑪的員工流失率，比產業平均要低很多。

培養當地語系化人才

沃爾瑪一向以培養當地語系化人才著稱，在人才當地語系化方面已經取得哪些成果？

沃爾瑪管理層有 90% 是內部提升的。沃爾瑪現在有兩萬多人，美國人和香港人只有四十幾個，只占 0.2%，其他全是本地人才。管理層方面，早期的總經理基本上是香港過來的。為培養當地語系化人才，沃爾瑪在員工培訓上

做了哪些工作？

我不談具體的培訓，沃爾瑪的培訓很多很多，比較完善。

比較特別的就是沃爾瑪在營運方面有零售培訓店，幫助沃爾瑪培養營運方面的管理人員。他在這裡面會得到一些文化方面的培訓，領導力方面的培訓，還有一些具體的技能培訓。沃爾瑪有專門的零售培訓店的總經理和培訓經理。

還有一個概念，叫鮮食學院，也是沃爾瑪（大陸區）自己發展起來的學院。它覆蓋了鮮食部分的培訓，包括鮮食衛生、鮮食標準、供應商、供應商鮮食情況、新品開發等，商場的採購、營運這兩大前線部門裡面有關鮮食方面的工作，鮮食學院都會涉及。

沃爾瑪對員工會有一些公開課。最關鍵的目的是說明員工更加了解零售業，還有，幫他們了解跟他們工作有關的其他的技能和知識。比如沃爾瑪上過公司損益方面的課程，讓非財務人員了解財務方面的知識。

對中階管理層以上的，部門經理及副總級別的，會有重點的培訓與發展。對這些人，沃爾瑪還有個叫法為「不能流失的人員」（Can't Lose people）。這些人以及他們的繼任者，沃爾瑪都是有很重點的發展計畫給到他的。沃爾瑪不是停留在紙面工作，而是要具體跟蹤他們有沒有去做。

對於「不能流失的人員」，發展計畫裡都包括哪些內容？

這個人在哪一個季度完成什麼樣的培訓，要看怎樣的書，要參加什麼樣的活動，在哪些場合要去講話，都是非常具體的。過了一個季度，會把後一個季度的計畫放上來，在他的發展計畫裡，是滾動式保持四個季度的資料的。

還有一個，更有針對性的跨部門培訓，針對那些不能流失的人員，給他們三到六個月時間到另一個部門去培訓。這個培訓要訂定職位的，比如我去財務部，就讓我做會計工作，或者其他具體職位，很具體深入了解這個部門裡的某個功能的工作，並且在整體上都有了解。

比如稽核部的人有機會去到財務部，因為跟財務的關係很掛鉤。還會去

到營運部、採購部、物流部，因為這些是他經常要服務到的顧客，相關性很強。幾個月的時間就泡在這些部門裡，原先的工作就先斷掉，沃爾瑪會安排其他的人幫他。目的就是一個，讓這些人才有一個更強的基礎，可以往更高方面發展。這些都是與繼任計畫相關聯的。

沃爾瑪的繼任計畫怎麼樣的？

沃爾瑪公司把繼任者分成三種：一種是 PN（promotable now），就是馬上可以提升的；一種是 P1（promotable in one year），是一年以後才可以提升；還有 P2（promotable in two years），就是兩年後可以提升。

繼任計畫可以覆蓋到沃爾瑪很多的員工。沃爾瑪在美國有「人員財富計畫」，因為沃爾瑪認為員工是財富。這個計畫是針對比較高級別的，比如總裁，總裁的直接彙報人，及他們的繼任人。美國公司都會定期跟分部開會，一個一個來討論。比如他們問我，你的繼任人是誰，你的繼任人要多長時間繼任你的位置，以及你對繼任人有什麼具體的發展計畫。

沃爾瑪有個 PDP（people development program），就是人員發展計畫，針對中階管理層人員。這些人都可能是未來高階人員，這些人沃爾瑪就用 PDP方法跟蹤他們的繼任計畫，沃爾瑪每個月及每個季度都會跟部門來溝通。

沃爾瑪的目標是告訴員工，如果你不培養出你的繼任人的話，就會限制到你個人在組織中的發展。這個資訊給到員工是非常重要的，因為這與他個人的發展和提升息息相關，他就會積極主動去培養繼任人。

一切評估標準可衡量

沃爾瑪績效評估的特點是什麼？

二〇〇六年年初的時候，績效評估方面做了比較大的改變。最大的改變，是令到績效評估更加針對個人，而且更有目標性。每一年做的時候，會為他明年度的工作訂立目標，之前只是評估他的工作表現。之前管理層和非

管理層都是用一樣的表來做的，現在是分開做。

而且目標管理方面，沃爾瑪是放入更加具體的、可衡量的目標。可衡量是沃爾瑪重要的一個改變，會有硬的指標。比如沃爾瑪人力資源部有十五項指標，放在平衡計分卡裡。比如流失率、員工錄用率、培訓計畫的完成情況、員工發展計畫、繼任人的發展計畫的完成情況的百分比等等，有很多具體的資料。

沃爾瑪對員工的表現還是有一些軟性的指標，對這些怎麼衡量？

比如沃爾瑪要求員工有主人翁精神，就有一個很好的例子。沃爾瑪有個店中店計畫，比如一小時沖印服務，從上面部門經理，以及負責的副總、主管、員工都要為部門的銷售、庫存、利潤等作貢獻。透過店中店的情況，來評價你的表現。沃爾瑪有很多獎勵計畫，都是與這些方面掛鉤的。

沃爾瑪讓員工認識到，要自己負責，讓每一名員工成為主管。假定你來管理這個部門，你會如何管理。沃爾瑪有些這樣的活動：假如你是總經理，你就跟總經理一天都在走樓面。透過這些活動告訴到員工，只有這樣想問題，起點會比較高，對未來的發展會更好。很多員工會知道這裡成長的空間很大，沃爾瑪經常問員工：「Are you ready ？」，沃爾瑪的職位永遠 Ready 在那邊的，你自己有沒有準備好。這也會激勵員工。

在升遷上是什麼標準？

相對來說比較注重團隊方面的。一個是團隊配合技能，一個是對零售業的熱愛。講究態度和團隊合作，還有他的潛力。還有一個很重要的，就是對文化的認可。

很多升遷沃爾瑪都是圍繞 PDP 展開的，在設定繼任人時就要看，要看他是否升到這個職位就到頂了，不能再升了。沃爾瑪比較重視這個人到了這個職位後，以後的潛力會怎麼樣，會想得比較遠。就像我面試一個人，我想讓他做人力資源經理，但是面試時我就在觀察，這個人在兩年後能不能升職。

視員工為合作夥伴

平時管理層透過哪些管道與員工溝通？

普通的就不多說。

沃爾瑪有一個現場指導。沃爾瑪創始人也說過，沃爾瑪的工作不是坐在辦公室裡來完成的，是需要走到現場去跟員工溝通的，無論在總部還是商場，都要求管理層做現場指導。直接走到員工的工作區域裡面去，直接給到他一些工作指導。如果是好的，要拍拍他的肩膀，大聲的公開表揚他，如果有不好的地方，把他拉到旁邊說一下。

沃爾瑪有很多相關會議是針對員工的，包括部門例會和公司例會。沃爾瑪每個月都會把員工集中在一起分享一些包括財務方面的資料，對外都是保密的，對內會分享。沃爾瑪推崇的是員工是合作夥伴，有些資訊，沃爾瑪都會在那些會議上去宣布。

沃爾瑪有一個 Grass Roots Survey，叫草根調查。這是透過外面一家管理公司幫沃爾瑪做調查，所有都是匿名的，員工做完也是直接寄到那家管理公司，對公司、對上司、工作環境、福利，都有比較全面的調查。

這些可以幫助沃爾瑪了解，員工心裡在想什麼，他們最關注的問題是什麼，有哪些東西是沃爾瑪可以解決的，有哪些可能很難解決。針對結果，會有相應的行動計畫做出來。在第二年再做這個草根調查的時候，沃爾瑪會對上一年度的工作跟進。

溝通方面還有蠻重要的就是門戶開放。員工如果有問題可以直接跟上一層溝通。如果上司是他的矛盾所在，他可以跨越更高級別來做溝通，或者他可以來到人力資源部，沃爾瑪專門有名員工關係部門，他甚至可以找到總裁。而且沃爾瑪的政策會標明，所有員工不可以打擊報復，每個人都會給到答覆。

門戶開放有時是無效的。但是最起碼，沃爾瑪透過門戶開放發現一些基

層問題，然後透過調查進行改進。我覺得不斷有員工在用這個門戶開放，就證明這個東西是有用的。如果每個人試過後沒用的話，他不會再來用的。

沃爾瑪對員工關注很細緻，是不是不怎麼淘汰？

淘汰得不算多。每個人來到沃爾瑪公司，都會感覺不一樣，這個不一樣就是對人不一樣，主要是在工作的安全感方面，不會今天老闆突然跟你說你被解聘了。沃爾瑪公司絕對不會有這種突然的情況發生。

尊重個人是公司的三大基本信仰之一，尊重個人不僅僅是肯定員工所做出的成績，當員工的工作表現與職位要求存在一定差距時，主管要及時指出員工的缺點及錯誤並給予相應的指導。沃爾瑪要求，在解聘員工之前，要給他相應的指導，包括口頭指導或者書面指導。在決定日，有最高一層的指導，如果決定日還不行就要走人了。

什麼行為是公司絕不能容忍的？

一個是造成公司非常大的損失的。二是不誠實行為，比如拿回扣、跟供應商吃飯等等。還有就是你藏匿貨品，把折價商品藏起來，到下班的時候自己去買單。員工最清楚哪些貨品是超值的。如果每名員工都把超值貨品買走的話，顧客買什麼？所以沃爾瑪會考慮是不是影響到了消費者利益，這些方面公司處理是非常嚴格的。即使表現好，如果出現不誠實行為，一樣馬上解聘。

如果業績表現（不夠好的），沃爾瑪做得更多的是：我給你培訓。而且沃爾瑪的機構比較大，開店也比較多，沃爾瑪會有比較多的空缺。讓員工有機會去試試其他的職位，適不適合你。

例如：公司招了一個採購經理，後來發現他能力和實際不符，每天加班到十二點才完成工作，他的主管覺得他在採購經理這個職位上是有難度的。如果在其他公司肯定可以解聘，因為還在試用期。公司就沒有說不要他，跟他商量，給他降一個級別，做採購助理，這樣讓他把基礎的工作做扎實以後，

再看能不能升。這是一家公司對員工的責任和關心，沒有輕易去放棄員工。

西門子：用獨特的多級培訓制度吸引人

西門子的電氣、電子實驗室能夠製造出「人情」細胞嗎？枯燥的技術、實驗室工作能夠煽動起員工的熱情嗎？西門子這個科技的巨人靠什麼留住人才？西門子注重的是長期發展，員工是公司最重要的財富，因此儘管在全球經濟不景氣，裁員、減薪之風四起的大環境下，西門子並沒有任何裁員或減薪的計畫。西門子是值得員工信賴和依靠的最佳雇主之一。

公司形象

西門子注重的是長期發展，員工是公司最重要的財富，因此儘管在全球經濟不景氣，裁員、減薪之風四起的大環境下，西門子並沒有任何裁員或減薪的計畫。西門子是值得員工信賴和依靠的。從西門子的創始人維爾納·馮·西門子開始就營造尊重並重用人才的企業文化，對人才的重視已經為西門子在全球業界樹立了良好的企業形象，這是吸引優秀人才加入的重要因素之一。

興趣

西門子致力於留住有潛力、優秀的人才，但並不是公司一廂情願。西門子認為，員工應該有主見，熱情活躍，喜愛本職工作。因為，從事自己不喜歡的工作是難以做出成績的。

薪資與福利

西門子為員工提供優越的薪資與福利，更會為表現突出的員工提供高

薪，或進行頻繁的加薪。但長期來說，西門子也並不僅僅依賴於用高薪留住人才。西門子認為，對於員工，發展機會才是最重要的，公司更會為員工提供盡可能多的發展機會，說明員工實現職業目標。

發展空間

作為全球最大的多元化跨國公司之一，西門子公司能為員工提供多種領域、性質各異、豐富的發展機會。西門子業務遍及通訊、自動化、機械、能源、醫療等各個領域，遍及世界一百九十多個國家，全球共四十多萬員工。西門子用人以穩定著稱，給了每一名員工很強的歸屬感，公司透過對員工工作內容的擴充、內部輪調制度、內部調動等方式，為員工發展提供了無限的機會。

獨一無二的培訓制度

第一職業培訓：造就技術人才

西門子早在一九九二年就撥專款設立了專門用於培訓工人的「學徒基金」。這些基金用於吸納部分十五歲到二十歲的中學畢業後沒有進入大學的年輕人，參加企業三年左右的第一職業培訓。期間，學生要接受雙軌制教育：一週工作五天，其中三天在企業接受工作培訓，另外兩天在職業學校學習知識。由於第一職業培訓把理論與實踐結合，為年輕人進入企業提供了有效的保障，因此深受年輕人歡迎。

現在公司在全球擁有六十多個培訓場所，如在公司總部慕尼黑設有韋爾納‧馮‧西門子學院，在愛爾蘭設有技術助理學院，它們都配備了最先進的設備，每年培訓經費近八億馬克。平常共有一萬名學徒在西門子接受第一職業培訓，大約占員工總數的 5%，他們學習工商知識和技術，畢業後可以直接到生產一線工作。西門子培訓的學徒工也可以無條件的到其他工廠上班。

第一職業培訓保證了員工一經進入公司就有很高的技術水準和職業素養，為企業的長期發展奠定了堅實的基礎。

大學菁英培訓：選拔管理人才

西門子計畫每年在全球接收三千名左右的大學生。為了利用這些寶貴的人才，西門子提出了大學菁英培訓計畫。

西門子注意加強與大學生的溝通，和各國學校建立了密切聯繫，為學生和老師安排活動，並無償提供實習場所和教學場所，舉辦報告會等。一九九五年四月，西門子成立了辦事處，開始與學校建立穩定而持久的夥伴關係。西門子每年在重點院校頒發三百多項獎學金，並為優秀學生提供畢業後求職的指導和幫助。

進入西門子的大學畢業生首先要接受綜合考核，考核內容既包括專業知識，也包括實際工作能力和團隊精神，公司根據考核的結果安排適當的職位。此外，西門子還從大學生中選出三十名尖子進行專門培訓，培養他們的領導能力，培訓時間為十個月，分三個階段進行。第一階段，讓他們全面熟悉企業的情況，學會從網際網路上獲取資訊；第二階段，讓他們進入一些商務領域工作，全面熟悉本企業的產品，並加強他們的團隊精神；第三階段，將他們安排到下屬企業（包括境外商業）承擔具體工作，在實際工作中獲取實踐經驗和知識技能。目前，西門子已選出四百多名「菁英」，其中四分之一在接受海外培訓或在國外工作。大學菁英培訓計畫為西門子儲備了大量管理人員。

員工在職培訓：提高競爭力

西門子特別重視員工的在職培訓，在公司每年投入的八億馬克培訓費中，有60%用於員工在職培訓。西門子員工的在職培訓和進修主要有兩種形式：西門子管理教程和在職培訓員工再培訓計畫，其中管理教程培訓尤為獨特、有效。

西門子員工管理教程分五個級別，各級培訓分別以前一級別培訓為基

礎，從第五級別到第一級別所獲技能依次提高。

第五級別是針對具有管理潛能的員工。透過管理理論教程的培訓提高參與者的自我管理能力和組織團隊能力。培訓內容有西門子企業文化、自我管理能力、個人發展計畫、專案管理、了解及滿足客戶需求的團隊協調技能。培訓日程是與工作同步的一年，分別是為期三天的兩次研討會和一次開課討論會。第四級別的培訓對象是具有較高潛力的初級管理人員。培訓目的是讓參與者準備好進行初級管理工作。培訓內容包括綜合專案的完成、品質及生產效率管理、財務管理、流程管理、組織建設及團隊行為、有效的交流和網路化。其培訓日程也是與工作同步的一年培訓、為期五天的研討會兩次和為期兩天的開課討論會一次。

到了第一級別就叫西門子執行教程培訓了。培訓對象也成了已經或者有可能擔任重要職位的管理人員。培訓的根本目的在於提高領導能力。培訓內容也是根據參與者的情況特別安排。一般根據管理學知識和西門子公司業務的需要而制定，隨著二者的發展變化，培訓內容需要不斷更新。

透過參加西門子管理教程培訓，公司中正在從事管理工作的員工或有管理潛能的員工得到了學習管理知識和參加管理實踐的絕好機會。這些教程提高了參與者管理自己和他人的能力，使他們從跨職能部門交流和跨國知識交換中受益，在公司員工之間建立了密切的內部網路聯繫，增強了企業和員工的競爭力，達到了開發員工管理潛能、培養公司管理人才的目的。

西門子的人才培訓計畫從新員工培訓、大學菁英培訓到員工再培訓，涵蓋了業務技能、交流能力和管理能力的培育，為公司新員工具有較高的業務能力，大量的生產、技術和管理人才儲備，員工知識、技能、管理能力的不斷更新、提高提供了保證。因此西門子一貫保持著公司員工的高素養，這是西門子強大競爭力的重要來源。

西門子全球人力資源總部副總裁 Goth 先生認為：「建立完善主管和員工發展的體制，是西門子成功的訣竅之一。西門子這麼大的公司能凝聚在一起，

它的凝聚力主要有兩個原因：一是金錢，二是人力。我們的人力發展和主管體系是成功關鍵的因素之一。」要找出建立員工忠誠的做法，在世界各地都是一致的，這是西門子成功的訣竅之一。

惠普：讓每一名員工都有提升舞台

惠普康柏合併已十多年年，為使這項被稱為全球最成功的合併案例發揮更大效益，惠普展開一項「留住優秀人才（Talent Manage-ment System，簡稱 TMS）」方案，希望透過這項有計畫、量身打造的方案，留住優秀員工。「在全球化、資訊化的時代裡，如何管理知識工作者，使其發揮潛力與工作效率，是企業經營成功的關鍵。」臺灣惠普科技人力資源副總經理吳先生這麼說。

許多企業都知道留住人才的重要性，但究竟誰是人才？人才在想什麼？需要什麼？可能並沒有很清楚去定義及了解。因此，常有企業口口聲聲想要留住人才，卻發現人才仍不斷流失，也未能有計畫去培養。

其實經過重重的甄選，惠普的員工幾乎都是公司所珍惜的人才。不過，惠普透過近期推動的「TMS」方案，則是更有計畫留住優秀員工，為其量身打造留才方案。對惠普而言，推動「TMS」之前，首要是要把「優秀員工」定義出來。

所謂優秀員工，即「對自己工作使命資源清楚的人；溝通能力佳，具有想要贏的積極的心態。可以在挑戰、有壓力的環境中發揮工作能力，並且願意承擔合理的風險及完成所交代的使命。

此外，對企業而言，優秀員工泛稱「人才」顯得太籠統，因此，惠普特地把「人才」分成幾類，只要符合這些特性的，都被視為是人才。這些分類包括：

◆ **專業人才**：懂技術，如財務、研發，對專業領域很了解，所具備的職能集中於某一項專業領域，或對某一產業有很深入的了解。具有創新能力、樂意接受改變、開闊的思維及團隊精神。

◆ **管理人才**：能為員工塑造遠景，有能力訂未來的任務啟發員工，協助員工完成工作目標，能夠激發員工工作士氣的人才。

◆ **業務人才**：能夠為組織帶進業務的人，能夠了解複雜產品，懂得促銷及銷售技巧。

◆ **綜合能力人才**：即具備前述兩項以上能力的人才。

可是，光把「人才」找出來、定義出來仍不夠，還必須去「讀心」，了解人才的心裡究竟在想什麼？ 需要什麼？ 針對他們的需要，提出留才方案，才能真正留住優秀人才，並且使他們發揮應有的效益。

很多人認為「重賞之下，必有勇夫」，以為只要拿出高薪，不怕找不到人才。事實上，根據惠普及許多人力資源調查機構統計，許多人才口頭只要求合理的薪資福利，心中卻有許多「無形」的需求。

其實，很多優秀的人才，都希望受到別人的認同，希望清楚了解組織對他的期待。此外，還希望有良好的工作環境，工作本身的內容很有趣，有挑戰性，並能夠有表現的機會。

優秀的人才並不會「自以為是」，相反的，他們希望時時接受好的主管的指導。當然，更希望有成長的機會，並在工作生涯中有機會被提升至更高的階層。

根據惠普的調查，有一半以上人才離職，都是因為對直屬上司的管理方式、策略方向不夠認同或不滿意。由此可見，主管的領導能力（leadership）、教導與指正（Coach），對員工而言，有多麼重要。

此外，調查也發現，現代員工相當重視平衡的「工作生活品質」，也就是說，企業在員工發揮工作效率的同時，也應提供員工有品質的工作生活。

在惠普有一套完整的績效管理流程，這包括員工與主管在年度初期一起坐下來談，討論員工的年度績效、工作目標、發展計畫及所需訓練方案。一

旦達成工作目標的共識，主管就要根據這些目標，提供員工必要協助。

年終打考績時，也需要透過主管與員工討論，給一個公平的考績。簡言之，整個績效管理的過程，主管是很重要的角色，必須不斷溝通。

惠普還有一項名為「聚一聚（GT）」的有趣傳統，即要求主管，在一個月以內，至少一次或兩次與員工坐下來談。「GT」可不是聊天或空談，因「GT」的內容至少涵蓋下列三個重要因素：

1. 主管可說明公司經營業務現況，哪些國家有成功的故事，產品有哪些強勢，贏在哪裡，部門的目標，工作的優先順序等。
2. 與員工個人較相關的主題，如公司內部的獎勵計畫、薪資計畫及澄清謠言等。
3. 向員工表達謝意及認同。

一旦被認定是有潛力的優秀人才，惠普可是不惜為他量身打造留才發展方案，譬如強化銷售技、簡報技巧等。總之，透過訓練來彌補有潛力人才能力的不足，讓他學習成長。

過去惠普的「HP Way」在管理界相當有名，惠普康柏合併後，惠普更希望能培養多元化、接納、容忍的企業文化。雖然惠普全球人力資源策略大致相同，每年卻會在各國進行員工滿意度（voice of workforce）調查，了解當地員工的想法。

惠普進行的員工滿意度調查，發現員工不滿意的並不是薪資福利，而是希望提升工作品質，提供更多訓練及清楚的工作生涯規劃等。惠普認為，這的確是現代員工較重視的方向。

精準用人
掌握三大徵才關鍵，頂尖人才不請自來

作　　者：溫亞凡，柳術軍 編著

發 行 人：黃振庭

出 版 者：清文華泉事業有限公司

發 行 者：清文華泉事業有限公司

E-mail：sonbookservice@gmail.com

粉 絲 頁：https://www.facebook.com/
　　　　　sonbookss/

網　　址：https://sonbook.net/

地　　址：台北市中正區重慶南路一段六十一號八
　　　　　樓 815 室

Rm. 815, 8F., No.61, Sec. 1, Chongqing S. Rd.,
Zhongzheng Dist., Taipei City 100, Taiwan (R.O.C)

電　　話：(02)2370-3310

傳　　真：(02) 2388-1990

總 經 銷：紅螞蟻圖書有限公司

地　　址：台北市內湖區舊宗路二段 121 巷 19 號

電　　話：02-2795-3656

傳　　真：02-2795-4100

印　　刷：京峯彩色印刷有限公司（京峰數位）

國家圖書館出版品預行編目資料

精準用人：掌握三大徵才關鍵，頂
尖人才不請自來 / 溫亞凡，柳術軍
編著. -- 第一版 . -- 臺北市：清文
華泉事業有限公司 , 2021.11
　　面；　公分
POD 版
ISBN 978-986-5486-87-7(平裝)
1. 人力資源管理
494.3　　110017195

官網

臉書

定　　價：420 元

發行日期：2021 年 11 月第一版

◎本書以 POD 印製